汉语地名学论纲

HANYU DIMINGXUE LUNGANG

李如龙 著

暨南大学出版社
JINAN UNIVERSITY PRESS

中国·广州

图书在版编目（CIP）数据

汉语地名学论纲/李如龙著．—广州：暨南大学出版社，2023.3
ISBN 978 - 7 - 5668 - 3457 - 7

Ⅰ．①汉…　Ⅱ．①李…　Ⅲ．①汉语—地名学　Ⅳ．①H1②P281

中国版本图书馆 CIP 数据核字（2022）第 118310 号

汉语地名学论纲
HANYU DIMINGXUE LUNGANG

著　者：李如龙

出 版 人：张晋升
策划编辑：李　战
责任编辑：姚晓莉
责任校对：孙劭贤　林玉翠
责任印制：周一丹　郑玉婷

出版发行：暨南大学出版社（511443）
电　　话：总编室（8620）37332601
　　　　　营销部（8620）37332680　37332681　37332682　37332683
传　　真：（8620）37332660（办公室）　37332684（营销部）
网　　址：http：//www. jnupress. com
排　　版：广州市天河星辰文化发展部照排中心
印　　刷：佛山市浩文彩色印刷有限公司
开　　本：787mm×960mm　1/16
印　　张：18. 25
字　　数：340 千
版　　次：2023 年 3 月第 1 版
印　　次：2023 年 3 月第 1 次
定　　价：69. 80 元

序

　　本书是《汉语地名学论稿》一书的增订版。那本书是1998年上海教育出版社作为"中国当代语言学"丛书出版的。初版印了两千多册，我不知道后来有没有加印。大约五六年前，有要写学位论文的博士生给我来信，问我哪儿能买到这本书。我才知道，那书脱销了。年轻的博士生还想参考，而且二十多年来也还没有冠名"汉语地名学"的新书，这说明它还是有用的。因为当时手头还忙着许多事，也怕给出版社找麻烦，就没有请他们重印。但是，当年热衷过的事业又勾起了我的许多回想，也让我想起这么多年来社会上又出现了不少地名方面的问题。譬如许多新的楼盘和小区以套用洋名为时髦，已经引起许多人的反感；用风景区的名称来取代千年古县的原名，这种做法是否妥当，恐怕还值得讨论；还有，旧的重名尚未分化，新的又出现了。看来，地名学还有必要进一步研究，检验旧结论，解决新问题。最近，退休多年了，想对已有的成果做一番清理和检验，去粗存精，留一点有用的东西给后人，就想起了这本《汉语地名学论稿》跟早它五年出版的《地名与语言学论集》，如果把这两本书整合起来，做一番修订，也许还有点现实意义。写《汉语地名学论稿》的时候，中国的地名学刚起步，我自己也只是一名并不年轻的新兵，虽然也经历过二十年的跟踪努力，毕竟心里没有太大把握，所以才叫"论稿"。现在看起来，内容上大体还过得去，但毕竟还是浅尝辄止，又过了二十多年了，自己并没有做多少新的努力，难免挂一漏万，所以把书名改为"汉语地名学论纲"。

　　《地名与语言学论集》是我第一次"破门而出"写的一本书。青少年时期我对地理、历史有兴趣，但并没有关注地名。1978年，全国开展地名普查，不知是谁提名，让我参加南方十几个省的地名普查干部培训班的工作，在我比较熟悉的福建省龙海县指导他们做实际地名调查。1981年初，我做地名研究没多久，有一次，为筹办全国汉语方言学会，我和黄典诚老师到北京列席中国语言学会的常务理事会，会后我专程去拜会研究地名的泰斗——82岁高龄的曾世英先生。他开门见山地提出，调查地名应该记录当地的音，建立音档，并详细地问我，怎样培训调查人员。一听说不久就要在厦门成立全国汉语方言学会，他就决定派助手杜祥明到厦门参会，请方言学家参与地名调查。我顿时就感到相见恨晚。虽然在龙海培训班上，我也曾跟地名调查干部们讲过，如何用国际音标或汉语拼音为地名记音，并记下当地所写的字和所理解的含义，不过因为时间不够用，没有做详细的记音调查训练，效果不能令人满意，但是用语言学的方法去培训，无疑是最重要的一环。为了亡羊补牢，我又写了一些文章在新办的几个地名刊物上发表。曾先生的建议和调查中发现的问题都给我许多启发，使我认识到，只有用语言学的方法才能使地名调查走上正路，也使语言学在社会应用上多发挥一些作用。后来，全国各省、市、县都编起了地名录，地名刊物也办得更多了，我如饥似渴地搜寻这些崭新的地名资料和研究成果，得到不少启发。1988 年，由中国地名委员会发起，成立了中国地名学研究会，我也参加了筹备工作，并被选为常务理事，又参加了许多工作会议，指导省、市、县地名录、地名志的编写工作，还参加了《中华人民共和国地名词典·福建分卷》的编写工作和《中国大百科全书·地理学》中的地名学条目的撰稿和审稿工作。多年的紧张工作使我体会到，语言学工作者研究地名、参与地名工作并非不务正业，也不是越俎代庖，而是责无旁贷的分内事。

1987 年底，我把十年间写的文章编成了《地名与语言学论集》，打印后寄给我的语言学启蒙业师黄典诚教授和倡导地名学研究的大师曾世英先生审阅，并请他们作序。真没想到，不到一个月的时间里，他们就给我寄来了热情洋溢的鼓励信和所写的"序"与"导言"。

黄老师在"序"里说："李君如龙，究心语学，尤擅方言。坛讲之余，好为文章。十年所积，裒然成帙，即今之《地名与语言学论集》一书也。……论及闽地中有个别台语之借用与夫汉语上古音在地名之残存，事实曲折，言之凿凿：殆皆有裨汉语音韵之研究，功在学术，何烦多言。顷以书将付梓，丐余一言以为弁，余嘉其敏于思而勤于学，卓然名家于举世不屑之际，钩沉发微于俗务纷纷之外，是难能也，爰缀所感以为序。"曾世英先生在长达 4 页的"导言"中说："语言文字学的各种研究成果和研究方法，对于地名学的建立也是不可或缺的。遗憾的是，语言学家们从事于地名研究的至今还只是凤毛麟角。李如龙同志多年从事语言学和汉语方言的研究，并较早注意到地名的研究，把语言学的研究方法运用到地名研究中去，发表了一系列论文。现把已经发表的并补充了新著汇集成册，这是值得欢迎的。虽然只是对汉语地名的分析，但内容翔实，涉及的面较广，立论有据，对全国地名标准化工作有一定的指导意义，对我国地名学的发展也是一个很好的推动。我国地名的标准化不仅要有学术理论的指导，而且亟待人才的培养。现在有关院校已设有关于地名学的课程，并开始培养研究生，但读物不多，急待充实。李如龙同志的这本著作对培育人才来说可谓雪中送炭。书中有闽台地名研究多篇新著，有力地论证了海峡两岸的血缘关系，论证了台湾是祖国神圣领土不可脱离的部分，更有深远的政治意义。"

到 1993 年，上海教育出版社计划出版"中国当代语言学"丛书，希望我写一本汉语地名学的书。我想到不能辜负两位前辈大师的期望，再难也得把这本书写出来。但是确定了计划之后又感到自己的学识还是不够，只好在忙碌的工作中加班加点，抽出时间恶补了自然地理和历史地理的知识，浏览了大量的古今地名语料，终于获得了一些新知。我读到罗常培先生在《语言与文化》里引用李荣先生所调查的西南少数民族的地名资料，用来说明民族文化的特征；读到李荣先生主译的帕默尔的《语言学概论》里说的"地名的考察实在是令人神往的语言学研究工作之一，因为地名往往能够提供出重要的证据来补充并证实历史学家和考古学家的论点"，致力于地名研究的决心更大了。整整用了四年的时间来写这本书，到 1997 年 2 月才定稿。

回忆起 1979 年到 1998 年这些年的紧张生活，真使我百感交集，兴奋不已。那是中国改革开放起步的二十年，也是语言学展翅高飞的二十年。我因为大学毕业后参与过 20 世纪 60 年代的汉语方言普查，在李荣、黄典诚两位名师的指导下，跑遍福建各地，参加了《福建省汉语方言概况》编写、出版的全过程，得到了方言学的全面训练，正踌躇满志想大干一场的时候，"文化大革命"使得大家都停止了业务工作十几年。拨乱反正之后，我感到一种解脱，可以全神贯注地教书、做学问了，恨不得一天当两天用，专心致志地工作。从给 1977、1978 级上语言学基础课、专业课开始，要筹建福建省语言学会，筹办福建师范大学福建文化研究所，两次给全国汉语方言研究班主讲方言调查课，每年还得准备论文参加中国语言学会、汉语音韵学会、汉语方言学会的学术年会，出席香港、台湾地区和新加坡举办的一些国际语言学会议，到美国、日本访问、研究、讲学，样样都是时代的召唤、学术发展的需求，不敢随便应付。好在 1987 年起在福建师范大学带的硕士生，后来在暨南大学带的博士生，使我尝到教学相长的甜头，有年轻有为的合作者的鼎力相助，还放手组织了好几个国际学术研讨会：闽方言会、客家方言会、南方方言语法研讨会。每逢寒暑假，还要下乡调查，编方言词典、方言志，除了方言学还涉猎了应用语言学、文化语言学、地名学这些先前涉猎不多的课题，使自己开拓了视野，获得了一些成果。

　　回想起那些年月，我并没有因生活的艰苦和工作的繁忙而退缩，只有为事业的奋进而坚持。追求学术所获得的新知、接触老一辈学者所得到的启迪，都使我浑身是劲。如果说，大学毕业后的十几年我经历过一番基础训练的话，"文革"后的二十年才是我在语言学教学研究上的初试锋芒。我感到欣慰的是，这些年我将语言学的基本功应用于交叉学科的综合研究，并且为社会应用的实际工作服务，而不是把自己圈在一个小天地里，做远离社会生活的纯学术研究。不论是古代语文学热衷于书面材料的考释或是现代西方的"为语言而研究语言"，恐怕都很难为现实的社会生活做出重大贡献。

　　21 世纪之后，我又走过了二十多年的路，还是多关注学科的相互为用，做综合研究并服务于社会应用。这也是前二十年的教学研究实践中养成的习惯。我从方言学向词汇学拓展，并致力于古今汉语和南北方言的比较研究；考察汉语汉字的特殊关系，从而探讨汉语有别于其他语言的根本特征；在汉语教学走向世界之后，又和后来带的博士生共同探讨了一些汉语国际教育的难题。我想，这就是前二十年的实践留给我的一些启发。如果说有什么遗憾的话，那就是没有再继续地名学的研究。

　　地名学是交叉学科，需要许多学科的学者来共同关注和努力，才能建设好。我希望有更多相关学科的专家共同研究地名，探讨其中的奥秘，做好地名的标准化，更好地服务于社会生活。

　　把两本书的内容整合在一起，如能重新编写应该会更好些，因为要多耗时日，且自己的时间和精力已经不允许了，就把《地名与语言学论集》的一些篇目，穿插在有关各章之后作为附加篇目，有些内容难免会重复，请读者谅解。

李如龙

2022 年 5 月于泰康鹭园

目 录
CONTENTS

第一章 绪论

一、地名

1. 地名是专名的系统

世界万物，一经人类所认识，为了指称和交际，便有了名称。经过人类的接触和认识，指称和交际的需要，是名称产生的两个必要条件。普通名词如此，专有名词也如此。

普通名词指称的是经过概括的某一类别的事物，太阳、月亮实际上只是指称独一无二的对象，这种普通名词极少。专有名词则是指称某一特定个体的名称，人名和地名都属于这种专名。拼音文字中把专名的首字母改为大写，就是为了区别一般的泛指和具体的特指。

人名和地名往往数量庞大，远远超过一般名词。为了理解这个庞大的词库，理出它们的系统并且便于使用，就必须对这些专名进行深入的研究，因此语言学里就有一个分支学科——专名学。

同样是专名，人名和地名又有许多不同。只要是人，总要有名字的，因为人不能离开社会生活，在社会交际中必须称说。至于地名，并不是所有的大大小小的地域都有名称。人迹未到的深山老林、荒野大漠，远离陆地的洋面就往往没有名称。单门独户的农家，房前屋后可能地形地物很复杂，家人之间可能也称说"房后、乌桕树下、坡顶"，但是未进入社会生活更大范围的流通，未经一定的社会集团约定俗成，也不能算地名。

语言是一个大系统，大系统套着小系统。专名也各成系统。不论人名或地名，都不是众多名称的杂乱堆砌，而是系列化的。例如人名就有正名、乳名、俗名、别名、笔名、旧名、艺名、绰号等区别，而地名则有大小地域之不同。

相对而言，地名系统比人名系统更加复杂。因为许多地名存在、使用的时间跨度可以长达数千年，而人生难以过百，绝大多数人名身后不传；与地域相关的有自然地理、人文地理等内容，各种地域的名称既用于口语交际，又是行政管理的区域系列。不仅如此，人是能动的，人名的系列多变动；地域是稳定的，地名的系列也比较明确和稳定，因此，透过系列去认识个体地名就显得更加重要。浙江省嵊县 2276 个自然村中，同名村庄达 306 个，那众多的"王家村""张家村"，离开了一定的系列就无从识别了。

普通名词和专有名词孰先孰后，是一个复杂的问题，学者们有过不同的说法。布龙菲尔德在《语言论》里写道："细致的和抽象的意义大多是从较具体的意义产生出来的。"① 他甚至有很绝对的说法："一切名称起初都是专名，也就是仅仅指一件实物。"② 许多学者调查发现，过原始生活的土著民族的语言有多种鸟或冰的名称而没有"鸟、冰"的类名。法国人类学家列维－布留尔在他的名著《原始思维》中写到南澳大利亚的地名时说："每条山脉都有自己的名字；同样，每座山也有自己专门的名称；……我搜集了澳大利亚阿尔卑斯山的山名二百多个……"③ 就人类思维发展从具体到抽象的过程看，这种说法是合乎逻辑的。汉语的"江""河"直到《说文解字》的时代，还是专名，指的是长江和黄河。

苏联学者茹奇克维奇则认为地名"是在语言发展的一定阶段和比较晚的阶段上由普通名词形成的"，"过去和现在的地名均来源于经历了地理概念具体化和个性化过程的那些普通名词"。④ 他所说的大概是比较后起的现象，即先有普通名词"山""前""水""口"，然后有"山前""水口"的组合。当那些地方还没有形成聚落时，可能还只是一种描述方位处所的普通名词，后来有了村庄或城镇，便成了专有的地名。

有时先有专名而后转化成泛指的通名，有时先有通名而后转化成特指的专名，看来二者都可以找到事实作论据，也并不互相排斥。反之，说一切通名都来自专名，或一切专名都来自通名，恐怕都是片面的。

2. 地名是人们为地域约定的名称

任何语词都是一种符号，用来指称一定的事物。正如列宁在他的《哲学

---

① 布龙菲尔德著，袁家骅等译：《语言论》，北京：商务印书馆，1980 年，第 530 页。
② 布龙菲尔德著，袁家骅等译：《语言论》，北京：商务印书馆，1980 年，第 140 页。
③ 列维－布留尔著，丁由译：《原始思维》，北京：商务印书馆，1981 年，第 167 页。
④ 茹奇克维奇著，崔志升译：《普通地名学》，北京：高等教育出版社，1983 年，第 9 页。

笔记》中所说的："名称是用来区别的符号，是某种十分显明的标志，我把它当作表明对象的特征的代表，以便从对象的整体性来设想对象。"① 人们听到"西红柿""番茄"，想到的是那种可以做菜吃的球状或扁圆形的果实；听到"上海"，想到的是长江口上中国最大的城市。人们对语词所指称的事物的共同理解便是名称的意义。

地名所指称的的对象和内容究竟是什么呢？

简单而通俗地说，地名是地之名，地方的名称，并没有什么不妥。用学术语言来表述反而要遇到许多麻烦。

有人说，地名是地理实体的指称，这是一个十分空泛的说法，地理实体中，动的如海洋风暴、地表径流，静的如地层、地质体都无名称可言。有些地名只是一个大体的范围（例如闽粤赣边区），并无明确的界线，很难说是一种实体。除去别的星球不说，地名只是人们为地球表面的一定地域所约定的名称。有人把地名分为点状地名（如村落）、线状地名（如铁路）和面状地名（如省、区），其实，真正的点状地只有经纬度测出来的点，任何地名都是一定的地域之名，无非其范围有大有小而已。

那么，白塔寺、卢沟桥、六和塔、天安门、风动石、一线天等是不是地名呢？既是，也不是。这些名称首先是建筑物、风景点的名称，由于这些地物在周围环境或同类实体中富于特色或知名度较高而显得突出，所以获得了方位意义，可以作为地名来称说（白塔寺作为街名和公共汽车站名是真正的地名，作为建筑名只是附带用来表示一定地域，如说：他家住在白塔寺下）。可见地物名也只有表示地域和方位时才能成为地名。

一定的地域是地名所指的对象，却又不是地名的内容，从这一点来说，地名是地之名也有不妥。地名并不是地域的感性的征象，而是人们为它外加的理性的称代。列宁说"感性知觉提供对象，理性则为对象提供名称"②。那么，对于地名来说，其理性依据是什么呢？这就是许多学者都提到的一定的地域的"位"和"类"。"位"就是相对的方位和一定的范围，"类"则是它所属的类别。"昆仑山"，山是类名，昆仑则是独一无二的专名，在众多的山之中把它区别开来，标明出来。有人说，通名定类，专名定位。"东四十条""二十里铺"可以这样理解，"赵家庄"也这样分析就有些问题。"庄"是定类的（居

---

① 列宁著，中共中央马克思恩格斯列宁斯大林著作编译局译：《哲学笔记》，北京：人民出版社，1956年，第353页。

② 列宁著，中共中央马克思恩格斯列宁斯大林著作编译局译：《哲学笔记》，北京：人民出版社，1956年，第354页。

民点），至于定位，有时还得冠以"×省×县×乡"才能最后为它定位，因为全国各地有许多"赵家庄"。

对于地名词典来说，最重要的就是指明每一条地名所指代的地域的方位、范围和类别。例如承德市位于北京西北滦河之滨（东经117.9度，北纬40.9度），其范围包括三区一县（双桥区、双滦区、鹰手营子矿区和承德县）①。一定地域的"位"和"类"是地名的基本含义，是人们约定地名的理性依据，也是个体地名在地名系统中的位置所在。

3. 地名的特征意义和命名意义

正如无人不知孙中山、毛泽东、邓小平一样，中国人都知道茅台盛产名酒，虎门曾是林则徐销毁鸦片的地方。但是恐怕很少人知道茅台是贵州省遵义市仁怀县北邻近四川省的一个镇；虎门是广东省东莞市的一个镇的专名，也是珠江主要出海口的海湾名。这是因为在社会生活中该地的某些特征所获得的知名度大大超过了该地的地理位置的知名度。地名的特征意义有的来自该地的特殊地理景观，例如青海湖的鸟岛（又称蛋岛）因每年春天有近10万只斑头雁、天鹅、棕头鸥等前往下蛋繁殖而得名，黄果树因有大瀑布而著名；有的来自该地经济、文化生活的特点，例如景德镇因产瓷而出名，河南省安阳市殷墟因发掘出刻着古文字的龟甲、牛骨而著名；有时来自该地历史上的人物或事件，例如安徽省灵璧县垓下，因当年楚汉决战项羽败亡而为人所知，提起广东南海，人们就想起是康有为的家乡。地名的特征意义不是地名的基本意义而是引申义，普通语词有时也有引申义比本义更加鲜明突出的，例如"熔炉、锻炼、摇篮、过渡"等。

地名的基本意义之外，除了特征意义（引申意义），还有命名意义（或称字面意义、初始意义）。人们为地命名，或取其地形（金鸡山、筲箕湾、三叉街、日月潭）地物（五棵松、飞来石），或因相关位置（河北、山东、海南、山前、水北），或因其他自然景观（长白山、赤壁、桃花山、枣园、恒春、铜陵），这是描述性地名。也有不少根据该地人文历史来命名的，可以称为记叙性地名，例如叙述文化景观的（三家村、新墟），记载人物族姓的（朱仙镇、瑶山、武夷山），记录史实年号、传说的（故县、政和、八一大道）。还有一些与该地的地理、历史无关，仅仅是寓托着命名的某种观念（武威、勤俭）、意愿（太平、兴隆）、情感（宝山、愁岭）的。

---

① 地名辖区常有变动，引用时请注意核定。本书地名为作者20世纪90年代统计时的名称。

普通名词也有命名意义。例如"白天"（一天中光亮的时候）、"番薯"（外国传来的薯类）、"穿小鞋"、"走后门"等等。但因为普通名词是类名，也有不少因为年代久远从字面上已经看不出命名之由了，尤其是那些常用的单音词（天、地、人、水、风），所以普通名词的命名意义虽然可以说明许多人类思维认识发展的历史过程，以及民族、社会或文化的特征，但是还没有引起人们很大的注意。至于地名的命名意义，因为总是和独特的地域相关联，往往可以从中看出命名的历史年代、当地的自然或人文景观，所以地名的"得名之由"就成了人们关注的内容，成为地名研究的特殊领域。

根据以上所述，关于"地名是什么"，我们可以作如下的表述：地名是一定的社会群体为特定的地域所约定的专有名称。各种类别、各种层次的地名形成一定的系统，这些系统与地域的自然环境有关，反映了现实和历史的社会生活的特点。地名有命名时的初始意义，也有命名后随着地域的驰名而获得的特征意义，但地名最重要的基本含义还是在于指明一定地域的方位、范围和所属的地理类别。简单地说，地名是用语词记录的地理、历史和社会生活的特征的地域之名。

二、地名学

1. 地名学是独立的学科

一门学问能否成为独立的学科，主要看它所研究的是否为独特的对象，该对象的构成是否有一定的系统，其演变有没有一定的规律。

不同民族的人名有不同的结构，不同时代的人名反映不同的风尚和习惯。人名之中有正名、别名、乳名、绰号等系列。人名是人名学独特的研究对象。各种各样的图书也都有自己的专名，不同门类、不同时代的图书都有不同的系统，不同语种、不同内容（各种学科）、不同体裁（论文、散文、诗词、歌赋等）、不同形式（图书、刊物、声像等），这是目录学的研究对象。电话号码本上的用户虽然也有公与私、团体与个人之别，却没有独特的系统，因而不能成为专门研究的对象。

地名学以地名为研究对象，地名是一种独特的社会现象，数量庞大的地名是一个复杂的系统。这些系统的构成和演变又有一定的规律，因此地名学是一门独立的学科。

地名学是研究地名的学问，地名即是与地理和语言相关联的社会现象，从不同视角去研究地名，便形成了地名学多元而严整的系统。

首先，从地理的视角研究地名所指称的对象，地名有三个系统。

（1）地理实体系统，包括

陆地：山脉、高原、峡谷、山地、丘陵、坡、沟、梁、平原、沼泽、盆地、沙漠、洲、岛、礁等，其中山脉又有支脉、山峰等小类。

水域：江、河、溪、涧、湖、湾、海、港等，其中湖又有冰川湖、火山湖、盐湖、岩溶湖、潟湖、人工湖等小类。

地物：林、石、堤坝、水库、电站、宫殿、楼、堂、馆、阁、塔、寺、桥、台、墓、碑、渡、码头、车站等等。

（2）人群聚落系统，包括

城镇：路、道、街、巷、新村、公园等等。

农村：乡、村（庄）、屯、墟（集）等等。

其他：废村、废墟、旧址、景点等等。

（3）行政区划系统，各个历史时代都有独特的系统。例如根据《元和郡县图志》，唐代元和年间就有"道—节度使—州（在京畿称府）—县（又分望、紧、上、中、下）—乡"。

其次，从语言的视角研究地名的语言特征，地名也有三个系统。

（1）结构系统，包括

原生地名：单纯地名(卫、鲁、琅琊，一个地名是一个不能再作拆分的语素)

复合地名(巴郡、长江、河东、武夷山，包括专名和通名两部分)

词组地名(朝阳门内南小街、三潭印月、黄果树瀑布，由几个词构成)

相关地名：转类地名(石家庄市、雷州半岛，由村名、州名转为市名、半岛名)

移用地名(上海的南京路、福州的西湖，移用外地的现成地名)

派生地名(中山东一路、潮白新河，由中山路、潮白河派生而来)

拼合地名(安庆＋徽州→安徽，襄阳＋樊城→襄樊)

紧缩地名（京汉线、两广、陕甘宁）

（2）语源系统，包括

汉语地名：共同语地名（多数标准地名）

方言地名（沙石峪、鸡公山）

民族语地名：（那隆、拉萨）

外来语地名：（礼是列岛、窝打老道）

（3）语用系统，包括

现代地名：通用地名（标准地名）

　　　　　别称（又包括旧称、简称、俗名、别名）

历史地名：历代古籍所记载的各种地名

虚拟地名：文学作品中所用的各种地名

最后，从地名特有的命名法分，地名也有三个系统。

（1）描述性地名，包括

表示地理位置的，如方位（河北、山西）、距离（十里铺、八步）、序列（五道口、十六铺）

描述自然景观的，如地形（五指山）、地物（槐树庄、白塔寺）、土壤（赤壁、红山）、水文（浊水溪、三叉口）、气候（雷州、火焰山）、景色（白云山）

说明自然资源的，如动物（鸟岛、野猪林）、植物（杉岭、枣园）、矿产（铁山、铜陵）

（2）记叙性地名，包括

叙述文化景观的，如建筑（九间排、雷峰塔）、设施（官焙，古时曾设有焙茶作坊）

记录人物族姓的，如人物（中山市、尚志县）、族称（苗家山、蓝畲）、姓氏（李家庄、余坊）

记载史实传说的，如故称（歙县，歙为古国名）、年号（绍兴，宋代绍兴年间设置）、事件（双十路，纪念武昌起义）、变迁（旧县、新墟）、传说（神女峰、龙潭）、史迹（茶马古道）

（3）寓托性地名，包括

观念地名：如孝感、民主

意愿地名：如福宁、安顺、长安

感情地名：如百花村、棺材礁

正因为地名学是一门独立的学科，所以它有同其他学科相类似的分科研究的系列。按语种分可有汉语地名学、藏语地名学等；按时代分可有现代地名学、历史地名学；经过多语种的地名现象的比较，总结地名现象的共同规律，这是普通地名学（或称理论地名学）；面向现实生活研究地名的调查、整理、规范化及其应用等问题，这是实用地名学。

2. 地名学是综合的学科

地名是社会现象而不是地理现象；地名学属于社会科学，这大概不会有什么争议。

然而关于地名学的性质，历来有种种不同的看法。在历史悠久的国家，许多地名的变迁需要学者去考证。像中国，以往的地名研究就多半集中在历史沿革上，作为历史地理学的组成部分。由于地名是语言中的专有名词，有些学者把地名学列为语言学的分支，我国古典语文学对地名用字的音义考释也是十分重视的。近代地图学兴起之后，地名作为地图的注记，理所当然地受到地理学家的重视，有的地理学家则认为地名是地理学或测绘学的分支。

我们说，地名学是独立的学科，这就意味着它并不是某一学科的分支，因为不论是语言学、历史学或地理学、测绘学，都无法独立地、穷尽地透视各种地名现象。相反，只有综合地运用这几种相关学科的理论和方法，才能对地名现象进行透彻有效的研究。从这个意义上说，地名学又是一门综合的学科。

研究地名必须从调查入手。地名是社会生活中经常要称说、要书写的，地名读什么音，写什么字，表示什么意义，并不都是那么的清楚，地名的形音义调查只有使用语言调查、方言调查的方法才能做到科学化。关于地名词的语词结构，必须运用语法学的理论和方法。关于地名的系统，则必须应用词汇学的理论和方法。关于地名的语源分析，没有古今语言的知识、亲属语言的知识，便会寸步难行。研究地名学必须经过语言学训练，这是很明显的道理。

进行地名调查不但需要进行语言调查，而且必须进行自然地理和人文地理的调查。不知道该地的地形，不了解该地的经济、文化生活，对历史一无所知，就很难透彻地了解地名的实际含义和命名意义。桂林的"象鼻山"是山形像大象把长鼻子放入水中，福建武平的"象洞"是因为古时候有过大象，海南陵水县的"猴岛"现在还生活着大群的猴子，云南的"狗街"则是旧时墟日赶集的墟场（按十二生肖排序）。这四种以动物命名的地名，实际上属于四种不同的命名法，如果不进行实地调查和文献考证，凭想象是不可能有透彻的了解的。

通名的研究是地名学研究的重要课题。不论是标志地形、地貌、地物等各种景观的通名或是古今南北不同的聚落名、行政区划名，没有地理学和历史学的知识，也不可能有准确的理解。闽南有的村落叫"六都""四甲"，前者是明朝的建制（"都"比"乡"大），后者是民国年间的保甲制旧称。北京的旧称"大都"中的"都"指的是国都，台湾"五甲"中的"甲"是当年分配给屯垦户的耕地面积丈量单位。如果都是望文生义，主观猜测，非出差错不可。

为了便于交际，人们口耳相传，世代相因，地名总是稳定少变的，但也并非一成不变。要了解当代的地名，往往少不了要查阅历史的资料，了解古今地名的流变。现代地名不但是旧地名的延续或变异，而且与当地历史人物和历史事件相关，因而还必须了解地方史料。有时，民间保存的谱牒也能提供重要的线索和依据。许多早期传下来的地名，不查史料、缺乏历史知识，就难以理解。例如四川盆地有巴国，《说文》云："巴，虫也，或曰食象蛇。"又如"闽"，《说文》也称"东南越，蛇种"。这显然是古代以蛇为图腾的民族。安徽黟县的黟，《说文》曰"黑木也"，《旧唐书·地理志》则记载了黟山、黟川出产石墨的历史。

除了语言学、地理学和历史学的理论、资料和方法，地名学也有一些自己独特的方法。应该提到的有类聚方法和列图方法。

地名既然有大大小小的系统，进行类聚比较便是十分必要的。地理环境有不同的类型区，某些历史事件（如农民战争、移民、民族融合等）也可以造成地名现象的相关分布，各种方言都有自己特有的通名的分布范围，被融合了的少数民族语言也会留下分布在一定地域的"底层"。从实际情况出发提出问题，把有关的地名事实搜集起来进行合理的分类，往往会有许多重要的发现。如果把各种有关专题的类聚材料展现在地图上，不但可以更加直观地看到同类地名事实的分布，而且可以从中体察自然地理和人文地理之间的种种关联。

地名学既是独立的学科、综合的学科，它的研究也必定可为相关学科所用。从地名用字所保留的读音（例如番禺读 pān，铅山读 yán）可以了解前代语言的读音。方言地名的调查则可大大地丰富对方言的认识。有些地域久经沧桑，地名却不变，这些地名可以作为地理环境变化的确凿证据，例如"汉阳"原来在汉水北岸，如今却在汉水之南；福州南台岛上不少村落名为"义屿、台屿、盘屿"等，说明那里早期一定是"海中山"。珠江口现属番禺市的"万顷沙、南沙、长沙、海心沙"，原来都是四面有水的沙洲，如今都已连成珠江三角洲的陆地了；新垦镇及其周围的"罗家围、义和围、宝成围、穗安围"，则记录了不久之前围垦的历史。两广的一些带"那、禄、邑、淜"的地名显然是早期壮语地名，把这些地名展示出来，就可看出壮族同胞早年的居住地。这是地名为历史学提供宝贵材料的例子。

三、汉语地名学

1. 汉语地名的一些特点

中国是多民族国家。不同的民族有不同的语言，其地名的语词结构和语词系统也有各种差异。本书着重研究在中国占主流地位的汉语地名。

汉语地名有什么特点呢？

首先，华夏民族已有四五千年历史，有文字记载的历史也有三千多年了，我国又有辽阔的版图和复杂的地形，因而古今汉语的地名就有特别浩繁的数量，不论是通名还是专名，都很繁复多样，各种词汇语法构造也层出不穷。单是现代汉语的大小地名，估计就有数百万条之多。有些地方古今曾用名多达十几二十个。就结构说，短的地名只有两个字，长的可达十个字。

其次，我国是多民族的国家，除了汉族，其他多个民族也掌握过全国性统治权，各民族之间有频繁的接触。由于多次的迁徙和长期的融合，不少地方在不同时期居住着不同的民族，因此有些地名虽然都是汉字，实际上却包含着不同时代不同民族的语源。在历代民族语言没有穷尽研究之前，要完全弄清这些地名的音义是不可能的。

最后，汉语的方言品种多、差异大。早期的地名多是以方言口语的形式命名和流通的，然而长期以来所使用的汉字却又是各方言区统一使用的。语言和文字的脱节，造成了地名形音义的大量混乱现象，在没有经过详细的调查和周密的研究之前，许多记录地名的资料都难以判断其真实性和可靠程度，更难以进行对比和类聚。

2. 汉语地名的研究

我国古代语文学一兴起，便有许多学者着力于地名的研究。汉代三部最重要的语文著作都包含着大量地名资料。许慎的《说文解字》收录的地名专用字就有800多个，占全书总字数近十分之一。像"澳，隈崖也，其内曰澳，其外曰隈"，这是关于通名的说解；"郑（鄭），京兆县，周厉王子友所封，从邑，奠声，宗周之灭，郑徙溜洧之上，今新郑是也"[①]，这是专名的说解，对地名史也作了交代。刘熙的《释名》全书27章，从第二章起是"释地、释山、释水、释丘、释道、释州国"，都与地名有关。"释水"说，"天下大水

---

① 许慎：《说文解字》，北京：中华书局，1963年，第132页。

四，谓之四渎：江、河、淮、济是也。渎，独也，各独出其所而入海也"，"水中可居者曰洲……小洲曰渚……小渚曰沚……小沚曰泜……海中可居者曰岛"。"释州国"说，"荆州取名于荆山也……豫州地在九州之中，京师东都所在。……兖州取兖水以为名也"，都是很精彩的说法。① 郭璞所注《尔雅》也有"释地、释丘、释山、释水"等，关于当时的"九州"，这部儒家经典说："两河间曰冀州，河南曰豫州，河西曰雍州，汉南曰荆州，江南曰扬州，济河间曰兖州，济东曰徐州，燕曰幽州，齐曰营州"，可谓精练；"水注川曰溪，注溪曰谷，注谷曰沟，注沟曰浍，注浍曰渎"，可谓层次分明。② 在《尔雅》的基础上，魏代张揖扩编的《广雅》，在搜集和解释秦汉两代的地理通名上，也有重要的价值。

真正的地名学著作应该从班固的《汉书·地理志》和郦道元的《水经注》算起。前者先述全国各地山水物产，而后列郡县及人口，末尾还有各地历史和风俗的介绍，据统计，所收地名在 4500 条以上。该书对后来多个朝代的"地理志"有很大的影响，可谓开了地理总志的先河。宋代以来全国方志有七千种，十万卷，保存着大量地名资料，可见班固之功不可没。《水经注》记载了水道 1389 条，加上其他水域名称则有 2596 条，所作叙述牵连到的地名达一两万处。郦氏以水为纲，实际上还记载了各地名山，包括地形、地貌、物产、矿藏也多有所记录，有时还顺带交代了置县沿革。例如"桐溪水"条云："紫溪东南流，迳桐庐县东为桐溪。孙权借溪之名以为县名，割富春之地立桐庐县。"③ 更为可贵的是书中还概括了为地命名的规律。例如："凡郡，或以列国，陈鲁齐吴是也；或以旧邑，长沙、丹阳是也；或以山陵，太山、山阳是也；或以川原，西河、河东是也；或以所出，金城城下得金，酒泉泉味如酒，豫章樟树生庭，雁门雁之所育是也；或以号令，禹合诸侯，大计东冶之山，因名会稽是也。"此书不但广泛征引群经诸子、史志文集，连民间所见志怪小说、纬书也广泛搜罗，引书多达 477 种。所叙山水之状，饱含深情，文笔流畅而简练，科学精神与文学价值浑然一体，实为不可多得的杰作。④ 后来有关地名的著作值得称道的还有：

唐代李吉甫所撰的《元和郡县图志》是一部全国性的地图和地理总志，

① 王先谦撰集：《释名疏证补》，上海：上海古籍出版社，1984 年，第 68、81 页。
② 阮元校刻：《十三经注疏·尔雅注疏》，北京：中华书局，1980 年，第 2614、2619 页。
③ 谭家健、李知文选注：《〈水经注〉选注》，北京：中国社会科学出版社，1989 年，第 418 页。
④ 陈桥驿：《论地名学及其发展》，见中国地名委员会办公室编：《地名学文集》，北京：测绘出版社，1985 年，第 37－45 页。

除收录郡县名、说明其建置沿革之外，还标明大小山水以及有历史意义的地名，各标明其相互距离、人口数、贡赋、物产，也常常涉及地名的命名之由。《四库全书》提要称："舆记图经，隋唐志所著录者，率散佚无存，其传于今者惟此书为最古，其体例亦最善，后来虽递相损益，无能出其范围。"① 此书确是历史地理学名著，也最富有地名研究价值。

明代徐弘祖的《徐霞客游记》也是十分难得的佳作。在交通十分困难的情况下，作者徒步踏勘、考察，作了详尽的记录，并且用精练优美的语言，对他涉足的地方的地形、地貌以及地名的来历和含义作了科学的分析和生动的描写。例如游广西画山，他说："其山横列江南岸，江自北来，至是西折。山受啮，半剖为削崖，有纹层络。绿树掩映，石质黄、红、青、白，杂彩交错成章，上有九头。山之名画，以色非以形也。"②

此外，北宋太平兴国年间所编的《太平寰宇记》，长达二百卷，旁征博引；清初顾祖禹《读史方舆纪要》则着重于考订古今郡县的变迁以及各地山川险要、名称的更革，也有相当高的历史价值。

试举一两个例子。

《太平寰宇记》关于芜湖的得名之由有如下的记载："以其地卑，畜水淳深而生芜藻，故曰芜湖，因此名县。"③

《读史方舆纪要》有关于北京郊外的一段描写："说者曰，居庸东去有松林数百里，中间之道骑行可一人，谓之札八儿道，即元太祖问计于札八儿，从此趋南口者。"④ 这说明直到明末清初，北京近郊还有林区。

以上说的是全国性的地理总志。明代以后，各地普遍编修县志、府志，有的还再三修订，篇幅之大，卷册之多，难以胜数。地理总志是构成我文献大国的重要部分，其中保存着更多的地方资料，此处也举一例：

1933 年所修的《连江县志·流寓》云："朱熹于庆元间遭伪学之禁，遁迹三山，转之长乐。与其徒刘砥、刘砺抵连，寓宝林寺。复至官地村结庐讲学。今犹名其村曰朱步。"这里记录了因名人行迹而更改地名的实例，也可以看成崇儒文化在地名上打下的烙印。

中国古代关于汉语地名的研究大致可分为两类：一是传统语文学中对地名用字的训释；一是在历史地理学里的列举和说明。地名学并没有成为独立的学

---

① 李吉甫：《元和郡县图志》（下），北京：中华书局，1983 年，第 1104 页。
② 徐弘祖：《徐霞客游记》（上），上海：上海古籍出版社，1980 年，第 338 – 339 页。
③ 乐史：《太平寰宇记》（卷 105），乾隆乐氏刻本。
④ 顾祖禹：《读史方舆纪要》（卷 5），敷文阁本，第 31 页。

科。从保存下来的研究成果来看，我们就会发现，其中材料的罗列多，理论的概括少；个别地名的考证多，地名系统的探索少。然而单是这批汗牛充栋的资料，就是一笔无价的文化遗产了。

3. 汉语地名学的酝酿和形成

现代地名学的形成，应该说是 20 世纪的事。作为一门综合性学科，只有历史学、地理学和语言学发展到一定阶段，地名的研究才能建立自己的科学体系。

我国的现代地名学酝酿于 20 世纪 30 年代。1933 年，为纪念《申报》创刊 60 年，由曾世英先生实际担任编辑绘制工作的《中华民国新地图》出版，图集之后附有 162 页地名索引，把现代中国的主要地名定位在现代的地图上，这是中国地图学和地名学的里程碑。前后几年间，关于汉语地名的大型出版物，还有臧励和等所编的《中国古今地名大辞典》，专门研究地名沿革的"禹贡学会"及其所办刊物《禹贡》半月刊，也是那时出现的。关于地名的一般性论述，则有葛绥成、金祖孟等人发表的一些论文。

新中国成立之后，曾世英先生就致力于地名学基本理论和地名拼写法的研究。1959 年，他在测绘研究所筹建了地名研究室（1992 年扩建为研究所），倡导了大量重要课题的研究，为清理外国侵略者强加给我们的地名、维护国家主权，进行了大量的考证工作，为少数民族地名的译写和中国地名的国际标准化作出了重大贡献。在历史地理学方面，20 世纪 50 年代以来也有许多重要成果。谭其骧主编的《中国历史地图集》就是一部历史地名的总结性著作。

1977 年，联合国第三届地名标准化会议通过了用汉语拼音拼写中国地名作为罗马字母拼法的国际标准。同年，国务院成立中国地名委员会。1979 年召开全国首次地名工作会议之后，全国各地开展了地名普查，为五万分之一的地图注记进行了大规模的核查，并根据所得资料编印了各地地名录、地名图和地名志。1981 年开始又组织了全国各省的专家和地名工作者编写《中华人民共和国地名词典》。山西、福建、辽宁、云南等省还先后出版了地名刊物（其中影响较大的是山西的《地名知识》和辽宁的《地名丛刊》，后者于 1991 年改为《中国地名》）。1988 年成立了中国地名学研究会。二十年来的这些工作和活动，组织了数以千计的队伍，开展了持续多年的调查工作，出版了难以数计的地名图书。关于汉语地名学的论著，从论文集、专论到概论，从基础理论到实际应用，从学术论著到普及读物，有如雨后春笋，层出不穷，而且质量越来越高。应该说，汉语地名学就是在这最近的二十年间建立起来的。除了上文已经提到的论著之外，这一时期最重要的研究成果还有：

曾世英：《中国地名拼写法研究》，测绘出版社，1981 年
　　　　《曾世英论文选》，中国地图出版社，1989 年
中国地名委员会办公室编：《地名学文集》，测绘出版社，1985 年
褚亚平主编：《地名学论稿》，高等教育出版社，1986 年
丘洪章主编：《地名学研究》（第一集），辽宁人民出版社，1984 年
中国地名学研究会编：《地名学研究文集》，辽宁人民出版社，1989 年
杨光浴主编，中国地名学研究会编：《城市地名学文集》，哈尔滨地图出
版社，1991 年
邢国志主编：《地名图录典志编纂论文集》，哈尔滨地图出版社，1992 年
王际桐主编：《地名学概论》，中国社会出版社，1993 年
李如龙：《地名与语言学论集》，福建省地图出版社，1993 年
吴郁芬等编：《中国地名通名集解》，测绘出版社，1993 年
牛汝辰：《中国地名文化》，中国华侨出版社，1993 年
王际桐主编：《实用地名学》，中国社会出版社，1994 年
褚亚平等：《地名学基础教程》，中国地图出版社，1994 年
史为乐主编，中国地名学研究会编：《中国地名考证文集》，广东省地图
出版社，1994 年

　　应该说，汉语地名学既有源远流长的传统，又有空前规模的地名普查和地名规范化、标准化的实际工作的基础，近二十年间的发展是迅速的，初步建立的汉语地名学在为社会生活服务上已经作出了重要贡献，在理论建设上也取得了可喜的成绩。更加可贵的是我们已经有了一支庞大的队伍，有多种学科的协同努力，按照眼下的发展势头，汉语地名学的建设，前景是光明的。古今汉语有如此丰富的地名资料的积累和研究的积累，汉语地名学也应该为现代地名学的理论建设作出自己的贡献。

地名的符号特征

地名是一种符号，是人类社会最复杂的符号体系——语言的组成部分。和整个语言体系一样，地名的基本性质就在于它的符号性。作为语言体系的特殊组成部分，地名符号和语言符号有共同的特征，也有它独有的特征。研究地名的这些特征是地名学的首要任务。

毛泽东在《矛盾论》里指出："科学研究的区分，就是根据科学对象所具有的特殊的矛盾性。"了解地名符号的特征，才能明确地名学的研究对象、研究内容和研究方法，才能认识地名的结构规律和发展规律，也才能弄清地名学和各相关学科的关系。当然，研究地名符号的特征对现实的地名管理工作也有重要的意义。

一

地名符号是个体地表空间的特定方位的概括标志，这就是地名和其他语词最重要的区别。

语词是人们对客观事物和现象的概括反映。列宁在《哲学笔记》里引用过黑格尔的一段名言："名称是一种普遍的东西，是属于思维的，它把复杂的东西变成简单的东西。"例如"石头"是不论质地、不论大小、不论颜色而概括出来的"构成地壳的坚硬矿物质合成"这一概念的名称，它把同一个"类"的各种物质抽象成简单的双音词，和一般名词不同，地名是地理名词，地名所概括的是关于地表空间的特定地域的概念。"石头"是一般名词，"石灰岩、钟乳石、蜂窝石、岩石圈"是地理名词，"黄石市、石钟山"是地名。

地理名词是地理空间、地理事物的"类"的概念，"山"指一切山，"河口"是指一切河流的出口，地名则是特指某个地域的概念，例如"泰山""黄河口"。地名中含有地理通名，但只有通名不能构成地名，而地名中的通名却常可省略，例如上海（市）、中山（县）、古田（村）、峨眉（山）。作为个体概念的名称，地名也是抽象的概括，泰山的山上山下气象万千，一年四季景色不同，黄河口历来多变，这些内容在"泰山、黄河口"的地名中都不加反映，它们只是一定地域的类别和方位的指称。

就个体事物抽象概括的符号叫专名。除地名之外，人名、书名、机关团体名等也是专名。地名是地表空间特定方位的名称，这就把它和其他专名区别开来了，但有时它也和其他专名交叉。例如，说"军事博物馆是 1958 年北京十大建筑之一"，这里的"军事博物馆"是特指的地物，也占有一定的空间，但并非用来指明方位，是建筑物专名；如果说"乘 1 路车，军事博物馆下，向西走半站路"，这里的"军事博物馆"是公共汽车站名，有方位意义，是地名。

个体的地名一旦归纳成类，就不再是特指的专名，而成了一般的名词。例如说"许多城市都有中山路""许多风景区都有一线天"，其中的"中山路、一线天"，不再用来指称特定的个体，便失去了方位的意义，不是地名，用汉语拼音拼写时，字首不用大写。

二

语言和其他一切符号都是社会的交际工具，都是一定社会群体所约定的，因此都具有社会性。地名符号也具有社会性，但它的社会性也有独特的内容。

语言是最重要的社会交际工具，它的交际功能是全功能的。这个全功能既表现在它的广泛性，没有一个领域能离开语言工具，不像红绿灯、旗语、数学符号只用于某一领域；又表现在它的自足性，不借助其他成分就可以单独完成交际任务。地名只是语言体系的组成部分，虽然是社会生活中不可缺少的部分，但如不借助其他的语词和语法规则，是无法进行独立的交际的。

地名是因社会交际的需要而产生的。不是所有的特定方位的地表空间都有名称。在没有人烟的地方，哪怕是很高的山峰、很大的海域，因为人们未经认识，也没有识别和指称的需要，可以没有地名；而只要有交际的需要——把它和其他个体方位区别开来以交流信息，哪怕是几棵树、几块石头、一座坟、一口井，也可以有地名。

关于名称的约定俗成，荀子早有精辟的说法："名无固宜，约之以命，约定俗成谓之宜。"地名符号也必须是在一定的社会群体之内共同约定，才能成立，才能推行。台风生成的海面、沙漠伸缩的界限可用经纬度来表示，尽管它所指的地表空间方位十分明确，但经纬度只是地理坐标，不是地名，因为它不是社会共同约定的名称。兄弟分工插秧："你到三分丘，我到五分丘。"男女约会说："在第七根电杆处相候。"其中有关的词语也都有明确的方位，但因为不是社会群体共同约定的，也不是地名。北京有五棵松、四道口，黑龙江省从嫩江到漠河的公路上有三站、四站……二十五站，尽管前者已无五棵松，早非四道口，后者只是一群编号，但因为经过约定，已为社会所承认，便都是地名。

由于战争、迁徙、垦殖或自然灾害，一定地域的居民更换了语言不同的社会群体，这个地区的地名便要发生重大的变化。新的主人用自己的语言约定新名，少数保存下来的旧地名也要经过民族化或方言化的改造。台湾省现存地名大多是闽粤人用闽方言或客家方言命名的，少数以高山族语命名的也经过音译或意译的改造，荷兰和日本侵略者所定地名则大多废弃了。

三

地名符号的语音和语义是社会群体任意约定的，但一些后起的地名用已有的地名语素组合而成，其命名意义和实际意义之间虽无必然联系，却是可以论证的，地名的任意性和可论证性是相互补充而统一的特征。

和信号不同，一切符号都是任意的，见到烟知道有火，电闪雷鸣预告着下雨，这是物质现象必然的信号；+、-、×、÷，a、b、c、d 则是人们任意约定的表示计数方法或记录语音或排列顺序的符号。一切语词用什么读音，表示什么语义，也是任意的。正因为如此，同一概念在不同的民族、不同的时代才会有不同的说法。水，汉语说 shuǐ，日语说 mizu，英语说 water；现代汉语说吃、走、跑，古汉语说食、行、走。地名中许多最早的单纯词也是无法论证的，例如先秦的河（黄河）、洛（洛水）、莱、徐、琅琊。语词只是概念的名称，并不反映概念的本质。正如马克思在《资本论》里说过的名言："物的名称，对于物的性质，全然是外在的。"

然而，任何语言的语音单位（元音、辅音、音节）都是有限的，而语言所应表达的概念却是无穷的。随着人类认识的发展和社会生活的复杂化，人们在为许多后起的概念命名时往往按照自己对客体的某种认识，利用已有的语词来类推或加以引申和合成。例如：水—井水、水井，食—食物、粮食，洛—洛水—洛阳，莱—东莱国，徐—徐州—南徐州。这些语词就有了另一层命名意义（也就是字面意义、语素意义）。词的命名意义和实际意义（词所表达的意义）之间依然是任意性的约定关系，同一事物在不同语言依然可以有不同的命名意义，例如汉语的海象、海豹，在英语叫 seacow（海牛）、sea-dog（海狗）；英法之间的海峡，英国人叫 English Channel（英吉利海峡），法国人叫 La Manche（拉芒什海峡，意为"衣袖"）。

由于客观事物之间存在着一定的关系，人类认识客观世界也有一定的思维逻辑，语词的命名意义和实际意义之间也有可论证的一面，例如汉语里说"水鸟、水磨、口水、水汪汪"，在英语里也有 waterbird、watermill、mouthwater、watery 的说法。命名意义是相同的。苏联的诺夫哥罗德原意为"新城"，高山、高塘、新城、旧县之类用一般名词来指称的地名在汉语里也很常见。诚然，也有一些命名意义和实际意义是不相符或不相干的，汉语的"萤火虫"和英语的 firefly 所指的这种昆虫只有光、没有火，"马虎"和马、虎又有什么关系？

命名意义和实际意义是否相符、相关，对一般语词来说并不重要，对于地名学来说却是十分重要的。地名的命名意义，有的保存了某种自然地理特征：河北卢龙的金砂沟、甘肃玉门的石油沟、安徽的铜陵是说明矿藏资源的，长白山、恒春是说明气候的，洛阳、江阴、临汾、滨海标明了地域与水域的相关位置，五指山、日月潭、响水河是描写景观的；有的记录了一定的历史事实：朱仙镇、杜康村、左权县是历史人物的出生地，张家界、沙家店说明命名时居住在该地的族姓，政和县、永泰县则是命名时的封建王朝的年号。有些地名的命名意义和现实状况已有不同，瓷窑村不再烧瓷，石家庄早已是百姓杂居的城市，水北街已经变成了水南乡，可正是这些地名成了研究历史地理的宝贵资料，可见，地名的来历（命名意义）有时就会是地名学特有的研究内容。因此，地名词典除了为地名定位、定类外，还应该力求说明地名的命名意义，不像一般语词在词典只需注明词义，不必说明"命名之由"。

四

语言是民族的重要标志之一，作为民族语言的组成部分，地名符号也具有鲜明的民族性，其主要表现如下：

第一，地名的语音形式总是受民族语言的语音结构规律制约的。其他民族语言的地名转译为汉语形式时，语音上往往要经过折合的改造，例如国内的藏语地名 Lhasa，汉语没有清化了的边擦音 lh［ɬ］，就改读为 l，写为拉萨。国外的 Alps 原来只有一个音节，汉语没有复合辅音，于是翻译成四个音节的"阿尔卑斯"山。汉语的词汇以双音节为主流，双音节也是汉语的"音步"，标准地名往往由双音节专名加单音通名构成，口语中通名常常省略，如山西（省）、上海（市）；但是由单音的专名和通名组成的双音节地名，通名就不能省略，如通县、刘村、泰山、珠江；若是长串地名的缩略简称，也常用双音节，例如：西直门外→西外，内蒙古自治区→内蒙，松花江、辽河平原→松辽平原，武昌、汉口、汉阳→武汉三镇。

第二，地名在选择语素构成语词的命名意义时常常体现着不同的民族文化心理。"红"在中国人心目中是吉利的象征，所以有"红火、红榜、红人、红利、走红"等说法，而英语的 in the red 却是"负债累累"，out the red 则是"大有盈余"。地名方面这类例子也很多。龙是中华民族崇拜的灵物，汉语地名常用"龙"命名，《中华人民共和国分省地图集》里，带"龙"字的地名就有 200 多条。中国特有的地支十二生肖在云贵高原也常用作地名，不仅有羊场、虎街，外地人难以理解的鼠街、狗街也不为少见。此外，孝感、慈化、仙居、尚义、仁和、忠信等也是这类反映民族文化有关观念的表现。

既然地名符号都要打上民族的烙印，用不同民族语转译又要经过折合，中国是多民族的古国，在民族杂居，经历过民族迁徙、民族融合的地区，地名就可能有不同的语源，有些地名的命名意义就难以考释。有人认为东南各省的句容、姑苏、姑田、古田都含有古越语词头 ku。四川省康定县的打箭炉原是藏语地名"达浙渚"，意为达、浙两条河交汇处，后来附会成诸葛亮南征时制作箭头的"打箭炉"。可见，要认清地名的来历、含义和演变，就要研究民族语言、民族文化、民族迁徙史，地名学必须借助语言学、民族学和历史学的研究成果。

五

地名既然是标志特定方位的地理空间的名称，必定要反映不同地域的特点，带有地域性。从不同方面按地域进行地名类聚研究就成了地名学的重要研究课题。

由于自然地理条件不同，不同地域的通名差异很大。在地理实体名称方面，南海地区多岛、礁、滩、沙，还有群礁、暗沙、海山、海岭；黄土高原则有塬、原、峁、墚、沟；在河网地带，如松江县，据《上海市地图集·松江县图》，常见的通名转化为村名的，带浜字 63 处，带桥字 32 处，带埭字 27 处。在聚落名称方面，平原地区因为地形简单，常以姓氏命名或编号命名，例如榆树县，据《长春市地图录·榆树县地图》，牛家、林家、夏家、孙家等姓氏村名就有 30 处以上，头号、二号……二十号等编号地名及三家、八户、五家、八垧等数字地名也有 30 多处。在丘陵地带，则多依地形和方位命名，如江西省兴国县，据《江西省兴国县地名志·行政区划图》，村名中带溪字 30 处、坑字 28 处、岭字 17 处。

社会经济文化发达情况不同，也会造成地名的分布、用字和结构等差异。人口的密度和地名的密度成正比。同是农村地名，在经济发达地区，以各种人工建筑和设施命名的就多，例如苏沪一带除上述"埭、桥"之外，还有渡、闸、堰、坝、宅、巷、弄等，据《常熟县地名图》，全县带巷、弄字的村名就有 183 处。而在开发较差的山区则以自然地理实体命名的多，其常见字是坑、坪、坡、岭、窠、洞、岩、溪等。在结构形式方面，农村分散型的聚落以单层结构的双音节、三音节地名为常，在城市密集型的街道则常有多层结构的组合、附加等长串地名，例如北京有西直门北大街、朝阳门内南小街，广州有中山东一路，上海有北四川路 887 弄，等等。

地名的类型区还可按方言划分。汉语方言之间，词汇差异不小，常用通名也各不相同，在多方言地区，通过对地名用字的类聚分析往往可以为方言区划界提供确切的依据。例如广东境内有三种汉语方言，凡带"涌、冲、朗、塱、圳、埗、輋、潋、氹、凼、埔、滘"通名的是粤方言区；带"厝、埯、坂、埕、墘、社、浦、垱、汕"通名的是闽方言区；带"嶂、嶂、岌、岃、埠、背、崀、磜、嫲、墩、坋"通名的是客家方言区。由于早期的地名是用不同方言命名的，要考释地名的命名意义就得做方言调查。可见，地名学和方言学是相互为用的，应该密切配合进行研究。

六

地名是历史现象，作为交际工具，地名和其他语词口口相传、世代相因，只有保持稳定才能发挥其社会职能。地名又是人们对地理空间的特定方位所概括的符号，随着社会生活的发展，地理环境不断被改造，人们的认识也不断地变化，地名就必然有所更革。地名符号的稳定性和变异性的矛盾和统一构成了它的历史发展。

地壳运动、洪水泛滥、风沙覆盖、流水侵蚀以及战争的洗劫和瘟疫、灾荒都会造成城池和村落的废弃；人口增长、生产发展则使新的聚落和设施不断涌现，这就造成地名的新陈代谢。新地名不断产生，旧地名逐渐被替换或淘汰，但是有些旧名因为标志过重要历史事件，作为历史地名还会长期存在，例如长安、金陵、垓下等等。

新旧名的更替是常见的地名变异，有时名称局部变异，所标志的方位和范围变了，例如改朝换代，行政建制变动，通名就有变动（如郡、县、州、路、军、府、道等）；聚落扩展，也会增加派生地名（南京路→南京东路、南京西路，丁家村→上丁家村、下丁家村）；或者移民所建新区，仿造故土侨置地名（徐州→南徐州，台湾省有许多同安村、南安里）。还有的是整体易名，或改音雅化（棺材胡同→光彩胡同，罗锅巷→锣鼓巷）；或政治干预（浦城县曾先后更名为汉兴、吴兴、唐兴），"四人帮"妄改大量地名也属此类。

地名的音义之间、命名意义和实际意义之间虽然只是任意的约定，但在社会通行之后，就具有制约性，如果人们不遵行约定的习惯，就会在交际中碰壁。可见，地名的社会性正是地名稳定的内部根据。

地名是社会交际形成的习惯，但是，地名的变化发展也与国家行政管理密切相关。地名中常用的通名——行政区划名称就是由政府的行政区划和建制决定的。管理机制健全的政府不但要合理地确定行政建制，使行政区划名称系列化、明确化，体现合理的属辖层次，还应该及时废弃旧名，认定新名，及时清理地名混乱现象（异地同名，同地异名、异读、异写等），建立地名的系统规范，做到地名标准化。地名规范化工作必须从实际出发，既尊重社会习惯，承认不同时代的思想意识在地名中的积淀，把整体易名控制在最小范围内，以保证地名的稳定性；又要因势利导，使地名的新陈代谢更健康、更合理，为人民所喜闻乐见，才能在社会生活中发挥更大效能。只有认识地名历史发展的特点，才能做好地名管理工作。

地名稳定性和变异性的矛盾在不同的时代、不同的地域、不同类型的地名中都有不同的表现。社会动乱往往会造成地名的混乱，国家振兴会使新地名大量增加；在各类地名中，自然地理实体名称总比行政区划名称变动少，景观地名又比寓托性地名变动少。要认识地名演变的历史规律就必须进行大量的断代的调查和历史的比较，地名学这方面的研究当然要借助社会史、民族史的研究成果。这就是地名学和历史学的关系。

七

数量庞大的地名符号不是杂乱无章的堆积，而是构成一定的系统。地名的系统性和语言的系统性有很大的区别。

地名是语言中的一批专名，虽然数量庞大，内部结构却很简单。语言除了各种专名和各种通名组成的词汇系统之外，还有复杂的语法修辞的规则。在交际过程中，语言是按时间顺序用一定语法规则组织起来的链条，地名只是其中的一个链环。链条再短，在语言环境中也体现一定的关系，例如"我不给他"，这四个字可以组合成："我不给他。""我？不，给他。""我不，给他。""我不给。他？""我不给他？"地名再长，也无非表示一个片段，如"东四牌楼十一条"只是一个胡同名。地名也有内部结构，但对词义来说是无关紧要的。"马集"是某个方位上的村名，究竟表现什么命名意义，是"贩马的集市""马姓聚落"，还是按生肖排列的村庄，这是历史上的事。语言的线条性及其排列的规定性，与地名的片段性及其结构的单纯性形成了鲜明的差异。

在语言链条里，地名是孤立的片段，但在地名的大家庭里，它也是个严密系统。在一定的时代，一个地区的地名构成了一个共时的平面，大小范围的地名按照一定的方位组成了地名系统；自然地理实体地名、人工建筑地名、行政区划和居民点地名又构成相关联的整体。把所有的地名标注在地图上，就是这个成系统的整体的平面展现。从这个意义上说，地名系统是点状成分和片状成分构成的平面空间系统。它和构成语言的"字、词、句、段、章、篇"的线状表述系统又形成了另一个鲜明的差异。这个特点决定了地名学的研究必须借助地理学的方法。地名是地图的眼睛，地图是地名的经络，地名学和地图学、测绘学也应该是相互为用的。

在历史上，地名有继承也有变异，在一定的地区，地名的沿革又构成了另一个系统，这就是历时的系统。在这个纵向平面上，单个地名有名同实异（扩大或缩小）的，也有名异实同（局部更改或整体易名）的；当然也有名实皆同或名实皆异的。就不同时代的整体来说，有消亡的，也有新生的；有相应的，也有不相应的，情况就更加复杂了。单个地名的沿革考证和地名的断代平面的历史比较则是历史地名学和历史地理学的共同任务。

综上所述，地名符号有自己的系统和特征，地名学应该是一门独立的学科。地名现象与语言体系、地理环境、民族关系、历史生活都是相联系的，地名学就必须和语言学（含方言学）、地理学（含地图学）、历史学（含民族学）相结合，因而地名学又是一个综合性的学科。

（原载《地名知识》1989 年第 1 期，收入本书时有改动）

第二章 汉语地名的语词结构

一、汉语地名的构词法

个体地名是语言中的词或固定词组。地名词和其他语词一样，有一定的结构方式。按照汉语的构词法，汉语的地名也有单纯词、复合词及词组之别。①
以下分别举例说明。

1. 单纯词地名

单纯词地名是由一个不可分解的语素构成的。最早产生的汉语地名大多是单纯词地名，这种单纯词地名又有单音词和双音词两类。

《左传》："我执曹君，而分曹卫之田以赐宋人，楚爱曹卫，必不许也。"
《史记》："秦地遍天下，威胁韩魏赵氏。北有甘泉谷口之固，南有泾渭之沃，擅巴汉之饶，右陇蜀之山，左关崤之险，民众而士厉，兵革有余。"《说文解字》："河，水出敦煌塞外昆仑山发源注海。""江，水出蜀湔氐徼外岷山入海。"其中加点的地名大都是单音地名。汉代的《说文解字》所收 9353 个单字中，单音地名用字就近 400 个。

双音单纯词在早期汉语中又称联绵字，意思是不能按字分解的语素。地名的联绵字细分有三个小类：双声的、叠韵的和其他的。例如：

秦代的会稽、盱眙、定陶，汉代的扶风、乐浪是双声的，秦代的邯郸，汉代的弘农、零陵、昆仑是叠韵的，琅琊、苍梧、牂牁、敦煌、焉耆、龟兹则是非双声叠韵的联绵字。

---

① 可参阅李如龙：《地名的语词特征》，见褚亚平主编：《地名学论稿》，北京：高等教育出版社，1986 年，第 39－51 页。

2. 复合词地名

复合词地名是由两个语素合成的多音词。秦汉之前，汉语单音词占优势，双音词大多是联绵字。秦汉之后，汉语的双音合成词逐渐增多，合成的方式有联合、偏正、附加、动宾、动补、主谓等等。在这种发展趋势下，地名的复合词也越来越多。合成的方式主要是偏正式、附加式和联合式。

（1）偏正式。

最常见的偏正式是专名加通名，专名在前，通名在后。这种构词法早在秦汉时期就出现了一批，例如：

秦代有代郡、陈郡、薛郡、鲁县、沛县、吴县、丽邑、安邑、彭城、骊山、华山、济水、沂水、渭水、洛水、漳水、颍水等等；汉代有燕国、齐国、沛国、司州、并州、徐州、新城、麦城、利城、鲁郡、砀郡、蓟县、萧县、长社、南乡、壶关、官渡、泰山等等。

后来的地名大多属于这种构词法，只是通名种类越来越多了，例如北京、兰州、黄河、嵩山、滇池、李村、巫峡、牯岭、白塔、厂桥、太湖、花巷、阳泉、新墟、辛集、武庙、江门、屯溪、运城、商丘、内澳、香港、长岛、东洲、九江、五丈原等等。

这种偏正式合成词地名中，通名总是名词，专名大多数也是名词语素，也有一些是形容词、动词或数量词。

（2）附加式。

所谓附加式地名是在通名的前后加上几个相对固定的常用单音方位词或形容词构成的地名。因为地名是用来为大大小小的地域定位的，因此用方位词作前后附加也成了常见的构词方式。

早期的例子如：东虢、南燕、中山、晋阳（晋水之北）、甬东、下都（以上地名见于春秋），河内、洛阳、陇西、汉中、上党、东莱、辽西、上谷（以上地名见于西汉）。

后来，前后加上方位词的地名也很常见：东台、西安、南溪、北山、中州、内江、外山、上海、下关、左江、右江，山前、林后、海口、澳角、西边、水东、井上、塔下。形容词通常加在通名之前，例如红河、赤水、白塔、乌江、大池、小溪、高塘等等。

（3）联合式。

这类复合词地名比较少。常见的有由几个较小的地名缩略而成的大的地片名。如省与省之间有湖广、江浙、闽粤、云贵川、陕甘宁、闽浙赣、沪杭甬；

一省之内的如江苏的苏（州）常（州），浙江的杭嘉湖，福建的周（宁）寿（宁）、莆（田）仙（游），广东的潮（州）汕（头）、兴（宁）梅（州）、高（州）雷（州），湖南的长株潭，等等。有些省市名也是由两个旧名取一个字组成的联称。例如安徽是安庆和徽州的联称，福建是福州和建州的联称，襄樊是襄阳和樊城的联称，武汉是武昌和汉口的联称。

3. 词组地名

随着社会生活的发展，人口增加了，聚落也复杂化了，许多专名稳定成词（如邯郸、峨眉、会稽、钱塘），通名也不断增多，并且系列化，在语词结构上则双音化。于是，词组地名便大量出现。细别之，词组地名又有如下小类：

（1）偏正式地名。通名、专名都可单说，但组合成词组后表示的是某个地域概念。例如：南海/郡、汉中/郡、中山/国、河间/国、兴安/岭、卢沟/桥、东山/岛、青海/湖、芜湖/市、青岛/市、北戴/河/市、冷水/江/市、石井/镇、梅山/乡、太湖/县、东海/县、佛子/岭/水库、钱塘/江/大桥、武夷山/自然/保护区、海西/蒙古族/藏族/哈萨克族/自治州。

（2）附加式地名。用附加单音词的方式扩展的派生地名属于这类词组地名。如：

丁家村——上/丁家、下/丁家

拐棒胡同——前/拐棒/胡同、后/拐棒/胡同

长安街——东/长安街、西/长安街

四川路——四川/南路、四川/北路

中山路——中山/一路、中山/二路、中山/八路

漳河——清/漳/河、浊/漳/河

金门岛——大/金门、小/金门

雁荡山——南/雁荡/山、北/雁荡/山

（3）多层地名。作为标准地名，大多数地名都是多层地名。因为小的地域总是从属于大的地域，行政区划名称也总是分层分级管理的。因此，结构完整的标准地名都要冠以所属层次的地名才能明确地为地域定位；作为通信地址，也一定要有多层地名的罗列。尤其是那些重名的小地名，如果不列全称就无由查询，势必造成混乱。例如"广东省/番禺市/新垦镇/北围村"这个地名

分为四层，少了哪一层都无从辨别它的实际方位。福建省/泉州市所属的南安市和安溪县都有"官桥镇"，二者相距不到一百千米，如果不套上各自的县名，怎么辨别？据统计，北京城的 6000 多条胡同中，扁担胡同曾多达 16 条，井儿胡同曾多达 14 条，花枝胡同、口袋胡同各有过 11 条，罗圈胡同有过 8 条，箭杆胡同、真武庙（旧名庙、井、营、宫等都可用作胡同通名，真武庙是旧胡同名，今大都改称胡同，如二龙路真武庙改为真武胡同）、堂子胡同各有 7 条，至于两三条同名的在 600 条以上。不用多层结构的词组能行吗？

（4）成语地名。往往用于风景区的小景点，用固定词组或成语来命名，以达到形象生动的效果。例如杭州西湖风景区就有"花港观鱼、曲院风荷、双峰插云、雷峰夕照、苏堤春晓、三潭印月、南屏晚钟"等等。地方志里往往要为县城立个"十景"，也大体是此类四字格，什么"曲径通幽、虎丘夜月、金鸡报晓、双塔凌云"，多是热爱乡土的文人墨客描绘的。

二、汉语地名的造词法

构词法是对地名的语素结构关系的横向平面的静态分析，是属于语法学的；造词法是对地名的扩充方式的纵向平面的动态考察，主要是词汇学的研究，也涉及语法的结构。

一般语词也有造词法，例如分—别、半—判—叛—畔，浅—钱—笺—栈—残。这些词的出现有先有后，都是因声韵母相同或相近、意义相关而繁衍滋生的。就语音说，其中有双声的，有叠韵的，有"旁转"的，有"对转"的，这是近音派生。好、少、女、老又读去声，强又读犟，台又读胎又读贻，大又读态，这种别义异读（有人称为音随义转），实际上是一种近义派生。近音派生和近义派生可以总称为"音义相生"①。早期汉语的语词滋生曾经一度是以音义相生为主要方式的。后来则让位给各种语法手段，或利用已有的语素，用主谓、动宾、偏正、联合等句法的结构方式组合起来构成新词；或附加具有语法意义的词头词尾派生新词；或用各种重叠方式构成新义；或把实词虚化为表示语法意义的虚词，等等。至于用修辞的手段，把引申义、比喻义、象征义用作新词，例如"黄"从黄颜色到扫"黄"，到事情"黄"了；"花"从开的花到眼睛"老花"，到"花钱、花力气"的"花"；至于"开后门、穿小鞋、一锅煮、扣帽子、放包袱、铁饭碗、走过场"等说法，词语的意义往往是字面

---

① 可参阅李如龙：《论音义相生》，《暨南学报》（哲学社会科学），1997 年第 3 期，第 110－120 页。

意义的引申，一般称为"惯用语"，这显然是后起的现象了。

第一次把构词法和造词法分别开来的是任学良，他所界定的"造词法"是"研究用什么原料和方法创造新词"①。后来，刘叔新在 1990 年版的《汉语描写词汇学》中立节作了专门的讨论，他明确提出造词法是"从动态的角度考察新词产生的方式或途径"，把这种"构造新词的方法"界定为"共时范畴"。②

一般语词的造词法主要有语素合成（把已有的语素按一定的句法关系组合成新词）、词形变化（把原来的语词重叠、增加词缀而构成新词）、意义引申（采用词义的同义、反义引申或虚化引申、形象化引申等方法造成新词）和内外借用（吸收方言词或向外族语言借用）等等。地名的造词法和一般语词的造词法有同有异，下文试作简略的分析。

用造词法的观点来分析，可以把所有的地名分为原生地名和非原生地名两类。

1. 原生地名

原生地名是地名中最古老的部分，包括上文所述的单纯词地名和最简单的复合词地名。汉语中的单音地名、联绵字地名都是早期出现的地名，由于年代久远，这些地名的"命名之由"已经难以稽考。可以想象，这些音义的约定一定是经历过很长的历史时期的。像"山前、水口、小溪、大路头、凉水井"一类的聚落名也是原生地名。这些地名开头只是一些借用来表示一定方位和地域的普通语词，"山前"是山的前方，"水口"是河流的出口处（或小河汇入大河的汇合口）。从普通名词到成为指代某一特定地域的专名，也一定经过长时间的使用才定型下来、明确起来。

原生地名往往只标记着小范围的地域，而那些大范围的地名通常是从小地名衍化而来的。这是因为，在人类社会的早期，人的聚落总是范围有限的，需要称说的只是较小的地域。就聚落说，总是先有村落名而后才有乡镇、州县、侯国之名；就地理实体说，则总是先有个别山峰、河段的名称，而后才有山脉、高原、丘陵、整条江河之名。

原生地名的另一个特点是常常以山水等地理实体为命名的依据。因为在社会发展的低级阶段，自然环境对人类生活有很大的制约作用，人们的聚居之所以沿江河、避山石、趋草木，就是为了适应和利用自然的环境。单树模教授曾做过统计，江苏省 75 个县以上行政区划名中，以江河、湖海、山丘来命名的

---

① 任学良：《汉语造词法》，北京：中国社会科学出版社，1981 年，第 3 页。
② 刘叔新：《汉语描写词汇学》，北京：商务印书馆，1990 年，第 92 页。

就占了一半：涟水、邗江、溧水、吴江、新沂、射阳、丰县、张家港、淮阴、江阴、泗阳、沭阳、溧阳、灌南、江浦、扬中、江都等县市是因河流命名的，东海、滨海、海门、金湖、建湖、洪泽、如皋是因湖海水面命名的，铜山、昆山、六合、苏州、句容、金坛等是因山命名的。[①]

2. 非原生地名

非原生地名也可称为"关联性地名"。这种地名多数自原生地名衍生而来，也有从他处衍生的，大体可以归为五类。

（1）派生地名。

上文所说的附加式地名就是由原生地名附加了某种成分派生出来的。丁家（村）分为上丁家、下丁家；浙江的大陈岛分上、下大陈岛；北京旧城的拐棒胡同延长之后分为前拐棒、后拐棒；广州的中山路延伸，竟分出八段来，从中山一路到中山八路；北京的东四北大街和朝阳门北小街之间有东四头条到十条东西向的胡同。

在城市里，因某个地物标志的方位类推派生出一连串的相关地名是很常见的。例如以宣武门为坐标中心，那一带就有宣武门外/内大街，宣武门东/西大街，宣武门东/西河沿街，宣武门外东/西里等等，这些多层结构的词组地名也都是派生地名。

（2）转类地名。

有些专通名组成的地名转用作专名，另加其他通名，便成了转类新地名。

因自然环境得名的聚落名和行政区划名如：北戴河市、榆林市、冷水江市、梅山镇、小溪镇、石井镇、马巷镇、大黑山镇、平潭县、东山岛、南澳岛、青海省、黑龙江省、庐山县、霍山县、太湖县。

因行政区划的变动而把含有专名和通名的地名用作专名另加通名的如：万县市、石家庄市、武夷山市、枣庄市、广州市、新乡市、湘乡市、潍坊市、南京市、东乡市、西乡县、固镇县、鹿邑县、并州镇、莱州镇、黄州镇等等。

（3）转化地名。

有些复合地名是由别的名称转化而来的，并未加上一定的通名。这种复合词地名和非地名的复合词形式上并无区别，因而有时难免造成含混。细分起来，转化地名又有几个小类：

人名转来的地名。有的地方用人名作自然村名，用作自然村名的人名可能

① 单树模：《江苏省市县名称探源》，见中国地名学研究会编：《地名学研究文集》，沈阳：辽宁人民出版社，1989年，第120-138页。

是最早来开基定居的人的名字。湖北省长江边的许多小村庄就有不少这类地名，例如黄石市下陆区的自然村名中就有：陆柏林、詹本六、王若华、詹会书、郭华四、黄世太、石明甲、郭子和、陆兴万、陈百臻、殷家海、刘祖佑、程英拨、张贤伍、江大寿等不下数十处。

单位名转来的地名。有不少企事业单位占地面积很大，自成聚落，那里有时就用单位名来称说。例如许多地方都有建于郊区的氮肥厂、松香厂，建于山区的伐木场、耕山队，城区的许多龙王庙、城隍庙、土地庙、关帝庙也常作为地标性建筑而用作村落名，公共汽车线路拿机关学校（文化馆、文化宫、一中、附小等等）名称作站名的就更是多不胜举了。

物名转为地名的往往有更多样的原因：三板桥、草寮（草棚）、公主坟、烟墩（烽火台）山是因该地早年的建筑或设施而得名；三棵松、槐树、桑林则是因该地植被而得名。

（4）移用地名。

因为移民，把原住地地名拿来为新地命名，这也是常见的事。这种地名中，祖籍地名已经成词，加上新的通名，也应算是词组地名。

此类地名最典型的是台湾省内的原籍地名。早期到台湾垦发的汉人是明末清初从闽南和粤东迁去的。全台自南至北闽粤祖籍地名向来就多。几经更革之后，在现在的标准行政区划名称中还不为少见。据《台湾省行政区划概况地图集》，由于从闽粤同一县移居的乡亲聚居成村，单是取自闽粤两省县名的行政村名就有至少45处：

台北市	三峡镇：	安溪里
	汐止镇：	东山里
	瑞芳镇：	铜山里（东山县原名铜山）
	土城乡：	平和村
	石碇乡：	永定村
彰化县	彰化市：	南安里
	鹿港镇：	诏安里
	和美镇：	诏安里
	伸港乡：	泉州村
	福兴乡：	同安村
	秀水乡：	安溪村
	花坛乡：	永春村

芬园乡：同安村

员林镇：惠来里、大埔里

田中镇：梅州里

大林乡：平和村

永靖乡：同安村

田尾乡：饶平村、海丰村、陆丰村

云林县　虎尾镇：安溪里

西螺镇：诏安里

北港镇：南安里

莿桐乡：刺桐（泉州旧名）村、饶平村、五华村

麦寮乡：海丰村

东势乡：同安村

台西乡：泉州村

元长乡：龙岩村

嘉义县　民雄乡：平和村

台南县　白河镇：诏安里

佳里镇：漳州里、海澄里

安定乡：南安村

高雄县　田寮乡：南安村

屏东县　潮州镇：潮州里、永春里

屏东市：海丰里

里港乡：永春村

澎湖县　七美乡：平和村、海丰村

台中市　北区：南靖里

台南市　南区：同安里①

　　至于祖籍乡村名随移民移用于新地的就更多了。福建省长泰县枋洋乡江都村连姓家族自明末起移居台南县及台北双溪乡等地，在他们的住地，就可以找到原籍的许多村名：江都、郭墩、圳台头、石仑、溪洲。彰化县福兴乡有顶粘村、厦粘村（下粘村），居民大多是姓粘的，是晋江衙后乡粘厝坡金代女真大将粘宗翰的后代，在清代乾嘉年间陆续迁台繁衍的。

---

① "台湾省政府民政厅"：《台湾省行政区划概况地图集》，1992 年。

这种祖籍地名的移用是民间命名的。在历史上，还有因为移民，官方在新地设立侨置州郡的，这也是一种移用地名。例如东晋南迁之后在京口（今镇江）侨立南徐州，在江乘（今句容）侨立琅琊郡和临沂县。辽灭渤海国建立东丹国之后，把渤海湾居民迁往辽宁，为他们另立了"铁州、穆州、贺州、兴州、卢州"等侨置州。

近代以来，还有另一种移用地名见于人口密集的都市，由于街巷交错数量繁多，又缺少不同的地物标志，于是就移用外地省市县名作为街巷名。这种现象最典型的是上海市区。四川路、西藏路、河南路、延安路、南京路、北京路、福州路、陕西路等都是很著名的大马路。这批移用地名并不是杂乱无章的，大体还按照原名在全国所处的方位安排在市区相应的方位上。市区北部、西北部移用华北、陕甘的地名，西部、西南部则移用云贵川桂的地名，东部、东北部取用山东及东北的地名。例如杨浦区就有阜新路、抚顺路、鞍山路、锦西路、延吉路、松花江路、佳木斯路、营口路、图门路、长白路、靖宇路、辽源路等等。

（5）仿造地名。

同名是地名中常见的现象。有些同名是命名时取譬相同，例如两山相连便称凤凰山、双髻山、双乳山，一峰突起如人站立就叫望夫山。据说，全国凤凰山就有42座之多，望夫山则有9座。[①]

有些风景区（山、湖之类）的重名就显然是慕名仿造的。这种仿造地名为了和原名地相区别就要另外冠以所在地地名，因而也成了词组地名。例如杭州的西湖早已以"淡妆浓抹总相宜"而闻名。有人说全国有36个西湖，不知是否准确，规模较大并有些名气的总有十几个。如福州西湖是晋代所开，宋代得名；广东惠州西湖是天然湖，面积达24平方千米，原名丰湖，苏东坡曾谪居该地，后来更名为西湖；安徽阜阳市西北有"汝阴西湖"；武汉市西面的西湖也有23平方千米之大，属于河流壅塞湖；河南许昌市西北的西湖据说是苏东坡建议称为"小西湖"的。此外，四川富顺县、云南洱源县、上海崇明县、江苏常熟市、湖南华容县也各有自己的"西湖"。

四川的峨眉山早有"天下秀"之称，其名"峨（蛾）眉"原指美人的双眉（宋玉《神女赋》：眉联娟以蛾扬兮，朱唇的其若丹），富有诗意，因此也不乏仿造者。河南郏县、广西崇左县、福建的明溪县和泰宁县、安徽和县、山东淄博市也都有峨眉山。

---

① 孙本祥、刘平：《中国地名趣谈》，北京：中国城市出版社，1995年，第176、183页。

此外，仿照长江三峡而称的三峡，在四川、湖北也不为少见，四川境内就有鸭江、岷江、大宁河、嘉陵江四处三峡。在闽北，仿武夷山之名而称的"小武夷"也有多处。

三、汉语地名的语用分类

从语用学的角度考察，地名有另外三种相互对应的类别。

1. 现实地名与历史地名

古往今来地名不可胜数，但是在现实社会交际生活中所使用的地名总是有限的。按照历史的观点，可以把众多的地名分为现实地名和历史地名。编纂当代地名词典和历史地名词典就是按照这种分类分别选目的。洛阳在先秦时候称为郏鄏、王城、成周，北京是元代的大都，南京是太平天国的天京，泉州在历史上有过东安、武荣州、清源郡、闽州、平海军、泉州府之称，这都是现实生活中已经不通行的历史地名。地名学的研究应严格分别这两种地名。

2. 实体地名与虚拟地名

地名是地理实体的名称，通常所说的地名都是实体地名，在人们的精神世界里，还有另一套虚拟地名，这是和传说、神话、小说等艺术创作相联系的。在汉语里，瑶池、火焰山、大观园是古代的虚拟地名，鲁镇、未庄、咸亨酒店则是现代的虚拟地名。

3. 通用地名与辅助地名

在现实地名中，还有作为规范形式的通用地名和辅助形式的非通用地名。通用地名或称标准地名，是地名规范化的成果，是官方认定的标准形式，编纂地名辞典、绘制地图都必须以此为依据。然而在社会生活中，往往还有与标准地名异名同实的非通用地名。这种非通用地名包括旧称、简称、别称、雅称等小类。不是所有的历史地名都会在现实生活中沿用，例如南京的建业、石头城、天京现在不用了，金陵则常被沿用；苏州曾名勾吴（春秋）、会稽（秦）、吴州（南朝）、平江府（宋）、苏福省（清），现在也不通行了，而姑苏、吴郡则常被称说。简称是大都会、大行政区划或在当地影响较大的城镇由于经常称说而产生的，片性地名和线性地名产生后则往往使简称定型化。有时同一个地方可以有不止一种简称，例如广州可称广（京广线），又可称穗；上海可称沪，也可称申。别称则是文人学士造出来的雅号。历史长、文化发达的地方雅号更多。洞庭湖除了古称云梦泽之外，还有称九江（《禹贡》）、五渚（《水经注》）、三湖（《读史方舆纪要》）、重湖（《南迁录》）的。历史文化名城泉州则有鲤城、泉山、刺桐、温陵等别称。

口语中与通用地名相异的俗名也是一种辅助地名，本书有专章叙述，此处暂略。

四、汉语地名的通名和专名

如果说，关于地名的构词法和造词法的研究是对地名的语言学研究的话，那么，关于通名和专名的研究则属于纯地名学的研究范围。

1. 通名和专名的关系

一般的地名学书上都说，地名由专名和通名组成，通名为地定类，专名为地定位。其实这是一种很粗略的说法，至少有三点必须进一步加以说明：

第一，从历史上看，早期的地名是没有通名的。我国最早记录地名的《尚书·禹贡》一书，除了"九州"的"州"之外，未见其他通名。这和上古汉语以单音词为主是相关的。例如"冀州既载，壶口治梁及岐，既修太原，至于岳阳，覃怀厎绩，至于衡漳。""九河既道，雷夏既泽，灉沮会同。……浮于济漯，达于河，海岱惟青州。"到了《说文解字》，也只有山、水、邑、国等少数通名。例如："浂，水出常山石邑井陉，东南入于泜。从水交声。邴国有浂县。""屼，山也。或曰弱水之所出。从山，几声。""郠，卫地。今济阴郠城。从邑，亚声。"

第二，在民间的口语中，通常都把通名省略了。"曲阜在山东""王府井离北京站不远""鄱阳和洞庭哪个大"，都是常听到的说法。至于小范围地域或地理实体的名称，例如聚落名：水口、店下、新墟、小池，岛礁名：螃蟹腿、细姑婆、大担，山峰名：茫汤洋、鹅角髻、三千八百坎，等等，有许多就根本补不出适当的通名。这类地名只在标准地名图册上或是地名牌、门牌上才有"专名＋通名"的全称。地名的这个特点有点像人名，南方人称呼人只呼名不带姓，连名带姓的称呼很正式，有时也显得陌生，只有户口册或其他正式名单上才写着完整的姓名。这些人名中的姓就有点像地名中的通名。

第三，专名和通名有时又是不可分离的。许多地名若把专通名分开就无法称说，不成其地名。这类地名中，首先是专通名都是单音的，二者相互依存。例如"长江、黄河、长城、黄山、东海、西湖"，分开说就不成地名了。这是因为单音地名在现代汉语里已经消失了。即使是多音的，黑龙江、九龙江也不能简称黑龙、九龙；山东半岛、山东丘陵、山东省三者专名相同，通名各异，也不能省略，这是因为多层地名在省略之后会造成含混。有时，同一个通名用在不同地方指的是不同的地理事物，例如"洋"有时指深海的海域（如广东有伶仃洋、福建有竿塘洋），有时指港湾（如山东有黑水洋、福建有岐头洋），有时指湖泊（如浙江有白荡洋、西太洋），有时用来指大片田园或村落（如福建有东坑洋、牛田洋，浙江有徐家洋）。因为已经是引申义不指海域，有的地方就改写为"垟"。这样看来，应该说，不论是省略通名的地名，还是由专名和通名组成的地名，都是表示一定方位、一定范围的地域的名称的整体。

就现代汉语的标准地名来说，"专名定位、通名定类"的说法大体是正确的。通名标志着人们对于自然地理环境的认识和分类，记录着人类改造自然的各种举措和设施，也体现着行政管理的区划系统。因此，通名的研究是地名学研究的重要课题。专名的形成则和人们对该地域的最初理解和认识相关，体现着各式各样的"命名法"，也就是通常所说的地名的"得名之由"。地名的命名法研究可以提供地理环境变迁、人类认识规律和社会生活发展等多方面素材，是地名学特有的研究领域。关于专名的"命名法"，本书将在第五章加以论述，本章先讨论通名。

2. 通名的分类

汉语的通名是能单说的名词。早期出现的通名大多是单音的，例如山、河、桥、亭、乡、村、集、府、区、街、巷等，双音词则是汉唐以后才出现的，近现代更多。例如胡同、水库、干渠、渔场、牧场、盆地、丘陵、高原、沙洲、瀑布、群岛、公园等。三音词则是极少数，更是晚近才新造的，如自治州、蓄洪区、三角洲、航站楼、观景台等。

汉语的地理通名可以分成四类[①]，各举一些常见的例子：

（1）自然地理实体的通名。

普遍通行的：山、岭、峰、冈、坡、山脉、高原、丘陵、河、江、坑、水、溪、湖、泊、池、沟、海、湾、港、岛、礁、角、屿、半岛、群岛、沙洲、沙漠、草原、盆地。

局部通行的：嶂、嵊、顶、崠、墩、塬、梁、崮、峪、坂、浜、泾、涌、濑、坪、埔、尖、岽、漈、碃、滘、洼、浦、曲、源、峒、埠、圩。

（2）聚落通名。

普遍通行的：乡、村、坊、里、屯、庄、家、镇、宅、胡同、巷、街、

---

①　李如龙：《地名的分类》，《地名知识》，1985 年第 3 期，第 41 –48 页。

道、路、市、集、墟、园、苑、新村。

局部通行的：社、居、泽、堡、营、营盘、田、里、坂、屋、垵、坜。

（3）人工建筑地物的通名。

普遍通行的：城、楼、阁、亭、门、桥、塔、庙、院、窑、陂、房、铺、渠、寨、店、厂、坝、渡、渡槽、农场、林场、牧场、渔场、盐场、自然保护区、铁路、机场、码头、港口、隧道。

局部通行的：步（码头）、廊（作坊）、厝（房屋、家）、寮（棚子）、埭（堤）、埕（场子）、圳（渠道）、基（基地）。

（4）行政区划通名。

普遍通行的：府、州、县、市、区、乡、村、自治区（州、县）。

局部特定历史时期或民族地区通行的：卫、所、厅、盟、旗、都、图、郡。

实际上，许多通名并不专用于某一类，而是几种类别兼用，其中有的是引申义，有的是方言说法不同，有的是转类运用。例如：

江，最早是长江的专名，后来用来称大河，例如长江、珠江、松花江、富春江；又用来称小河或海港，例如图们江有三级支流叫海兰江，宁波市的横江是水道，厦门的鹭江则是厦门岛和鼓浪屿之间的海峡；还用来称海岛或礁石，例如辽宁长海县有西老旱江（岛），山东烟台有大方瓜江（岛）、大黑江（礁）；有时也用来称自然村落，如吉林通化的三道江、广东曲江的马蹄江，就都是村名。

坪，原指大片的平地，后来也用来指称山或峰，如山东沂南黄山坪、浙江余姚山头坪、陕西旬阳慢牛坪；有的用作沙滩名，如福建龙海有大成坪，广东湛江有马骝坪；有的用作岛礁名，如广西防城有长坪（岛），广东惠来有前坪（礁）；更多的地方用作村落名，例如吉林延吉有凤巢坪，宁夏固原有马家坪，安徽金寨有下古坪，湖北建始有瓦房坪，在闽粤赣各地有更多带坪字的村落分布在丘陵地的缓坡间。

3. 专名的构成

通名既然是人们对自然环境的认识和分类，在专名的组合中也经常离不开这些概念。

早期形成的原生地名只有专名而没有通名，但这类专名中往往会有通名语素。最常见的是通名语素和方位词、数量词、形容词或一般名词的种种组合：

（1）通名＋方位词：单是省区名就有山东、山西、河南、河北、湖南、湖北、江西、海南。聚落名称中像河口、山口、江口、水口、溪口、湖口、水北、水南、水东、水西、庙前、塔前、林后、岭后、关中、关外、河沿、湖滨、原上、坡上、岭下、潭头、塘边、山腰、山尾等地名都是很常见的。

（2）方位词+通名：直辖市和省会城市名中此类结构的有北京、南京、上海。乡村街坊名中东山、东田、东门、东湖、东江，西山、西乡、西林、西城、西潭、西街，南山、南台、南屿、南坡，北市、北岗、北洋、北海，下塘、下关、下庄，上街、上店、上营，中山、中坪、中村，后坪、后港、后溪、后城，前山、前坊、前洲、前窑等也都不为少见。

（3）形容词+通名：大田、大山、大村、大桥、大湾、大坪，小河、小站、小岭、小集，清江、清河、清溪、清水，黄土、黄田、黄山，长山、长沙、长岭，平潭、平湖、平山，高桥、高崖、高山，红石、红水河、红岩，白沙、白水、白山，新店、新桥、新街、新港、新城等也都是常见的地名。

（4）数（量）词+通名：一面坡，二里沟、二道湾，三十里铺、三岔口、三都，四塘、四里坪，五台山、五里坝、五站，六合、六家子、六道口，七星河、七里镇、七道河，八角、八面山、八渡，九龙溪、九井、九峰，十里铺、十字河、十家子，万丈原、万山群岛、万县、万泉河、万洋山等也是常见结构。

（5）名词+通名：从比例上说，这类结构所占比例最大，其中名词部分又可以是姓名、矿物、动物、植物及其他吉祥概念。例如：李家庄、杨店、刘集、中山路、赵登禹路，石塘、石桥，沙河、沙溪、沙湾，金山、金沙，龙泉、龙山、龙湖，牛田、牛头山，马店、马厂、马集，羊角，花桥、花溪，茶园、茶亭，桃溪、桃园，梅林、梅山，柳河、柳林，松山、松溪，还有福山、寿山、平安里、太平墟、兴隆集等等。

除此之外，当然还有一些其他的组合，例如谓词性成分和通名的组合：打铁铺、分水关、迎风桥、通海集、迎祥街等等，但这类专名所占比例不大。

为了说明以上所述各种结构在汉语地名中是常见的，我们统计了四部地名索引，得出以下数据：

（1）《中国地名词典》，上海辞书出版社，1990年，共收地名21240条。

（2）《中国古今地名大辞典》，商务印书馆，1931年，约收地名44000条。

（3）《中华人民共和国分省地图集》，地图出版社，1974年，约收地名20000条。

（4）《中国地名录：中华人民共和国地图集地名索引》（以下简称《中国地名录》），中国地图出版社，1994年，约收地名33000条。

四本书所收地名中，首字为下列各常用字的地名条数如表2-1所示：

表 2 - 1 四部书中所收常用字地名条数

词类	地名首字	《中国地名词典》	《中国古今地名大辞典》	《中华人民共和国分省地图集》	《中国地名录》
方位词	上	85	210	110	232
	下	57	146	70	198
	中	84	140	88	182
	东	248	460	253	520
	西	158	402	226	469
	南	254	586	268	534
	北	136	330	126	278
	小计	1022	2274	1141	2413
数词	一	10	19	14	28
	二	35	64	48	114
	三	163	380	245	434
	四	53	94	60	120
	五	104	188	79	166
	六	55	93	43	94
	七	48	82	53	94
	八	73	145	69	154
	九	70	137	58	99
	十	8	64	38	87
	小计	619	1266	707	1390
形容词	大	400	871	620	1258
	小	48	283	158	341
	白	183	345	228	418
	长	110	264	139	261
	安	156	292	126	176
	新	186	316	319	587
	宁	54	122	34	52
	小计	1137	2493	1624	3093
名词（含姓氏）	张	84	132	87	240
	李	34	79	50	115
	杨	73	133	80	210
	陈	40	41	42	93
	龙	163	359	136	351
	牛	48	91	42	100
	马	141	308	181	380
	小计	583	1143	618	1489
合计		3361	7176	4090	8385

上表可以说明，在四部书中，7个方位词领头的地名大约占5%～7%，加上其他24个数词、形容词、名词领头的地名都在11%～18%，这个比例当是很能说明问题的。

通名丛议

一、　通名的本质特征

地名通常分为专名和通名两部分。专名和通名都可以是语素，也可以是词或两个词构成的词组。简单的专通名是合成词，例如泰山、滇池、南苑、圆明园，复杂的专通名是固定词组，例如二十里铺、台湾海峡、南京东路、广西壮族自治区。这些通名中，苑、园、铺是不能单说的语素，山、池、海峡是词，东路、自治区则是词组。

专名和通名在地名中的作用可以简单地表述为：专名用来为地定位，通名用来为地定类。所谓定类，就是标记该地理实体所属的类别。

地理实体的类别是多层次的，大类之中套着小类。最粗的分法是自然地理实体和人文地理实体两大类。自然地理实体有陆地的山脉、高原、峡谷、丘陵、平原、沼泽、盆地、沙漠，水域的江、河、湖、海、湾，等等。其中湖泊之中又有冰川湖、火山湖、盐湖、岩溶湖、潟湖、人工湖乃至小池塘之别，岛屿类则可再分为岛、屿、洲、半岛、群岛、礁、群礁、暗礁、暗沙等小类。人文地理实体通常分为行政区划、居民点、人工建筑等三类。居民点可以再分街、巷、村、镇，人工建筑则有更多的小类：铁路、电站、水库、公园、楼、亭、馆、台等等。

地名的通名，从含义说必须能明确地表示某种地理实体的类别；从结构说必须能单说或者能分离、能替换（和专名分离开来，替换不同的专名构成同类地名）。例如半岛、岬角都能标记一定的地理实体的类别，而"半岛"能单说（"修了高集海堤，厦门成了半岛"）；"角"则只能分离和替换（深圳有沙头角，山东半岛上则有成山角、蓬莱角）。

根据通名的内容（含义）和形式（结构）的特征，我们可以说，地名的通名是表示地理实体的各种大小类别的名称，它总是可以和专名分离开来、替换别的专名构成同类地名，有些常用的通名在语言中还能单说。

二、　通名的省略

在称说地名时，有些通名可以省略。通名能否省略主要与三种因素有关。

首先，与通名的类别有关。在日常用语中，行政区划名和居民点的通名经常省略，而自然实体和人工建筑的通名则一般不能省略。究其原因，政区名在同一时代的建制中总是为数不多，形成明确的系列，而且经常使用，已为大多数人所熟知；居民聚落的通名虽然名目繁多，但类别却很单纯，并且是最为常用的；而自然实体和人工建筑的通名因为类别繁多、系列复杂、相对少用，并经常与其他类别的地名共用一个专名，省去通名便容易造成混同。如果同一专名加上各种通名，省略通名时总是指政区名或聚落名，例如"山东"指的是山东省，山东丘陵、山东半岛则不能省略，"上海"一般指上海市区，上海县、上海港、上海站、上海机场也一般不省略。

其次，通名的省略与语体有关。正式语体和书面语体中一般不省略通名，而非正式语体和口语交际中则常常省略通名。同是口语，飞机上广播员说"本航班到达北京机场时间是 17 点 30 分"，乘客询问时则说："飞机几点到北京？"同是书面语，新闻、报告文学一般不省略（"洞庭湖的污染亟待解决"），诗歌小说则常常省略（"洞庭波涌连天雪"），省略的是非正式语体。同是正式语体的通知，书面语不省略（"乘 1 路公共汽车，建国门站下，东行 100 米"），口语则常常省略（"坐 1 路车建国门下，朝东走 100 米"）。

最后，通名能否省略还与地名的结构形式、音节数有关。峨眉、昆仑、武夷是地名专名中的联绵词（复音单词），在一般不省略的山名中，它们可以省去通名"山"而单说，其他结构形式的山名（如长白山、大别山、鸡公山等）则不能省略。河流通名一般也不能省略，但双音节专名之后的通名在非正式场合也可省略（"坐落于嘉陵之滨""气得跳黄浦""金沙水拍云崖暖"），而单音节专名之后（长江、黄河、资水、沱江）的通名则不能省略，多音节专名后的政区通名经常省略（如温州、张家口、乌鲁木齐都省略了"市"），而专名为单音节时也不能省略（如河北有通县、滦县，山东有田镇、索县、北镇）。这和现代汉语的"音步"总是双音节有关。

三、 通名的历史积淀

现有的通名都是历史上积存下来的。研究通名中的历史层次是地名学历时研究的主要课题。

有些自然地理实体的通名由于环境变化而名不符实，这些通名为我们提供了了解自然条件变迁的可贵线索。闽江原出海口在今闽侯县城甘蔗镇一带，距现在的马尾出海口 30 多千米，那里的恒心村昙石山曾发掘过新石器时代遗存的数米厚的贝丘堆积层。从那里起，闽江下游许多村落都带有"屿"字通名，人口较多的居民点就有闽侯县的厚屿、南屿、宏屿、扈屿，福州市的横屿、英屿、台屿、盘屿、海屿，长乐县的东屿、唐屿、赤屿、洋屿、象屿、猴屿（均见于《福建省地图册》），这些村庄如今都成了陆地上的山丘而不是"水中之山"了。

有些聚落的通名原是标记军事或经济文化设施的，后来社会生活发生变化，这些通名成了历史的陈迹。北京市郊不少村庄以营、屯为通名，原来是历史上军队驻守的营盘或屯垦区，例如北郊有西府营、马昌营、长哨营、头道营、张山营、辛营、下营、高丽营、不老屯、太师屯，南郊有凤河营、史家营、柴厂屯、牛牧屯、牛堡屯。山东半岛上的靖海卫、山卫、鳌山卫、安东卫、石臼所、海阳所、宁津所、寻山所、卫和所曾是明代的军事设施。在闽北数县，有多处越王台，都是西汉时代闽越王活动的遗址，建瓯县城的都御坪是唐末王延政在那里建立闽国时王宫前的坪子，乡间的官焙则是宋代官办制作"建茶"的作坊。

政区名往往随着不同朝代行政建制的变化而变化，也有些前代通名为后代沿用，例如南京早已不是国都，"京"字还不能改；荆州在汉以前曾是地跨数省的特大的州，现在只是江陵市的一个镇。石家庄原是个小村，如今是河北省的省会。许多带州、县、乡字的市名（广州、杭州、万县、达县、新乡）也属于此类现象。这些已经转化为专名部分的古通名本身就说明了该地的沿革。

通名的转化还大量出现在通名地理类别的转移上。许多政区名因自然地理实体名而得名（现今市名中有衡山、平顶山、九江、三门峡、漯河、连云港、秦皇岛），聚落以人工建筑名为名（《中华人民共和国分省地图集》有新店 13 处，新桥 11 处，新街 10 处，新圩 9 处），这种已转化为专名的旧通名也是历史的积淀。

考证地名的沿革，分清新旧通名出现的层次，对于了解地名的得名之由以及各地自然环境和社会生活的变迁都有重要的意义。

四、通名的语源差异

任何语言和方言都有自己的地理通名系列，同一种语言或方言在不同的历史时代所用的通名也有差异，就同一地区来说，由于历史上住过使用不同语言或方言的人，他们所定的通名也常有不同。总之，语种不同或时代不同都会造成通名的语源差异。有些古代遗存或其他民族用过的通名，由于年代久远，使用不广，其语源和含义已经难为一般人所了解，如果不进行音义的调查和语源的考证，有时连专名和通名的界线都不易识别。可见，考释通名的语源也是地名学研究的重要内容。

有些少数民族语地名音译时如果不了解原有通名及其含义，就会出现叠床架屋的现象。例如浩特（hot）就是蒙语的"城市"，藏布（zangbo）就是藏语的"江河"，呼和浩特市、雅鲁藏布江就是叠用了两种民族语的通名。

有的民族语地名的专通名顺序和汉语不同，如果不能识别通名及其含义，就无法了解命名的由来。例如壮语地名中，冠有那字的通名意指水田，那琅、那波、那加、那凉都是周围有水田的村庄；冠有板字的通名意指村落，板沙、板新、板桃、板苏就是沙村、新村、桃村、苏家村。此外，山区村名中称山为岜（岜者、岜望、岜撮），称山间小片平地为弄（弄怀、弄珍、弄空）。"那、板、岜、弄"都是通名，状语的构词法正是通名在前、专名在后。

就汉语语源的通名而论，有些古时用过的通名后代少用了，口语里不单说，字形也发生了变化，其含义就变得模糊起来。以闽方言地区为例：

陉，《广韵》户经切，"连山中绝"，指几座山中的沟壑，今写为岈、硎、荇。如福建的平和县有大坡岈，仙游县有横硎，永春县有白荇。

坜，《五音集韵》郎击切，"坑也"，即山间低洼地，台湾省桃园县有中坜市，市内有中坜里；福建省崇安县有铜坜、松坜、麻坜、李西坜，建阳县有杉坜、外坜、东坜（有时也写作历）。

坋，《说文》房吻切，"尘也……一曰大防也"，大防就是大堤，福建龙海县有崎坋，大田县有大坋，崇安县有上坋，顺昌县有洋坋。

崎，《广韵》渠希切，"曲岸"。福建沿海水边曲岸处有不少带崎字的村庄，厦门有高崎，南安有江崎，在福州地区写为岐，如闽江口沿岸就有东岐、阳岐、新岐、竹岐、青岐、琅岐。

汉语诸方言历史长、分歧大，各方言区都有独特的通名，有些方言通名的音、形、义是外地人很难了解的。这是方言地区调查和处理地名规范的难点之一。这类现象还可以多举些例子。

粤方言区以南海县为例，就有：滘（或作漖）jiào，分岔的河道：~边、古~、横~、联~、腾~；涌（有时又作冲）chōng，河汊：上~、下~、沙~、良~、镇~、九曲~；㟧 xìng，小山丘：沙~、大敦~、罗~；塱 lǎng，坡地：大地~、柏~、大~、百计~；氹（亦作凼），dàng，小水坑：~浪、泮~。

吴方言区以松江县为例，就有：泾 jīng，小河汊：斜~、洋~、柳~、姚～、界～、堰～；溇 lóu，小河分汊处：长～、兴～、大～、横～；埭 dài，堤坝：油车～、顾～、横浜～、诸家～；圩 wéi，堤岸：庄～、良字～、杨家～；厍 shè，村庄：陈～、西～、王家～、东～、新～。

客家方言区以兴县为例，就有：屋 wū，家、房子：邱～、曾～、钟～、王～、老～下；㘬 ào，山坳：里～、石～、黄山～、枫树～、黄荆～；塅 duàn，坡地：茂～、富家～、牛婆～、宜桂～；圩 xū，集市：老～、茶园～、高兴～、新～、永丰～、崇贤～、鼎龙～。

五、　通名的分布

五花八门的通名看来好像是杂乱无章的排列，实际上它的分布是有一定规律的。研究通名的分布规律是地名学共时研究的重要课题。

决定通名分布的基本因素有三：自然环境、语言区域和历史文化。

通名是地理实体的类名，不同的自然环境便有不同的通名。丘陵地带多山、坡、墩、坑、坳、垄、坪等通名，而岛、屿、礁、角、港、湾、澳等总是分布在沿海地区。雨量稀少的地区井、塘成了重要地物标志，常用作通名，自然植被稀疏的地区，则树、林为常见通名。这是不言而喻的。

通名是语言中的词或语素，不同的语言和方言用语不同。这也决定着各地通名间的差异。西部山区称湖为海（西北有青海，西南有洱海）；丘陵地区称大片平地为洋（闽中戴云山区的尤溪县带洋字自然村有数十处）；沿海称内港为江（闽南有鹭江、石井江、洛阳江），称岛为山（浙东有舟山、岱山、普陀山、一江山、洞头山）；姓氏地名中的通名或称家、氏，或称屋、厝，这类各地方言的通名差异也是容易理解的，方言地理学家用通名的分布来划分方言区就是以这种差异作依据的。

影响通名分布的历史文化因素是最复杂的因素。

发生过民族融合的地区保留了一些少数民族语通名的"底层"，江浙闽粤的勾（句）、姑（古）、畲（墦）、寮（燎）、浦（畬）、那（拿，有时也写为喏）可能都是古越语通名的遗存，这对研究古民族史的意义实在不亚于地下发掘的陶瓷、青铜和铁器等文物。

历代行政区划的变动在通名上的积淀（京、都、州、郡、府、道、所、卫等）已如上述，古通名的沿袭分布也是历史所决定的。

移民和通名的分布也有密切关系。客赣方言地区的居民是晋唐以来陆续南移的中原人，为了立足新地，他们特别注重维系宗族内聚力，带家、屋之类的姓氏地名就特别多,有人据江西省安义县早年地图统计,这类地名竟然占了一半以上。

中原古战场一度文化衰落,读书人和医生成了引人注目的能人,河南省不少村落带建字是"监生"的异写,带连字是"廪生"的异写,带郎字则是"郎中"的简称。舞阳唐建、东建、西建是那里出生过监生,陈连庄、张连庄是那里出生过廪生,太康县的高郎是该村有过著名的郎中。

开发较迟的大西南有许多"场、街"通名用十二生肖编号(羊场、牛场、马场、猴场、龙街、鼠街、狗街、虎街),这与开村时的荒凉及人们注重属相的风俗是直接相关的。

所有的这些都是历史文化特征在通名分布上的投影。

研究通名的分布有两种视角。一是从通名出发,考察其分布的地域和出现的密度;一是从地域出发,考察各种通名的分布和组合。前者可以调查单个通名,也可以调查一组通名,用它们的分布来说明历史的流变,属于纵向的研究;后者则是用通名的系列组成来说明区域的特征,这种区域,大的可以跨省,小的可以在县内划区,这是横向的研究。

通名分布的纵向研究和横向研究是相互关联,可以相互论证的。例如闽台两省的通名系列就属于一个大的类型区,其地理特征是有山有海,更多的是丘陵地形;其历史文化特征则是和中原汉人的移民及其与百越人的融合、海上的开拓相联系的;其方言归属也同样是闽南方言和客家方言。闽台通名类型区有许多共同的常用通名,例如:①居民点:埔、坂、埃、垄、崎、坑、厝、宅、寮、店、圩、洋、塘;②自然地理实体:岭、岩、顶、岜、屿、澳、埭、港;③人工建筑:墓、宫、堂、池、窑,等等。对这类通名系列进行调查统计和分析便可以说明闽台地区的区域特征,从而论证它们是历史同源、文化同根的。

六、 通名的整理和规范

我国幅员广、历史长、民族多,地形复杂,语言多样,历来的地名研究又不甚深入,对繁多的同名尚未进行全面的整理和考释,在现实使用中,无论是字音的审定、字形的统一,还是字义的训释,都存在不少问题,这应该引起我们充分的注意。

政区通名是通名中最需要标准化的,行政区划又是国家直接管理的事务,最需要确立规范;但我国的政区通名还未能做到准确、严密。这主要表现在市、区的通名使用混乱。目前我国的"市"至少有四种:直辖市、省辖市、县级市和准省级或准地级的"单列市"，前两种市所辖的"区"也有两种级别。福建省的泉州市升格为省辖市后，一度并存着城区的县级泉州市，口语中只好用"大市""小市"来区别，书面语就难免混乱。后来"小市"改称"鲤城区"，"大市"所辖晋江县石狮镇又升格为"单列市"，语感上鲤城区比石狮市更小，这个历史文化名城，从专名到通名都与"泉州市"无关，不久前，港澳地区要成立泉州同乡会，和谁都搭不上界。看来，市、区的等级太多，必须精简。此外，不少县可以是单音专名（鲁西南有鄄县、曹县、单县、滕县、邹县、郯县），为什么湖北的沙市还要外加个市的通名，叫一个叠床架屋、不伦不类的"沙市市"呢？这也实在令人费解。

自然地理实体通名的方言差异也有待整理。例如山名在闽方言常有岩、顶、隔（格）、尖之称，客家方言则常称嶂、岌、岭；岛屿在浙江常称山，福建多称屿，广东也称洲。作为方言词，这些通名看来必须根据词义是否明确、使用是否广泛、会不会造成混淆，分别予以保留或修改。经过调查、比较、整理和讨论，提出整改方案，试行之后，建立新的规范，全盘保留和一概淘汰，恐怕都是不妥的。如果说"一江山岛"可以避免类别的混乱，那"武夷山市"就显得叠床架屋了。

《中国地名汉语拼音字母拼写规则（汉语地名部分）》规定，自然村名不分专、通名，一律连写，这确是一种简便的办法，但并不说明自然村没有通名，或者还应该一律再加通名"村"。实际上，农村聚落的通名是最复杂多样的，其整理规范的工作也最多、最难。

少数民族语通名音译成汉语之后常有异写、字形生僻等现象，例如广西的弄、峷、陇、隆都是壮语通名，意为山间小平地；晋北、内蒙古一带的库伦，又写作圐圙、嘮嗋、圈圙，都是蒙语 hure 的音译，意为围起的草场。整理这类通名既要查明民族语言的音义，又要为其读音和字形定好规范的读音和字形。

有些古代用过的通名现今只见于局部地区，整理这些通名可以通过考察古籍弄清其音义，例如清人范寅的《越谚》就收有江浙的一些通名，并作了字义的注解，例如：溇，汉港究源处。荡，栽菱养鱼处。丼，渊潭也。畈，田野间。磡，岸也。汇，港湾墙转处。对于这些历史遗产，应该根据当地的音义和习惯写法确认适当的规范。

有些通名因方言音变写成别字，形音义都走了样，辨释这类通名就必须研究方言音变的规律，适当加以规范。例如，豫西唐河县有"阓"，是门外的合音 màr，"七台"是"祠堂儿"的合音，"塌洼"写为"塔湾"、"油坊岗儿"

写为"油坊盖"则是儿化造成的。

不少通名在各地有许多异写，形异实同，例如北方的 gēda 有以下写法：圪塔（汝阳）、疙塔（宜阳）、圪垱（临汝）、疙垱（遂平）、疙垯（洛宁）、疙瘩（灵宝）、葛塔（封丘）；闽台地区的瓷窑在各地写为硋瑶（周宁）、垌瑶（建阳）、海瑶（福清）、珊瑶（三明）、回瑶（永安）、扶瑶（龙海）。确认这类音义相同的通名之后，在字形上是保留异写以利分化同名，还是统一字形以便理解含义，很有必要作一番权衡，值得过细地审议。

有些通名则是形同实异。其中又有两种情形，有的是同一个词，用在不同地方发生了词义的引申或转移，例如"澳（岙）"在陆地上指山坳，在沿海指小海湾；"港"在内地指河汊或内河港口，在沿海指海湾或海港。另一些是音义都不同的词，写法却混同了，例如"埔"在粤方言读去声不送气〔pu〕，本字应是阫，在客家方言区读阴平送气〔pʰu〕，在闽方言读阴平不送气〔pu〕，可能有三个词源。"圩"在长江下游读 wéi，指堰水堤，在闽粤地区是墟的简写；"堡"在晋冀一带读上声〔pu〕，是围着土墙的居民点，如"瓦窑堡"北方不少地方读去声的〔pʰu〕，是铺（驿站，十里为一铺）的异写，在福建，南平市的"土堡"读上声〔pau〕，永定县的"堂堡"读去声〔pue〕，是"背"（意为下部）的异写。这种形同实异的通名最容易造成混乱，是规范化处理的重要对象。

作为表示地理实体类别的通名，每个字都不是孤立的个体，而是通名的类别。通名的规范化处理是范围较广的类别，和特指个别的专名有所不同，更应强调统一。然而像某些学者曾经提出过的，在全国范围内确定划一的通名，例如山只称山、岭、峰，河只称江、河、溪，岛只称岛、屿、礁，村只称村、庄、屯，这种简单化的处理势必抹杀多样的自然地理特征和丰富的文化区域特征，也不符合各地复杂的语言实际，这样的规范化处理肯定是不合理也是行不通的。

十年的全国地名普查全面地搜集了我国地名通名的基础材料，各省市自治区也就通名进行了初步的整理和规范，但是彼此之间交流不够，深入的研究也才刚刚开始，诸多问题还有待进一步的综合整理和规范。做好这项工作，必须有许多理论的探讨、史料的考证、语言的调查和实际的处理方案的研究。体现这项工作的最终成果则应该是编出一部科学而具有权威性的《中国地名通名词典》，这是摆在全国地名工作者面前的一项义不容辞的艰巨任务，我们应该尽早把它列入工作计划。

（原载《地名知识》1990 年第 2 期，收入本书时有改动）

　　附记：本文发表于 30 多年前，对地名学最重要的课题之一——通名的特征和分布、源流和演变，做了认真分析，对于当代各种地名的调查、整理和规范，提出了不少建议。由于种种原因，地名学研究机构和地名管理部门多年来没能开展正常的工作，此项规模庞大、多学科交叉、规范化处理并不容易的工作并未认真开展，目前存在不少问题。希望有关领导部门引起关注。

第三章　汉语地名的词汇系统

一、基本词汇和一般词汇

任何语言的词汇都不是杂乱无章的堆砌，而是成系统的。在词汇系统中最重要的界线就是基本词汇和一般词汇。区分基本词汇和一般词汇的重要意义在语言学习和语言教学中表现得最充分，要掌握好一种语言当然必须先学好基本词汇。对语言研究来说，也首先要研究充分体现语言特点的基本词汇。在语言的词汇总库里，地名是数量最大的一类。因此，在地名研究中区分基本词汇和一般词汇就显得特别重要。汉语的地名词可以多达数千万条，如果不以基本词汇为主要范围，地名词典将是无法编出来的，即使编出来了也没有多少用途。

关于基本词汇的特征有过各种看法。其中，常用、普遍和稳定是大家比较一致的认识。对于一般语词来说，能产（能构成新词）、多义（往往有多种义项）常常可以作为基本词汇的特征，但对于地名来说，这两条显然不合适，因为地名的构词能力普遍不强，而词义的引申也不为多见。

所谓常用是不必解释的了。所谓普遍就是不分地区、不分人群、不分行业，这些词汇都是常用的。所谓稳定，就是词义稳定，读音和字形定型，这类地名一般来说是历史比较悠久的。

地名中常用、普遍、稳定的首先是那些有鲜明自然地理特征的山川、湖泊、岛礁、海洋的名称。这些地理实体固然也有沧海桑田、河流改道、湖泊干涸的时候，但对于地面植被、人工建筑物及许多人文景观来说，它们是相对稳定的，在人类聚落的种种社会生活及交际活动中，这些地名具有重要的方位意义，是远远近近的各色人等都经常要称说的。长江、黄河、泰山、昆仑山、台湾岛、洞庭湖、山东半岛、南海、西沙群岛、秦晋高原，该是炎黄子孙无人不知的。其次，地名中的基本词汇还应该包括范围较大的行政区划和人口密集的城镇、港口、交通线等名称，诸如各省、市、自治区及省会名称，以及青岛、厦门、鞍山、延安、瑞金、遵义、景德镇、塘沽港、津浦线等一类地名。至于那些地域不大而知名度很高的地名，则往往有某种具体的原因，或具有悠久而显赫的历史（河姆渡、长城、大雁塔、秦淮河），或发生过重大事件（腊子口、葛洲坝、金田村、卢沟桥），或与历史人物的活动相关联（韶山冲、翠亨村、梁山泊、柳州），或是某种传统名产的出产地（茅台、金华、龙井、宣城）等。

基本词汇由于常用、知名度高而且历史悠久，音形义都早已定型，往往很难改易。武则天登基改国号为周，曾把原来的许多带唐字的州县名改成了带武字的新名，例如武隆（唐山）、武宁（唐兴）、崇武（高唐）、武延（唐村），但没多久就又被改回原名了。河南、安徽、苏北等古中原地区许多生僻的地名专用字就是这样从古国名、郡县名一直传承下来的：濮阳、浚县、郾城、郏县、泌阳、荥阳、漯河、睢县、泾县、歙县、黟县、砀山、涡阳、亳县、滁州、睢宁、邳县、泗阳、盱眙等等。

至于一般的小自然村村名，有的连本县本乡的人也难以得知，其通行面是很窄的。笔者曾拿着五万分之一的地图向青年学生作调查，要他们说出自己家乡附近大大小小的地名，结果发现，他们对50千米内外的小村名竟然也有许多一无所知。

在全国开展地名普查之前，有许多小地名还只有方音而没有固定的汉字写法。这些地名还停留于"方言词"的阶段，未曾进入共同语。

随处都有的历史地名则大多已经废弃不用。明清时代的许多都、图、乡、里有许多现在就难以辨识了，和一般语词中的"文言词"相比，古地名在后代生活中使用得更少。

就地名中的专名和通名来说，通名是表"类"的，专名是表"位"的，专名是每条地名都有的，通名总量少得多，意义上也更重要，通名是属于基本词汇的，因此更应该是地名规范化、标准化所关注的对象。

总的看来，地名中的基本词汇在地名总数中所占的比例可能比一般语词中的基本词更少。这主要是因为相当大量的小地名往往是未曾通行于其他地区的，在大比例尺的地图上也找不到它们的注记。

二、地名词的系统和层次

那么，地名的系统是怎样构成的呢？

对于语言的总词库来说，地名是一个"庞大的"小系统；而就其本身来说，在中国，由于版图辽阔、人口众多、历史悠久，许多地方还聚落密集，整个汉语地名则是一个大系统，其中又包含着许多不同层次的小系统。以下是初

步理出的不同层次的大小系统:

1. 共时系统

从共时的角度说,有类别系统,每个大类又包含着不同的小类,形成了各自的层级,具体如下所示:

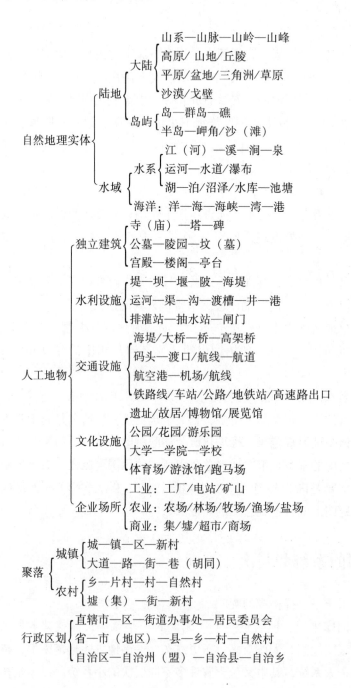

山系—山脉—山岭—山峰
高原/山地/丘陵
平原/盆地/三角洲/草原
沙漠/戈壁

岛—群岛—礁
半岛—岬角/沙(滩)

江(河)—溪—涧—泉
运河—水道/瀑布
湖—泊/沼泽/水库—池塘
海洋:洋—海—海峡—湾—港

寺(庙)—塔—碑
公墓—陵园—坟(墓)
宫殿—楼阁—亭台

堤—坝—堰—陂—海堤
运河—渠—沟—渡槽—井—港
排灌站—抽水站—闸门

海堤/大桥—桥—高架桥
码头—渡口/航线—航道
航空港—机场/航线
铁路线/车站/公路/地铁站/高速路出口

遗址/故居/博物馆/展览馆
公园/花园/游乐园
大学—学院—学校
体育场/游泳馆/跑马场

工业:工厂/电站/矿山
农业:农场/林场/牧场/渔场/盐场
商业:集/墟/超市/商场

城—镇—区—新村
大道—路—街—巷(胡同)

乡—片村—村—自然村
墟(集)—街—新村

直辖市—区—街道办事处—居民委员会
省—市(地区)—县—乡—村—自然村
自治区—自治州(盟)—自治县—自治乡

（层级分类:自然地理实体——陆地——大陆、岛屿;水域——水系、海洋。人工地物——独立建筑、水利设施、交通设施、文化设施、企业场所。聚落——城镇、农村。行政区划。）

2. 历时系统

从历时的角度看，从历史地名演变为现代地名也经历过复杂的过程，形成了多样的系统。尤其是行政区划系列，不但专名通名有更改，辖地广狭有调整，属辖关系也有变动。有时，要弄清某一地区的古今地名的承继关系，还非进行细致的考证不可。中国历史长，改朝换代多，这种历史地名学的研究工作也特别繁重，历来的历史、地理学家为了厘清地名的沿革有时要经过许多烦琐的考证和查证。

以上所述的共时系统和历时系统都是宏观的系统。在一定的地域里，地名还有微观的系统。

3. 微观系统

常见的微观系统有以下三种：

（1）相关系统。

陆地上最常见的有地形、方位意义的实体是山峰和河流，各地的山名和水名往往用来作为各种地名命名的依据，从而形成了相关的地名系统。例如辽宁省古今有过 250 个县名，其中因山得名的有 36 个（现名 10 个，历史地名 26 个），因水得名的有 31 个（现名 9 个，历史地名 22 个）。例如以辽河的"辽"字命名的县名、水名历史上就有：辽东郡、辽阳县、辽队县、小辽水、辽山、辽西县、辽滨县、辽东城、辽州、辽西州；现名则还有辽宁省、辽东湾、辽东半岛、辽河、辽河口、辽阳窝堡，在吉林还有辽源市、辽河源。这就是辽字相关系列的地名群。[①]

（2）序列系统。

依一定距离排列的街道、胡同、渡口，由于缺乏鲜明的地形地物作为命名依据，在比较密集的地方有时就按序号编排命名。例如北京的东四有头条到十条东西向胡同，北新桥的北新仓有 1—5 五条巷，景山火药局有 1—6 六条胡同。广州的中山路有一到八路的分段。闽东北一些河边有"七步、八步"（古时称码头为步）等。地名是早年编序的，在其他地方也有称一渡、二渡的。一号码头、二号码头的排列则更为常见。黑龙江省不少村名用数字顺序加上"站"。哈尔滨附近就有二站、三站、五站，据说是铺铁路和开会时在荒野上设的站，后来逐渐住了人，成了村落。除了用数字编排序列，有的也用十二生

---

① 薛作标：《探索辽宁古今县名命名规律》，见邱洪章主编：《地名学研究》（第一集），沈阳：辽宁人民出版社，1984 年，第 88 – 107 页。

肖编排序列。在贵州，各地墟集是按不同日期集市的，把这些不同的日期用十二地支来表示，就有了牛场、鼠街、狗街一类的地名。

（3）回环系统。

用有限的几个方位词组成地名系列可以称为回环系统。北京的几个门都有××门内大街、外大街、南大街、北大街、东大街、西大街。后来市区扩大之后又有二环、三环、四环、五环，加上东西南北的各种回环系统。上海的马路长，常常有××北路、中路、南路，××东路、中路、西路的分段配套地名。早期的小城市常有个市中心，然后四个方向分别称为东街、西街、南街、北街。这些都属于回环地名。

三、地名中的同义词、同音词和多义词

1. 同义词

地名中的同义词就是同地异名，或称一地多名。常见的同地异名有几种情况：

（1）古今名。所谓今名是指现行的标准地名，在这个标准地名之前用过的旧地名都是古名（或称故名、旧名、原名）。由于中国历史悠久，古地名的时间跨度很大。古时的文人喜欢把自己出生地的地名冠于自己名字之前，时至今日还不乏自称"三晋、晋阳"的山西人，自称"南粤、岭南"的广东人，自称"三山、东冶、侯官"的福州人，自称"金陵、江宁、建康、应天"的南京人。冠以这样古老的地名，似乎人也变得典雅了，而古老正是典雅的正宗，因为历来就有"古典、古雅、高贵、高雅"的说法。有些新近改过的地名，如屯溪市改为黄山市，崇安县改为武夷山市，屯溪、崇安这些人们还十分熟悉的名字一下就成了旧地名。

一般小地域的地名易名之后，旧地名很难保存下来，而那些大地域的地名，尤其是文化历史名城的旧名，则不容易消亡。这是因为那些地名和丰富的文化遗产有着千丝万缕的联系，沿用旧地名容易勾起许多对古老文明和传统的记忆和念想。在苏州大概许多人都知道，那里历史上曾称为勾吴（春秋）、吴国（战国）、会稽（秦）、吴郡（汉、唐）、吴州（南朝），隋代始称苏州（因姑苏山而得名），后来又称平江府（宋）、隆平府（元）、苏福省（清）、吴县（清）。泉州人中稍有文化的也都知道刺桐、温陵、泉山、清源等别称，尤其是在文人的交往中还常被引用。

（2）正俗名。正名是官方颁布的标准地名，俗名则是民间通行的口语说

法，这有点像人名中的"官名、大名"和"小名、乳名"的关系，也像一般
词语中的书面语词和口头语词的关系。正名用于正式场合，用于书面，用于与
外人交流；俗名则用于本地人的日常口语交际。例如厦门市陈嘉庚先生的家乡
和他所建设起来的集美区和集美学村，"集美"是官名、正名、大名，而本地
人用方言称说，迄今还自称家在"尽尾"〔tsin⁶bə³〕，意为大陆的末端（一说
是本地一条小河浔江的出海口）。

　　所以有正俗异名，大抵有两种情形：一是先有文人学士所起的雅名，而后
在民间读音讹变而成带有戏谑意味的俗名。例如福建漳州的"仰止亭"俗呼
"鸟鼠亭"（鸟鼠，方言义为老鼠），"御宝园"俗呼"牛母园"；泉州的"御
史巷"俗呼"牛屎巷"，"敷仁巷"俗呼"夫人巷"。另一种更常见的是命名
时用土俗语词，后来写成谐音的文雅字样。这种情形在城乡都十分常见。例如
北京的胡同名：

俗名	雅名
驴市街	礼士胡同
烧酒巷	韶九胡同
闷葫芦罐	蒙福禄馆
东江米巷	东交民巷
臭水河	受水河
裤子胡同	库资胡同
牛蹄胡同	留题胡同
打狗巷	大沟沿胡同①

　　1979 年，中国地名委员会办公室在福建省龙海县举办南方地名普查试点，
我参加了这个试点的调查工作，了解到在龙海县的 2000 多条村名中此类雅俗
异名就近 200 条。例如：

俗名	雅名	俗名	雅名
塔河	福河	塘北	长福
壁炉	碧湖	南坪	兰田
角尾	角美	上村	常春
斗米	岛美	林尾	龙美

---

① 翁立：《北京的胡同》，北京：北京燕山出版社，1992 年，第 21 - 22 页。

（3）简称和别称。简称多取单字，旧时可能是文言文行文的需要，也适用于成片地名的联称，因而就流传开了。大多数省区和大城市都有这样的简称。细别起来，简称地名又可分为两类：一是取原地名一个单字作简称，例如京、津、江、浙、云、贵、川、蒙、青、藏；一是起用单音的历史地名，例如闽、粤、湘、赣、豫、鄂、皖。

下一级的城市名也常常有自己的简称，尤其是连片的地域更加常用，在本地也是很通行的，在外地的知名度就因地而异了。例如浙江的杭（州）、嘉（兴）、湖（州），福建的漳（州）、泉（州）、厦（门），广东的潮（州）、汕（头）、高（州）、雷（州），等等。

简称也是一种别称，除此之外，不少文化悠久的城市往往还另有文雅的别称。别称有多种多样的得名之由，有的来自民间传说，如广州称五羊城、羊城、穗，厦门称鹭江、鹭岛；有的来自本地的某种地理特征，如昆明别称春城，济南别称泉城，武汉别称江城；有的来自当地的特产，例如景德镇别称瓷都，宜兴别称陶都，鞍山别称钢都，广州别称花都。

2. 同音词

地名中的同音词实际上有两类。一类是同音又同形（用字相同）的，也就是异地同名，或称一名多地。地域越小，地名同名现象越多。

经过多次官方调整，目前全国范围内县以上的重名只是个别现象了，例如吉林省、吉林市，通名不同，地域也不同；江西和江苏都有清江市，江西和甘肃都有东乡县，这是不同省份的重名市县。县以下的地名中，如果不分通名，只计专名相同的小地名，全国范围内，同名率是很高的。《中华人民共和国分省地图集》（1974 年版）所收地名只有 2 万条左右，1994 年出版的《中国地名录》则收了 3.3 万多条地名。这两本书中若干常用词的同名率就不低：

	《中华人民共和国分省地图集》	《中国地名录》
太平	54	51
白沙	26	36
兴隆	24	39
龙门	21	24
古城	19	31
大桥	18	25
桥头	21	33

板桥	17	27
清水	22	42
石门	23	46
沙河	22	41

《中国地名录》所收带"太平"字样的地名，如果包括"太平沟、太平川、太平场、太平庄、太平桥"等，则多达101处。《中国地名词典》所收含"太平"二字的地名37处，其中古县名6处、镇22处、其他地名9处。几千年的历史中，人们经历了无数战乱，总希望有个"太平盛世"。

地名中的另一类同音词是只同音不同字。这类地名用汉字写在纸上不觉得有问题，用拼音一写就成了同形词，读出音来也无法区别。

理县—礼县—蠡县—澧县 Lǐ Xiàn

镇源县—镇沅县 Zhènyuán Xiàn

这是声韵调都相同的同音词。另一些是同声韵不同调的，例如：

燕山—沿山—砚山 Yan Shan

白合—白河—白鹤 Baihe

山头—汕头 Shantou

据《中华人民共和国分省地图集》（汉语拼音版）统计，县级以上地名中，同声同韵的就有148组，其中24组是3个以上地名同音的。

在口语交际之中，哪怕是不同形的同音词也难免发生含糊。据统计，全国铁路站名中同音词就有67对，135个车站。仅以陇海线为例，其与别线同名的就有：

沙塘（陇海线）	砂塘（浙赣线）
阳平（陇海线）	羊坪（湘黔线）
零口（陇海线）	陵口（京沪线）
窑村（陇海线）	姚村（京沪线）
常兴（陇海线）	长兴（杭长线）
文庄（陇海线）	闻庄（焦柳线）

义马（陇海线）　　　　驿马（烟白线）

新浦（陇海线）　　　　新埔（纵贯线）

氾水（陇海线）　　　　泗水（兖石线）①

在浩如烟海的地名之中，要完全避免同音是很难的，但是大地域的地名、邻近地区的重名和同类地名的重名则必须加以适当的规范化处理，以便在实际应用中不致于含混。

3. 多义词

古今相同的地名可认为是多义词。例如上海 90 多年前还是一个小县，如今是直辖市，含 14 个区、6 个县；深圳 40 多年前是宝安县的一个小渔村，现在是拥有数千万人口的特区。

地名中的另一种多义词是同一个通名有不同的含义（表示不同的地名类别），例如海，用作通名至少有五个义项：

①指大海，如渤海、黄海、南海、东海；

②指海湾，如广东台山有大湾海，香港有西贡海、沙田海；

③指湖泊，如云南大理有洱海，新疆福海有布伦托海；

④指河流，如广东新会有牛湾海、七堡海；

⑤用作自然村名，如吉林梨树有福泉海，山东蒙阴有道士海。

山，也有多种用法，用作山体通名既可指大山脉（如昆仑山、燕山、十万大山）或较小的山岭（如黄山、五台山），也可指山峰（如北京的万寿山）、丘陵地带的小山头（如武汉的珞珈山、泉州的清源山）；用作岛屿通名有时指群岛（浙江象山县有韭山，台州有渔山），有时指岛（福建福鼎有大嵛山，广西防城有冬瓜山），有时则指礁石（辽宁长海有小尖山，浙江海宁有柴竹山）。此外，还用来指岬角（如浙江宁波有张浦山，广东海丰有龟头山），也用作自然村的通名（如吉林双阳有马鞍山，山西垣曲有高家山，四川通江有许家山）。

塘，在浙江可指称堤坝，如舟山有东沙海塘、新北海塘，奉化有南塘、剡塘。在江浙的吴方言区还可指称河流，如太仓有湖川塘，常熟有辛安塘，海盐有洪塘，嘉兴有长水塘。在内地，也用作湖泊的通名，如贵州黔西有布路塘，湖南沅江有岳步塘。有了水库之后也有称为塘的，如广东定安的白塘、福建莆

---

① 孙本祥、刘平：《中国地名趣谈》，北京：中国城市出版社，1995 年，第 375－376 页。

田的石塘、广西博白的三叉塘、云南元江的新田冲坝塘。在东南沿海，塘也用来指称海湾或滩涂，如浙江象山有天作塘，福建霞浦有鸭池塘，广东珠海避风塘是海湾，福建福安外宅塘、广西北海螃蟹塘是滩涂。此外，还有用作山名的，如福建上杭有天星塘，广东佛冈有青牛塘。至于用作自然村名的就更多了，如吉林榆树有蛤蟆塘，河北景县有十二里塘，湖北宣恩有六堰塘，四川眉山有王大塘。

沙，也有多种用法：浙江瓯海竹箦沙、广西防城中箔沙指的是沙洲；浙江舟山千步沙、广东番禺鸡抱沙指的是沙滩；西北的"沙"常指沙漠，如甘肃武威有八十里大沙。各地也还有一些带沙字的地名是指自然村落，如江苏射阳有黄沙、中沙，福建闽侯有富沙、溪沙、白沙。[①]

四、地名中的文言词、方言词、底层词和外来词

1. 文言词

地名中的文言词就是古时候的旧地名。县以上的历史地名往往都有一大串，得以流传沿用的只是其中少数知名度较高的地名。这些地名或起源较早，或历时较长，或曾经是显赫一时的大地名。例如绍兴称东越，永嘉称东瓯，余干称干越，衢县称姑蔑，闽侯称东冶，这是取最早的名称；洛阳又称东京、东都、豫州、汴州，这是取知名度高的旧名。有些县建置较迟，为了古雅，也取原属县的县名作为自己的别称，例如崇明原属海门，又称海门，福清原属长乐，又称长乐、福唐。还有些小县知名度不高，有的文人就用府城别称作为自己的籍贯，如明代学者陈第明明是福州府连江县人，自称"三山陈季立"，三山是福州的别称。还有些县市的别称采取了更为古老的山水名，例如昆明又称滇池、滇南，福建浦城又称渔梁（县北有渔梁山，宋时设有驿站），崇安又称武夷（先有武夷山，后称崇安县，今又改为武夷山市）。

起用旧地名是旧时文人们的嗜古癖，有时用得太滥，就会给后人造成麻烦，为了落实其地，还需一番考证工夫。如果遇有古地名的重名，这种考证还不太容易呢。厦门曾为嘉禾屿，据说，其地曾长出特大的稻穗，因而得名，如有厦门文人自冠"嘉禾"，也就有几分麻烦，因为江西的南丰、浙江的嘉兴、福建的建阳，历史上也曾以"嘉禾"为名。

---

① 吴郁芬等编：《中国地名通名集解》，北京：测绘出版社，1993 年，第 114 – 115 页。

叙述历史事件的时候，难免要用古地名，为了使今人明白，往往在这些旧地名之后加括号注明"今某地"。例如元灭宋的最后一战是"崖山（今广东新会市崖门镇）之战"。除此之外，古地名不应该滥用。可见地名中的文言词比一般语词中的文言词使用频度低得多，用起来也必须更加谨慎。

2. 方言词

汉语方言大多有久远的历史，汉语地名除了少数是汉人定居后借用当地少数民族的地名外，大多是用汉语方言命名的。尤其是自然村落的地名，大多采用本地方言称说。

通名中就有相当数量的方言词。

例如吴方言区，单举与河道、水流有关的就有：

浜 bāng 长江三角洲的小河汊，用作河流名或村庄名，如江苏无锡有万塘浜（河），上海南市区有方浜，江苏太仓有罗汉浜村，常熟有王苍浜，浙江湖州有罗家浜，海盐有木石浜，等等。常熟的沙家浜就更是大家所熟悉的了。

渎 dú 小沟渠，水道，用作村落名。如江苏宜兴有汤渎、朱家渎，浙江长兴有邱家渎、鲍家渎。

汇 huì 河汊交汇处，常用作村落名。如上海松江县有毛家汇、钱家汇，浙江平阳有潘家汇，宁波有邵家汇。

泾 jīng 水流，小河沟。用作河流名的如江苏昆山的梅家泾、东山小泾，常熟的蛇泾；浙江海宁的五湖泾。用作村落名的如上海青浦的钱家泾、枫泾，川沙县的白莲泾，宝山区的罗泾。

塸 chán 环水之地，水滨突出部。有时用作沙滩名，如浙江象山有虾平塸、洋北塸，三门有水底塸、长塸；用作村落名如鄞县朱家塸、象山中央塸、宁波腾家塸、奉化沈家塸。[①]

粤方言地区，同样是河汊、水潭的意思，另有一套方言词：

涌 chōng 小河汊，用作水道小河名，如广东南海有官山涌、南沙涌，三水有左岸涌，顺德有黄涌；也用作村落名，如中山有西基涌，珠海有后门涌，香港新界有水潭涌、笃尾涌。

凼 dàng 又写作氹，水塘之意。可用作港湾名，如珠海有仙人凼；也用作村落名，如从化有大凼乡，英德有黄泥凼，阳山有清水凼，电白有河尾凼。

---

① 吴郁芬等编：《中国地名通名集解》，北京：测绘出版社，1993年，第18页。

澾 bàn　指低洼地，常用作村落名，如广东斗门有澾冲乡、曲江有乌龟澾、佛冈有澾望，广西陆川有澾田凼，等等。

滘 jiào　又写作漖，指水滨、河道分汊处。有时用作河道名，如广东新会有黄鱼滘；也用作村落名，如广东中山有马鞍滘、顺德有北滘，香港有大埔滘，广西合浦有水蛇滘、牛路滘。

沥 lì　指小河汊。用作河流名，如番禺有洪奇沥、潭洲沥；也用作村落名，如广东花都有黄竹沥，三水有横枝沥。①

闽方言最有方言特色的通名有：

厝 cuò　意为房子或家。据中国文字改革委员会汉字处的统计，单是福建省 55 个县市，带厝字地名就达 3643 处，除张厝、李厝之类地名外，还有"三块厝"（三座屋）、"竹篙厝"（竹竿屋）之类。

埔　字典注 bù 或 pǔ，方言读为阴平调，表示大片平地。55 个县市地名中有草埔、前埔、埔头、埔上等地名 1115 处。

崎 qí　又写作岐，指水边突出部或坡地。55 个县市地名中带崎字的地名有 670 处，如福州附近有竹崎、琅崎，厦门附近有高崎、前崎，等等。

磹 jì　又写作砾，指有水流的峭壁，55 个县市地名中有磹上、磹下、白水磹、磹兜等地名 423 处。

漈 jì　也简化为泲，用于水边的村落，55 个县市地名中漈字出现 225 次。

此外，同一份材料中还有圳（水渠）字 204 处，墩（小山包）字 433 处，塅（边沿）字 751 处，兜（旁边）字 579 处。②

不仅南方方言区有方言词通名，官话区也各有自己的方言区通名，例如华北平原的"淀"指小湖泊（海淀、白洋淀都是著名的地名），晋语地区有许多带"圪"字的地方，如晋城的圪家沟、圪子掌、正圪嶝、圪塔波、圪脚底、圪连庄等。"圪"指的是小土丘，既用作山名也用作地名和村名。"崮"常见于山东，指一种顶平而四面陡峭的山（孟良崮也很有名）。还有，像山西一带的塄（山梁）、梁塬（雨水冲刷过的高地）、峁（高原上的顶圆边陡的山包），河南一带的峪（山谷）、堖（山岗顶部），东北的垧（土地面积单位）、坨（山包）、窝棚（简陋的棚屋）等也都很常见。

方言词通名亟待整理，给予定音、定形、定义，以便减少异读和异写。这

---

① 曾世英：《地名用字标准化初探》，《曾世英论文选》，北京：中国地图出版社，1989 年。

② 李如龙：《闽台地名通名考》，见中国地名学研究会编：《地名学研究文集》，沈阳：辽宁人民出版社，1989 年。

项工作过去没有做过，全国地名普查时接触到了，但是因为专业队伍尚未经过训练，未能结合方言调查去做，问题远远没有解决。今后还需要地名规划干部和方言学学者联合研究解决。

不但通名里有方言词，专名中也有不少方言词，有些方言词经过雅化或写同音字，原义已经模糊不清，如台湾省的基隆市原义为"鸡笼"，金门的料罗湾原义为"喽啰"，都是闽南话的方言词；还有些小地名原有独特的方言音义，因为转写成汉字或根本没有稳定的写法，方言的音义也模糊不清了。这种地名只是个别的现象，只能在各地编写地名志时结合方言调查去整理了。

相对而言，方言通名的规范化更加重要，但是要了解地名的原始含义、说明命名之由，方言词命名的专名就很重要了。

3. 底层词

所谓"底层词"，指的是当地少数民族早先留下来的地名。南方古时候是百越杂居之地，有些地名是古越语的沿用，例如古吴越地的勾（勾吴、勾容）、姑（姑苏、姑蔑、姑田），古闽越地的湳（意为烂泥田），古西瓯、骆越的那（水田）等，考证这些地名的语源可为民族史的研究提供宝贵的论据，本书的第六章将专门进行讨论，这里暂不介绍。

4. 外来词

地名中的外来词不多，指的是外国人强加给我们的音译地名。这些地方原来都有中国人（包括各少数民族）自己约定的名称，后来或出于无知或出于殖民主义的心态，外国人将它们改用洋名。这是有损我国领土主权和民族尊严的事情，必须严肃对待。我国地理学家历来都十分重视，大多数已经加以澄清了。例如荷兰侵略者改称台湾为"福摩萨"，沙俄殖民者改称庙街为"尼古拉耶夫斯克"，日本侵略者改称钓鱼岛为"尖阁群岛"，等等。① 和普通语词中可以容许外来音译词（如：咖啡、沙发、冰激淋）不同，地名中的外来词是不能容忍的，必须加以清除，严肃地建立规范。

---

① 褚亚平主编：《地名学论稿》，北京：高等教育出版社，1986 年，第 8 - 9 页。

第四章　汉语地名的语义、读音和字形

地名作为语言里的词，便有一定的读音、含义，通常还有一定的书写形式，然而因为它是一个特殊的类别——一定地域的专有名称，加以汉语采用的是不善表音的方块字，不管是字音或字形，在古今南北的使用中多有变化，这就造成了地名在音、形、义上的许多特点，使地名的读音和书写形式上的规范化、标准化遇到不少困难。

一、地名的词义

和语言里表示抽象的语法意义的虚词相比较，地名作为名词，意义是具体的。和一般名词相比较，地名和人名等作为专名，其意义是单纯的，是个体事物的专指，而不是某一类别事物的泛指。

和人名相比较，地名的意义是稳定的。人生多不满百，在历史的长河里，人名只现于一瞬，名垂千古的人极少。就在数十年之内，穷汉可以变成富翁，英雄可以成为蟊贼，人名的含义有时变化很大、很快。而地名所标志的地域则不是这样，沧海桑田毕竟较少，旧貌换新颜也不一定要改变地名的称谓。

然而地名的含义也并不那么简单，它是一个多层次的意义系统。和语言里的其他词汇一样，地名也有它的基本意义、附加意义和引申意义。[1] 下文分别讨论。

1. 地名的基本义

在讨论地名的词义之前，我们必须明确两点：第一，地名是地域的指称。

---

[1] 李如龙：《地名的语词特征》，见褚亚平主编：《地名学论稿》，北京：高等教育出版社，1986年，第39-51页。

我们说，"队伍在某一指定地点集合"，从绝对意义上说，任何"地点"都是一个范围不等的面。地名所指，只能是一定的地域。第二，地名所指的地域已经不是纯粹的自然状况的地域，而是多多少少与人们的活动相关联的地域，因此它不但有自然的属性，也有社会的属性。

那么，地名指称地域的什么呢？

简单地说，地名指称地域的类和位。通过类和位把个体地名定位在整个地名系统的某一个点上。

所谓类，就是上一章所说的自然地理实体系统、行政区划系统、人工地物系统等分类。各大类之下还分有多层的小类。

所谓位，包括该地域的方位和范围。最准确的方位和范围当然可以用全球统一的经纬度来表述，但是对于地理测绘专业以外的人来说，这种定位并不容易理解，也无法应用，因为一般不可能有测定仪器。通常用来表示地名所指的"位"的，是相关位置的描述和属辖关系的确认。

例如《辞海》"杭州"条释文［先看看前半部分。下面引文中句末的（1）（2）等序号为引者所加］：

"市名。（1）在浙江省北部、钱塘江下游、大运河南端，沪杭、浙赣、杭长等铁路交点。（2）浙江省省会，为全省政治、经济、文化和交通中心。（3）辖余杭、富阳等七县。（4）"

第（1）句说的是类，是市名而不是山名、河流名、省（区）名。鉴于有多级的市，本应指明是省辖市。第（2）句说的是地理位置。用省境方位、江河流段、铁路线等作多重定位，知道其中一项的人便可理解。第（3）句是对"杭州"所作的社会生活的定位。第（4）句说的是它所包括（管辖）的范围。如果是详尽的地名专业词典便必须把所辖县名全部开列出来。

地名所指明的类别（含层级）和位置（含范围）便是地名的基本含义，也可称为核心意义。许多地名可以没有附加义、引申义，但不能没有这样的基本义。没有这个基本义，就不能成为地名。

文艺作品中的地名是一种虚拟的地名。其基本义当然不是现实世界中的位和类。但是，如果是规模较大的作品，有的是实有地名和虚拟地名交叉衔接，例如《红楼梦》里有北京、南京、大观园、稻香村等等；有的虽然都是虚拟的，却也有相对的不同方位和不同的类别，如《西游记》里的火焰山、花果山、海龙王王宫等等。

2. 地名的附加义

地名的附加义有纵横两个方面，它反映的是历史上和现实社会中该地发生过的最重要的事实及其相对于其他地方的最重要的特点。

让我们再看看《辞海》"杭州"条释文的后半部分："秦置钱唐县，隋为杭州治，唐改钱塘县，五代吴越国都，南宋迁都于此，并为临安府治，明清为杭州府治。（1）1912 年将原钱塘、仁和两县合并置杭县，1927 年析城区设市。（2）解放前是消费城市，工业落后。（3）解放后除原有丝织、制茶等工业迅速发展外，建有冶金、化学……工业。（4）以产丝绸、织锦……著名。（5）西湖在市区西部，湖山秀丽，林泉优美，为著名风景区和疗养胜地。（6）西湖西部诸山，旧时统称武林山，故杭州又别称武林。（7）高等学校有浙江大学、杭州大学等。（8）"

第（1）句概括了从建县起到民国前的历史沿革，第（2）句说的是民国年间的建置变迁。第（1）（2）句的简练表述体现了详今略古的原则。第（3）（4）（5）句用对比手法介绍了解放前后的经济发展。第（6）（7）（8）句介绍了文化情况，突出了作为旅游胜地的内容。对于不同的地方来说，附加义的多少、其知名度的高低是各不相同的。例如并不太大的卢沟桥，不仅因建造精美、桥栏上石狮子千姿百态而在桥梁史上占有一席之地，还因 1937 年 7 月 7 日在那里爆发了抗日战争，更使它成为无人不知的地名。翠亨村因诞生过孙中山先生而为人景仰；茅台、绍兴因产名酒，景德镇因产名瓷而为人所熟知。附加义的知名度有时甚至要超过基本义。例如茅台，几乎谁都知道它是著名的酒乡，却很少有人知道它是贵州省北部仁怀县的一个小镇。

基本义是地名的中心义，附加义是地名的外围义（或称边缘义），二者合成了地名的概念意义。地名词典为地名概念释义，包含的便是这两方面的内容。

3. 地名的引申义

在语言使用过程中，有些地名还会产生引申义。例如提起黄河、长江、昆仑山、万里长城，人们心目中便浮现出了中华民族的形象。提起梁山泊，人们便联想到当年"落草为寇"的 108 将。提起柳州，想起柳宗元；到了南海，人们会想看看康有为的故居。到了虎门，则要去看看一百多年前的炮台，当年销烟的广场。这些人们因地名而产生的联想，便是地名的引申义。

有时，专有地名还可以转用为借代义的名词，例如：

来两斤绍兴（酒）！

晋有陶彭泽（陶渊明），唐有柳柳州（柳宗元）。

他的风度向来很北京（中国式）。

房后有花果山（小学校园），还能不吵？

这种借代的用法也用的是地名的引申义。

引申义和地名的附加义有一定的联系。例如长江、黄河两大流域确实是中华民族的摇篮，因而在人们心目中成了民族的象征。但是引申义本身并非地名的词义。因为引申义和地名之间的关系并非经常地、必然地联系在一起 。地理书上介绍昆仑山的位置和自然特征，历史书上说现在的绍兴就是古代的越州、会稽、山阴，就并不涉及中华民族和老酒。

4. 地名的命名义

地名的命名义就是地名的字面意义。

山阴是山的北坡，水南是河的南岸，桥头是桥的一端，塔下是宝塔的近旁，这是人们为地命名时据实所作的定位。这类命名义，从某个方面体现着该地的相对方位。然而，河流改道之后，桥塔坍塌之后，这些地名一般都没有作出调整。例如福建浦城县的水北街在命名时是在南浦溪的北岸，后来溪流北移，如今街道变成在南浦溪的南岸，但水北之名并未改为水南，可见命名义与实际词义未必都是一致的。

平原地区常见的地名张家沟、李庄、刘屯，反映了命名时聚居居民的姓氏，后来聚落易主了，地名也没有跟着改。如今数千万人口的石家庄市究竟有多少姓石的居民呢？

除了姓氏地名外，还有很多地名的字面意义并未表示一定的方位，例如琅琊、句容、太平、勤俭等等。许多远古时代就有的地名，例如西周的黄河中下游有郭、郕、邘、郇、郜、鄅、郐、郏等侯国，连当年的许慎也只能从字形上注曰"从邑×声"。其命名之由是无从查考了。

可见，地名的词义未必与命名义相符，甚至可以没有命名义，但地名的词义照样存在。这说明了，命名义并非地名的词义。

5. 地名词义的变化

地名的字面意义既然不是地名的词义，盩厔县改为周至县，镇南关改为睦南关，狗尾巴胡同改为高义伯胡同，东江米巷改为东交民巷等也就不能算是地名词义的变化，只能算是一种地名用字和语义的一种调整处理。

地名的词义在类和位上变得较少，像上文所说的水北街实际位置变为水之南，毕竟是比较少见的。地名的这一部分"基本义"有变化的，往往见于行政区划的变化所带来的管辖范围的变化。例如湖北的荆州，在东汉末年刘表割据的时代大体上拥有现今湖北、湖南两省的地盘，如今只是湖北一个管辖十几个县的地区。福建的厦门，明朝末年是同安县管辖下的"中左所"，现在是管辖着同安县的副省级市。当然，由于人类的繁衍，聚落的延伸，开发自然的深度和广度在不断发展，在属辖关系没有变化的情况下，地名所标志的地域的范围也会不断扩大。

地名的词义变化更多的是它的附加义的变化。某个历史人物在某地有过大动作，或者发生过重大历史事件，设置过重要机关，经济文化上发生了重大变化等等，都会大大提高地名的知名度，使地名的附加义增加新的内容。例如经过了二万五千里长征之后，赤水、遵义、毛尔盖、夹金山、直罗镇、吴起镇等一大串地名便有了新义，西柏坡开过中共中央会议，渣滓洞设过国民党监狱，河南渑池仰韶村发现了新石器时代的文化遗址，深圳、珠海建立了经济特区等等，都属于这类情形。

在历史发生重大变革的时代，社会生活节奏大大加快了，地名的词义也会发生较快的变化。正因为地名词义是会变化的，所以每过一段时期，地名词典就必须进行修订。

二、汉语地名的读音

和其他语词的读音相比，地名的读音有四多：古读多、生僻音多、异读多、方言音多。以下分别说明。

1. 地名中的早期读音

汉语地名大都已经有数千年、数百年的历史。许多古老的地名，命名时代的读音和现今的语音已经有了很大变化。一般口语里的字音按一般规律发生了种种变化，而地名中的一些常用字，由于经常称说，世代相因、口口相传，没有跟上一般的语音演变，便一直保留着早期的读音。例如：

广东省番禺市于秦始皇三十三年（公元前 214 年）建县，两千多年来，所用的"番禺"二字一直未变。秦代，番读潘，音韵学上称为"古无轻唇音"。番禺的番至今还读同潘，广州话读为 [pʰun]，而在广东话口语里，"番薯"（红薯）、"番瓜"（南瓜）、"番鬼佬"（洋鬼子）、"番枧"（肥皂）等方言词中的番都已经读为轻唇音 fān 了。①

在闽西客家地区，有个常见的通名用字"坊"，当地读音都是 biōng（仿照汉语拼音标注方言，下同），也是轻唇读重唇的例子。据不完全统计，带坊字的镇名和村名，在闽西各客家县有：

宁化（24 处）：如黄坊、张坊、谢坊、洋坊、小长坊、丘坊尾

长汀（20 处）：如涂坊、童坊、游坊、梧坊、龙头坊、陈坊墩

将乐（17 处）：如余坊、吴坊、良坊、山坊、高山坊、坊头

清流（16 处）：如陈坊、孙坊、黄坊、罗坊、严坊、甲童坊

明溪（13 处）：如新坊、胡坊、上坊、山坊、沙坊洞、新华坊

武平（9 处）：如流坊、定坊、高坊、林坊、王坊、连坊②

在闽西客家话里，也有一些方言词把轻唇音字读为重唇音，如热痱（痱子）、妇娘（女人）、食饭、粪窖（茅坑）、添放（忘记）、肥料，即把这些普通话声母读 f 的字读为 b、p，但这类字不多。

在闽南，长泰的"泰"读 tuà，何厝的"何"读 uá，殿前读 dàiⁿ（n 表鼻化）záiⁿ，都是和口语中同样的字读法不同的地名专用读音，显然也是前代古音的残存。

在华北各省都有张各庄、赵哥庄、李戈庄一类的地名，其中的"各、哥、戈"其实就是"家"。"家"古音读 ga，至今长江以南诸方言还大都读为此音。在官话方言区，"家"一般都读为 jiā，作为地名用字，也保留了 ga，但是读为轻声后韵母弱化为 ge，于是写成了"各、哥、戈"。

此外，安徽的"六安"和江苏的"六合"的"六"都读为 lù，江西的铅山的"铅"读为 yán，也都是地名保留古读而与其他不用作地名的读音不同的例子。

2. 地名中的生僻音

我国地域广、历史长、典籍多，凡是人类活动过的地方一般都有地名，文献记录下来的地名浩如烟海。古今汉字中有不少是地名专用字，外地人一般不认识这些生僻字，因而也读不出这些生僻音。据统计，东汉许慎编的《说文

① 李如龙：《地名中的古音》，《语文研究》，1985 年第 1 期，第 30 页。
② 李如龙：《从地名用字的分布看福建方言的分区》，《地名与语言学论集》，福州：福建省地图出版社，1993 年，第 152－174 页。

解字》所收的地名用字就有 800 多个。① 《现代汉语词典》所收的地名专用字也有 400 多个，占总字数的 5%。② 事实上，不论是古代或现代，字典上所收的地名专用字还都只是常用的很小的一部分。20 世纪 80 年代的地名普查发现，有些县的地名用字中，字典上查不到的有时多达上百个。

以安徽省为例，县名中地名专用的读音生僻的字就有：

砀山 dàng 濉溪 suí

泗县 sì 亳县 bó

涡阳 guō 滁县 chú

颍上 yǐng 阜阳 fù

枞阳 zōng 黟县 yī

歙县 shè 泾县 jīng

这类生僻字各地都有不少，查古字书，本地人的读法都是符合唐宋间的反切的，但外地人很难了解，往往读半边字，成了误读。例如：

陕西镐京，镐，胡老切，应读 hào，不读 gǎo

河北浺河，浺，胡茅切，应读 xiáo，不读 jiāo

河南浚县，浚，私闰切，应读 xùn，不读 jùn

四川郫县，郫，符羁切，应读 pí，不读 bēi

浙江鄞县，鄞，语巾切，应读 yín，不读 jǐn

江苏盱眙，盱眙，况于切，与之切，应读 xū yí，不读 yú tái

有些生僻字在 1956 年国务院发布《简化字总表》时已经简化为常见同音（或近音）字，但阅读古籍时还会碰到。例如：

青海 亹源，莫奔切，读 mén，改为门源

江西 雩都，羽俱切，读 yú，改为于都

江西 鄱阳，薄波切，读 pó，改写为波阳，读 bō

陕西 鄜县，芳无切，读 fū，改写为富县，改读 fù

---

① 牛汝辰：《中国地名文化》，北京：中国华侨出版社，1993 年，第 68 页。

② 李如龙：《地名中的同形异名和同名异形》，《地名知识》，1986 年第 8 期。

陕西省是中华民族早期开发地，地名中这类生僻字特别多。已改的就有周至（盩厔）县、礼（醴）泉县、合（郃）阳县、户（鄠）县、勉（沔）县、旬（栒）阳县、千（汧）阳县、洛（雒）南县、彬（邠）县、佳（葭）县、眉（郿）县等等。

有些生僻音字形并不生僻，因为用作地名，古来有不同于一般用字的异读，本地人知道怎么读，外地人却很难掌握。例如：

并：～州，府盈切，读 bīng；～且，畀正切，读 bìng

厦：～门，胡雅切，读 xià；大～，所嫁切，读 shà

蚌：～埠，白猛切，读 bèng；河～，步项切，读 bàng

枞：～阳，即容切，读 zōng；～树，七恭切，读 cōng

有时，因为另有新读或简化合并而造成误读，例如：

泌：～阳，兵媚切，读 bì；分～，读 mì

台：天～，土来切，读 tāi；～（臺）湾，徒哀切，读 tái

筑：贵～，直六切，读 zhú；建～（築），张六切，读 zhù

3. 地名中的异读音

有异读的汉字大体占总字数的十分之一，在地名中也有不少是字形相同、读音相异的。其中有些是古时就有两个反切的，例如：

长　直良切，cháng，～春（吉林）；知丈切，zhǎng，～子（山西）

解　胡买切，xiè，～县（山西）；佳买切，jiě，～放渠（新疆）

行　户庚切，xíng，～唐（河北）；胡郎切，háng，太～山（山西）

燕　乌前切，yān，～山（河北）；於甸切，yàn，～洞（广西）

大　唐佐切，dà，～同（山西）；徒盖切，dài，～王集（山东）

乐　卢各切，lè，～山（四川）；五角切，yuè，～清（浙江）

陂　蒲糜切，pí，黄～（湖北）；彼为切，bēi，～头（福建）

渑　弥兖切，miǎn，～池（河南）；食陵切，shéng，～水（山东）

峒　徒红切，tóng，崆～（甘肃）；徒弄切，dòng，～中（广东）

华　户花切，huá，～容（河南）；胡化切，huà，～县（陕西）

丽　郎计切，lǐ，～江（四川）；吕支切，lí，～水（浙江）

浒　呼古切，hǔ，～湾（江西）；喜语切，xǔ，～墅关（江苏）

有些是不同地方习惯写法相同或不同地方习惯读法不同的。例如：

侯　～马（河南）hóu；闽～（福建）hòu

溱：～水（河南）zhēn；～潼镇（江苏）qín

会：～昌（江西）huì；～稽（浙江）guì

峒：～冢（湖北）tóng；儒～（广东）dòng

六：～合（江苏）lù；～道江（天津）liù

珲：～春（吉林）hún；瑷～（黑龙江）huī

沿：～山（福建）yán；南河～（北京）yàn

还有一些异读就连意义也有很大不同，本来就是在不同方言地区所命名的通名，后来写成了同样的字。这是一些最富于地方特色的地理通名，在不同的地方就会造成不能相互理解，必须把它们区别清楚并加以规范化处理才好。这里举三个例字：

埔　这是闽粤地区常见的通名用字。据 1984 年中国文字改革委员会汉字处《福建、广西、广东地名生僻字表》的统计资料，带"埔"字的地名，福建有 1115 处，广东有 1478 处。这个"埔"是闽、粤、客家三种方言地区为方言词所造的俗字。在闽粤地区，它至少有三种读音、两种含义。

在闽方言地区，"埔"读阴平声，厦门音［ po］，福州音［ puo］，相当于古音帮母或非母、模韵或虞韵，意指大片的平地。东山县新县城"西埔"原来就是旧城关西部的大片平地。在闽南话中，"埔"还可以用来构词，"草埔"是草坪，"溪埔"是河滩。这个"埔"未见于古字书，《中华大字典》始收"埔"，注为 pǔ。它的本字有两种可能。一是"夫"，这是先秦的面积度量单位。《汉书·食货志》在追述周代井田制时说："六尺为步，步百为亩，亩百为夫，夫三为屋，屋三为井，井方一里，是为九夫。八家共之，各受私田百亩，公田十亩，是为八百八十亩，余二十亩以为庐舍。"一百亩为一夫，当然是大片的平地了。在闽方言，"埔"正与"丈夫"的"夫"同音。又《集韵》奔模切："陠，《博雅》：'裒也'。"裒，意为广裒，也是广大的意思，但那是形容词。

客家方言的"埔"和闽南方言可能是同源的，广东省大埔县当地音也是

[ᴄp'u]，非母字在客家方言也有读为送气 p'的，例如"贩"。韵母、声调也相合。"大埔县"也是山间的大片平地。

在粤方言区，黄埔的"埔"读去声［pou²］，音同布，是水边的意思。河源县有东埔、埔前、大塘埔，龙门县有西埔，惠阳县有塘埔、樟树埔、冬瓜埔，都是水边的村庄。在其他地方也有写作布、沛的，如惠东县有大陂布、高布、布心、布仔，五华县有蔡布、长布，花县有官禄沛，广宁县有潭沛。《集韵》有与此音韵地位相符的"沛"，博故切，注："地名，周世宗遣将破贼于东沛洲"。沛从水，又是洲名，也应是水边的通名。粤语区读为去声的"埔"可能是"沛"的异写。

《现代汉语词典》中"埔"的注音只有 pǔ，但按照三种方言的读音折合应有 pǔ、bù、bū 三种，这就成了误导了。

圩 在闽赣湘粤桂等省，"圩"是"墟"的俗写，读音同"虚"（xū），集市的意思。有墟场的居民点有时就以"圩"为通名。例如福建省龙岩市有大池圩、溪口圩，华安县有新圩；江西省兴国县有江背圩、高兴圩；湖南省桂阳县有太和圩、龙潭圩、方元圩；广东省德庆县有官圩、马圩、新圩，南雄县有水口圩；广西省桂林市有大圩，北流县有圩底峒。在《中华人民共和国分省地图集》（1974 年版）所收的地名中，闽、粤、桂三省就有同名的"新圩"十处。

在苏皖地区，"圩"则是建在湖滨的围垦冲积洲或防洪的土堤，口语里说"圩子"，音 wéi。长江下游自南京以下较大的集镇就有六圩、七圩港、八圩港、十一圩、十二圩。洪泽湖区则有江苏省清江市的裴圩，安徽省五河县的小圩，"圩"是后起的俗字。明代《正字通》始收"圩"字，注："今江淮间水高于田，筑堤圩水而甸之曰圩。"可能是由同音字"围"改写的。

"圩"的相同写法反映的是两种不同的音义，这就把两个不同的常用通名搞混了。

堡 这是南北方都常见的通名用字。它至少有四种读音、三种含义。第一种含义是围着土墙的居民点，在晋冀一带读 bǔ，口语里说"堡子"，后来也泛指没有围墙的聚落。河北省怀安县有柴沟堡，山西省大同县有许堡。这种含义在南方一般读 bǎo，例如福建省的南平市有土堡，连城县有四堡，泉州市有五堡。第二种含义是"铺"，读为 pù，原是古时的驿站，每十华里设一个铺，在华北、东北地形比较简单的平原地带，不少地方用这种建筑物作为识别特征而命名，称为十里堡、二十里堡、三十里堡等。南方也有十里为一铺的制度，也有"铺前、铺上"之类的地名，但仍写"铺"而不写"堡"。在福建省永定县还发现了第三种含义：堂堡乡的"堡"读"背"[pue²]，背是客家方言的方位词，表示"下端"。①

这类字形相同、实际音义相异的通名是最需要实行恰当的规范的。规范的方式可以是更换不同的字形或按照不同的意义分别读为不同的音。

4. 地名中的方言音

上面所说的异读就是不同方言的通名，本来各有不同的读音，但是写成同样的字。其实大多数地名一开始都是用方言命名的，直到现在，尽管各地推广了普通话，本地人之间交谈时，提起本地地名还是经常用方言来称说，只有官方命名的那些州县名等（如定远、武平、长泰、京广线、浙赣线）一开始就不用方言而用共同语的书面语来称说。

由于方言和共同语都是古代汉语流传下来的，只要是古代流传下来的意义明确的字，方言读音和普通话读音一般都有一定的对应规律，本地人说普通话时，大体上知道怎么折合。例如苏皖闽赣湘桂各省都有"界首"的地名，不少地方的方音读为 [kai⁵ ˬsiu]，折合成普通话大家都知道读为 jièshǒu。又如闽、粤、赣不少带"潭"字的地名（～口、～下、～头、～溪、～湾），有些方言潭读 [ˬt'am] 或 [ˬt'ɔŋ]，折合为普通话也都知道应该读成 tán。

但是有些用方言词称说的汉字，书写时因为找不到合适的字（有些方言词本来就有音无字），于是写成语音相近的字。或者由于原来的方言说法显得俗气、粗鄙，于是换用语音相近的文雅字样来书写。这便是许多地方都存在的"雅俗异名"。这类地名外地人照字读来，是意思斯文的雅名，本地人则维持原来的读音，是本地人所理解的另一种意义的俗名。

北京虽是数百年的古都，可是许多胡同名原来都是从日常生活取材命名的。民国之后，大概是一些文化人觉得那些胡同名太粗俗了，于是逐渐更改了不少。例如：

羊尾巴—扬威　　狗尾巴—高义伯
猪尾巴—寿逾百　猴尾巴—侯位
驴肉—礼路　　　羊肉—洋溢
熟肉—输入　　　生肉—寿如

① 李如龙：《地名中的同形异名和同名异形》，《地名知识》，1986 年第 8 期。

灌场—官场　　　　驴市—礼士

牛蹄—留题　　　　母猪—梅竹

粪厂—奋章　　　　鸡鸭市—集雅市

屎壳螂—时刻亮　　蝎虎—协和

干鱼—甘雨　　　　大脚—达教

鸡爪—吉兆　　　　臭皮厂—寿比①

进入 20 世纪之后，北京人口大增，外地人大多不熟悉北京典故，新改的名叫惯了，旧名慢慢被淡忘了。而在南方方言区，例如闽台地区，地名雅化之后往往雅名俗名并用：本地人仍按方音叫俗名，外地人、政治文化界的人按普通话的音叫雅名。以闽台两省为例：

县市	俗名	雅名	俗名	雅名
南安	下尾	华美	山尾	山美
	潘垅	康龙	坑尾	康美
厦门	尽尾	集美	刘坂	莲坂
	马栏	马銮	庵兜	安兜
永春	圹里	孔里	九斗	锦斗
	牛林边	儒林	大坪	大鹏
福清	牛田	龙田	横路	宏路
	崎岭下	玉岭	猪囝楼	竹子楼
长乐	酒店	首占	澳上	鹤上
莆田	下村	霞村	窑兜	瑶台
大田	牛坪	玉屏	黄村	阳春
	草坑	早兴	洋尾	仁美
沙县	下墓	夏茂	菖蒲坑	昌荣坑
明溪	下村	杏村	罗地	罗翠
上杭	枫山下	丰山	白石窟	白玉笏
台北	崩山	彭山	鸡笼	基隆
彰化	番仔沟	雅沟	仑仔尾	仑美
南投	牛屎崎	御史里	瓻仔寮	富察里

---

① 牛汝辰：《中国地名文化》，北京：中国华侨出版社，1993 年，第 68 页。

苗粟	田尾	田美	番婆庄	蟠桃里
云林	畚箕湖	奋起湖	埔姜仑	襃忠
台中	大埔厝	大富村	松仔脚	松雅村①

1979 年，国家地名委员会在福建省龙海县进行地名普查试点，发现：全县 2000 个地名中这类雅化地名将近 200 条。

三、汉语地名的字形

地名用字也有许多和地名的读音类似的特点：古字多、方言字多、生僻字多、异体字多、同形词也多。分别举例说明如下。

1. 地名中的古字

许多上古时代命名的地名一直沿用到今天，尤其是自然地理实体的地名。

黄河下游的河南古称中国（国之中部），是上古时期人口最为密集的地区，春秋时期就建有许多小诸侯国，至今还有许多古国名一直被沿用下来。例如：

今名	古国名及时代	今名	古国名及时代
项城县	项（春秋）	息县	息（春秋）
邓州市	邓（春秋）	巩县	巩（春秋）
杞县	杞（春秋）	温县	温（春秋）
密县	密（西周）	许昌市	许（西周）
禹州市	禹（夏）	上蔡县	蔡（东周）
虞城县	虞（夏）	新蔡	蔡（春秋）

东汉许慎所著的《说文解字》至今已经 1900 多年了，其中所收水名大多数沿用至今，不但所指地域相同，字音相对应，字形也基本没有发生变化。

下面所举例字都是用于水名的地名专用字：

《说文解字》　　　　　　　　　《现代汉语词典》

涪　水出广汉刚邑道徼外，南入汉，　　fú　涪江，水名，在四川

---

① 李如龙：《闽台地名中的雅俗异名》，《地名与语言学论集》，福州：福建省地图出版社，1993 年，第 119 – 127 页。

　　　　　从水音声。缚牟切

滇　益州池名，从水真声。都年切　　diān　滇池，在云南

沅　水出牂柯故且兰，东北入江。　　yuán　沅江，发源于贵州，流
　　从水元声。愚袁切　　　　　　　　　　　入湖南

洮　水出陇西临洮，东北入河。　　　táo　洮河，水名，在甘肃
　　从水兆声。土刀切

泾　水出安定泾阳并头山，东南入　　jīng　泾河，发源于宁夏，流
　　渭，邕州之川也。从水巠声。　　　　　入陕西
　　古灵切

沔　水出武都沮县东狼谷，东南入　　miǎn　沔水，汉水的上游，
　　江。从水丏声。弥兖切　　　　　　　　在陕西

湟　水出金城临羌塞外，东入河。　　huáng　湟水，水名，发源于
　　从水皇声。乎光切　　　　　　　　　　青海，流入甘肃

汧　水出扶风汧县，西北入渭。　　　qiān　汧阳，地名，在陕西
　　从水幵声。苦坚切　　　　　　　　　（按：即汧水之阳）

浐　水出京兆蓝田谷，入霸。从水　　chǎn　浐河，水名，在陕西
　　产声。所简切

溰　水出河南密县大隗山，南入颍。　　yì　清溰河，水名，颍河支流
　　从水異声。与职切

淯　水出弘农卢氏山，东南入海。　　yù　淯河，发源于河南，流入
　　从水育声。余六切　　　　　　　　　　湖北

溧　水出丹阳溧阳县，从水栗声。　　lì　溧水，溧阳，地名，在江苏
　　力质切

浈　水出南海龙川，西入溱。从水　　zhēn　浈水，水名，在广东
　　贞声。陟盈切

浇　水出常山石邑井陉，东南入于　　xiáo　浇河，水名，在河北
　　泜。从水交声。下交切

2. 地名中的方言字

　　方言是民族语言的分支，各方言区通行的地域都有自己独特的地形地貌特征，因而不同的方言都有自己特有的地理通名，这些通名大多没有现成的用字，于是各地自造了一些独特的用字。这些方言地名用字在本方言区比较常

见，也相当统一，研究这些用字，调查其方言音义，可以了解各种有特色的地形地貌；调查这些字的分布则可以看到方言区的范围。

在黄土高原的山西、陕西一带，有下列一些常见的西北方言地名用字：

塬 yuán 高原上因流水冲刷而形成的一种四周陡峭、顶上平坦的地貌，如陕西华阴有孟~。

峁 mǎo 顶部浑圆、土坡较陡的黄土丘陵。如陕西神木有沙~头。

碥 biǎn 傍山临沟的狭长通道，小道上或有石级。又写为砭。如陕西延安有青化~，宁强有燕子~。

垴 nǎo 丘陵地的山岗上较为平坦的顶部。如陕西有南~，山西沂州有李家~。

圪垯 gēlao 小山坳，沟底被填成耕地。如山西垣曲、和顺都有~~。

墚 liáng 长条形的不太高的黄土山岗。如陕西定边有堆子~，山西沂州有朱家~。有时也写为梁。

圪垯 gēda 小土丘。有时写为"家塔"。如山西阳城有李~~，河曲有刘~~。

峪 yù 山谷。如山西吕梁地区有米~镇、罗~口、丛罗~、~口。

塂 tǎng 山坡上比周围稍低的平缓地。如宁夏海原有贾~。

在长江三角洲的河网地区有以下常见的吴方言通名用字：

浜 bāng 原指小河。可说一条~、一条河~。近河的村庄多有称浜的，如上海有陆家~，宝山有蕴藻~，崇明有~镇，阳澄湖上有沙家~。

泾 jīng 小河沟，不少小河旁的村庄也以泾作通名。如上海县有泗~，金山县有洙~，太仓有茜~。

浦 pǔ 江河湖海之滨都有叫浦的乡镇。如上海市有青~县，常熟有浒~，平湖有乍~，上海有周~、杨树~。

汇 huì 河道交叉处的村落常叫汇。如上海市郊有南~县、市内有徐家~，吴兴有袁家~。

渚 zhǔ 古代指水中的陆地，吴方言区指周围有大片水域的陆地。如无锡鼋头~是著名的风景区，杭州郊外有良~，余姚有马~。

堰 yàn 拦水的小土堤，也用作村落名。如常州有戚墅~，无锡有~桥，绍兴有陶~。

圩　wéi　低洼地区用来防水护田的堤岸称为~子，常用作村名。如镇江以下长江两岸可以看到许多编号的圩，六~、七~、八~、十二~在北岸，十一~在南岸。

荡　dàng　浅水湖叫~，也常用于地名。如金山县有石湖~，阳澄湖有芦花~。

渎　dú　小河港，见于太湖一带。如丹阳有简~，武进有大吴~、溏口~，无锡的泰伯~相传是春秋吴太伯时所开的运河。

在闽台地区，也有一些相当通行的闽方言地名用字。举例如下：

厝　cuò　闽方言指房子和家。据福建省55县市地名资料统计，带"厝"字地名达3643处。厦门的"何~"是何家村，高雄林园乡的"顶~、中~"是上面的和中间的房子的意思。

寮　liáo　闽南话和客家话都称简易的棚子为寮。闽西、闽南37县有368处带寮字地名。台北市范围内就有新~、番薯~、金瓜~、打铁~、更~、漳州~。

墘　qián　在闽方言里是边缘的意思。福建省55县市带墘字地名在1000处以上。许多地方都有的溪~，意为河沿，台湾嘉义也有港~、潭~的村名。

埔　bū　指大片平地。草~是草坪，溪~是河滩。福建省55县市带埔字地名1115处。在台湾，新竹有新~镇，南投有~里镇，台中有外~乡。

坂　bǎn　指坡度不大的山坡地。"~头、~尾"是福建常见的地名，"上~"，见于惠安、龙海、龙岩、漳平等县。台湾台东县则有"上~村""台~村"。

埕　chéng　闽方言读音近"庭"，意为场子，也常用作地名。福鼎、长乐有沙~，南安、晋江、福清、永春、仙游、惠安等地都有"~边"。在台南县有旧~村、中~村、大~村。

垅　lóng　指丘陵地较宽的山沟，开垦为"山垅田"，日照不足但水源充裕。前~、后~、~头、~边都是常见的村名。金门有~口村，高雄有土~村。

垵　ān　指丘陵地带两个小山之间的鞍部，也常用于村名。厦门、金门、同安、安溪都有后~村，澎湖县有内~村、外~村。

3. 地名中的生僻字

古字、方言字大多也是生僻字，除此之外，还有两种生僻字：一是其他民族语言的"底层"译音字，一是地方上自造的简体字和生造字。

我国是多民族国家，有不少地方历史上住过不同的民族，先住的民族用自己的语言为地命名，后来的民族有时就沿用旧名来称说，为标记这些不同民族的语言的音，有时就造了一些生僻字。例如：

陕西有些地方用蒙古语音译词 fútuó 来作为水边的村庄的通名，写为滹瀃；有的地方用 kùlún 的音来作村名，在蒙语是 hure，原意是四周有围栏的羊圈，有的写作"库仑"，有的写为"圐圙"。

福建的武夷山区有写为"峁"（青山~、大~）的地名，读为 ná，另一些地方写为"拿"，在广西壮族地区则为"那"，并且十分常见。经考证，是古壮语的"田地"的意思。在九龙江一带还有"畓"（后~底、~顶、~尾、加~坑）的地名，有时写为坔或湳，读 nam 或 lom 的音。应是古壮语"烂泥"和"下陷"的意思。还有不少写为"排""岺"的地名，音 pái，福建的 37 个县市中带"排"字地名达 525 处。这个音应是壮侗语的"山"的意思。

至于各地的生造字、滥造简体字就更是五花八门了。在福州一带，鼎（覆鼎山）写为"鏪"，间（十六间、七间巷）写为"桐"，甚至把"树"写为"槙"。在福建的其他地方，窟写为"堀"，墓写为"壒"，洋写为"垟"，西写为"茜"，窑写为"瑶、璨"，墩写为"塯、垱、墼"，宅写为"垞"，岛写为"㙮、矻"，崎写为"岐、埼"，峤写为"垿"，澳写为"峹、浱、沃、圫"，更是不一而足，难以统计了。[①]

4. 地名中生造的异体字

一般的汉字也有异体字，那往往是历代不同写法积存下来的，各个时代都有字书作为规范标准，所以异写的混乱并不太多。地名的异体字则数量庞大，同一个音义常因地而异，形成不同写法。尤其是小地名，只在本地使用，更是各行其是。汉字似表音又不表音，似表意又不表意，笔画繁复，结构杂乱，在低层次的社会生活中使用时特别混乱。地名之所以会有异写，大体上有三种原因：

第一是因音异写。以下略举数例：

黄土高原有一种地形叫 yaoxian，是土丘和条状山岗之间因水切割而成的

---

① 曾世英：《地名用字标准化初探》，《曾世英论文选》，北京：中国地图出版社，1989 年，第261–280 页。

凹陷的窄山沟，一般只能作通道而不能耕作。这种地名由于各地有许多不同的声调，写法也不一致：

嶂：嵝、腰、要、耀、妖

崄：埝、硷、岘、峣、险、先、掀、显、贤、现

还有一种圆状小土丘叫圪垯，也因为各地方音不同而有各种不同的写法。以河南、山西为例：

圪塔　见于沁水、阳城、汝阳、济源

圪垱　见于临汝、武陟、唐河、方城

疙垱　见于偃师、遂平、叶县

疙塔　见于宜阳、扶沟

疙垯　见于洛宁、伊川

疙瘩　见于灵宝

葛塔　见于封丘

此外还有：圪旦、圪堆、圪堵、圪垛、圪肚、圪凸、圪图、圪埻、圪坨、圪垱、圪垴等写法。

闽台两省有许多地名因历史上烧过瓷而称为瓷窑。由于方音差别，写法也十分多样：闽东方言读［hai iu］，写硋瑶（周宁）、海瑶（福清）；闽北、闽中方言读［ho iau］，写垌瑶（建阳）、珦瑶（三明）、回瑶（永安）；闽南方言读［hui io］，写硘磘（南投）、扶摇（龙海）。

第二是因形异写。其中又有两种情形，一是同一个方言区读音相同，各地写法不同，或造形声字或取会意字，或从繁或求简。例如广东省内常见的三组用字：

dàng　水边地，写为：氹、凼、泅、凼

liáo　简陋的棚子，写为：寮、橑、璙、嫽、宁、艼、蓼

yǐng　山脊，写为：岃、岆、岄、岇、𡾰、㟧、壅、㵎、岺

另一种是不同时代的不同写法。例如：

埠、步 埠是后起的字，未见于古字书。据《古今字音对照手册》所注："埠字古作步。柳宗元《永州铁炉步志》云：'江之浒，凡舟可縻而上下者曰步。'"① 水旁的村庄设有大小码头，有的就用"埠"或"步"作为通名。在北方和江浙皖赣，通常写为"埠"，例如：湖北省枣阳县有埠口，监利县有余家埠；安徽省庐江县有牛埠，东至县有坦埠；江苏省六合县有瓜步；浙江省诸暨县有直埠，临安县有麻东埠，兰溪县有游埠，开化县有华埠；江西省婺源县有铜埠，余干县有江家埠、黄金埠，丰城县有拖船埠、秀才埠，万载县有潭埠，安义县有万家埠，资溪县有高埠。在闽粤桂各省常写成"步"，例如：福建省周宁县有七步，罗源县有起步，龙岩县有捷步；广东省花县有炭步，罗定县有船步，郁南县有深水步（在香港写为深水埗），广州郊区有盐步，高要县有禄步，东莞县有寮步；广西省贺县有八步、步头，桂平县有社步，隆林县有革步。

陂、坡、埤 "陂"指拦河坝或池塘，在客家方言里指拦河水坝，是人工水利设施。这个通名在闽粤赣较为多见，多数写为"陂"，例如广东省大埔县有高陂，兴宁县有沥陂、黄陂，梅县有东陂，博罗县有麻陂，龙川县有甘陂口；江西省信丰县有古陂，广昌县有黄陂、头陂，乐安县有黄陂、东陂；福建省诏安县有官陂、南陂、北陂、泗华陂，永定县有高陂、西陂、罗陂，明溪县有姜陂、大陂、王陂，龙岩县有西陂，莆田县内因有九百年前所建木兰陂水利工程，全县各地有数十个陂。在福建省的一些地方有时写作"坡"，上杭县西陂、吴陂、深陂、苏家陂的陂均可换写为坡，读音则是［ᵤpi］（坡读［ᵤp'o］）；在沙县，一概写为"坡"，如城关镇有东坡，夏茂镇有坡下、坡角，高桥乡有新坡，郑墩乡有坡下，梨树乡有黄坡下、坡后，南阳乡有坡头，南坑子乡有蒋坡，都读为［ᵤpue］（坡读［ᵤp'o］）。按："陂"与"坡"古时相通，是一对异体字。《说文》："陂，阪也，一曰池也。""阪，坡者曰阪。"后来坡和陂才有了分工。坡、陂的异写反映的是唐宋间的情形。又，在台湾省旧时写为陂，现在统一写为俗字"埤"。例如彰化县埤头乡原写为陂头，云林县有大埤乡，还有大埤头、顶埤头、下埤头村，高雄市凤山镇过埤里旧称过陂仔，屏东县有新埤镇。"埤"，《广韵》符支切："增也。"音义均与"陂"无关。台湾地名中的"埤"是台湾的俗字，和福建的"陂"音义相符。

第三是因义异写。就是上文所提过的为了意义雅化而另写别字，以福建省

---

① 丁声树编录，李荣参订：《古今字音对照手册》，北京：中华书局，1981 年，第 62 页。

地名为例，同是"下村"的音义，在明溪县枫溪乡、沙县南坑子乡和莆田县城郊乡写为霞村，在明溪县夏阳乡写为杏村；同是"下洋"的音义，在永定县仍写为下洋，在明溪县写为夏阳，在大田县均溪乡写为霞洋，在尤溪县中仙乡写为华阳；同是"下尾"的音义，在龙海县步文乡写为霞美，在南安县蓬华乡写为华美。台湾省南投县名间乡把下新厝雅化为"厦新村"，屏东县万丹乡把下蚶村雅化为"厦南村"，台北市则把下崁里雅化为"厦崁里"。又如，在闽南"塘北"的地名到处可见。在龙海县就有三个塘北村，九湖乡的雅化为"长福"，榜山乡的雅化为"崇福"，步文乡的保留"塘北"的写法，这也是因义异写，不过从另一个角度看问题，这种雅化倒是起了分化同音地名的作用。

较大地域或较高层次的地名因为经常见诸书面，行政管理中公文来往也经常使用，因而异写较少。

5. 地名中的同名异实

有些地理通名并没有不同的读音，也没有不同的写法，但是意思完全不同。这是因为不同地方的方言通名是从古时候同一个语素演化出来的，下面所举例字除坝是因"壩"的简化而混同之外，都属于这种情形。

洋　"洋"本来是水（河流）名，《说文》洋："水。出齐临朐高山，东北入钜定。"今河北省张家口市流入官厅水库的北源就是东洋河、南洋河汇成的洋河。后来，"洋"引申为海域名，《广韵》与章切："洋：水流貌，又海名。"深海处有不少称"洋"的，钱塘江口有王盘洋，舟山群岛附近有黄泽洋、黄大洋、灰鳖洋，霞浦县三沙湾内有东吾洋，马祖列岛西部有竿塘洋，珠江口有伶仃洋，属于我国的南海海域，古称七洲洋。同时，"洋"很早就引申为"广大貌"了，《诗经·大雅·大明》有"牧野洋洋，檀车煌煌"，毛传："洋洋，广也。"正是从这个意义出发，南方许多地方凡大片平地都用"洋"作为通名，闽方言里还把大片的水田称为"洋田"或"田洋"。在福建省，下洋、湖洋、官洋、洋口、洋中、洋头、洋下、茶洋、杉洋之类地名到处可见。全省前字为"洋"的较大自然村就有三百多个。江西省的黄洋界，广东省兴宁县的坪洋，五华县的棉洋，潮安县的浮洋，陆丰县的陂洋、后洋等也都是这类地名的例子。

湖　"湖"原来也是水域的名称。《说文》："湖，大陂也。"《广韵》户吴切："湖，江湖广曰湖也。"太湖、洞庭湖、巢湖、西湖都是这类地名。在闽粤一带的闽方言和客家方言地区，"湖"还被引申用作指称陆地的通名，例如闽方言地区的福建省尤溪县有香湖、湖洋、源湖，台湾省云林县古坑乡有内湖、外湖、樟树湖，广东省陆丰县有湖坑、湖口、内湖、北湖；客家方言地区，福建省永定县有湖洋、湖寨、湖雷，广东省丰顺县有新湖、仰湖洋，大埔县城关就叫湖寮镇。这些地方都没有真正的湖，称"湖"的村落都是山间的小洼地、小盆地，不但没有湖光山色，在水利没有兴修的时候还常常是十年九旱的穷乡。

岐 岐是古地名用字。《广韵》巨支切："岐，山名，亦州。春秋及战国时为秦都，汉为右扶风，魏置雍城镇，又改为岐州，因山而名。"这就是现今陕西省宝鸡市岐山脚下的岐山县，这是地名中"岐"的本字。在闽浙沿海地区，也有不少带"岐"字的地名，如浙江省乐清县有蒲岐，普陀县有虾岐岛；福建省福鼎县有前岐，福安县有赛岐，连江县有黄岐，福州市有魁岐、琅岐、竹岐、新岐。这一带的"岐"实际上是"碕"的同音字"碕"。《集韵》渠羁切有"碕"，又有碕（异体字埼）："碕，曲岸，或作埼。"在《广韵》，渠希切："碕"，同"碕：曲岸"，福州音读［₅kie］，应该就是这个碕，或可写为埼、碕。同样的音义在厦门就写为"崎"，著名的高集海堤的一端就是厦门岛的"高崎"，音［₅kia］，和福州音［₅kie］相对应。此外，在客家方言地区还有把上声的"崎"也写为"岐"的。福建省永定县和广东省五华县都有岐岭，惠来县有岐石，这些"岐"都不在水边，而是山地，应是上声的"崎"。《集韵》巨骑切："崎：岿崎，山貌。"闽南话陡坡也叫"崎"，泉州音［ᵉka］，厦门音［kia²］，平和县有崎岭，南安县有南山崎，都写为"崎"，和《集韵》所注音义相符。可见，同是"岐"的写法，又有两种读音、三种含义。据文改会汉字处统计资料，福建境内共有带"岐"字的地名 413 处，广东省内有 126 处，应该都是后面的两种"岐"。

地名中的同形异名和同名异形

　　有些地名的通名用字在不同的地方读音和含义不一样，实际上是不同的语素，把不同的地名音义写为相同的字，这是同形异名；反之，有些同样意思的地名语素在不同的地方则写为不同的字，这是同名异形。这种情形在地名的通名中并不少见。如果说前者是"貌合神离"的话，后者则是"形异实同"。研究地名一定要注意考察其中的异同，判明所用的字和通名音义的真正关系，才不会把不同的地名语素误为一体，或把相同的语素派为别流。这里各举数例加以分析。

一、 同形异名

　　同形异名又可分为两种，一是音义俱异、字形相同的语素，一是音同义异的同音（多义）语素。

（一）同形语素

　　上文第四章"地名中的异读音"所列举的"埔、圩、堡"就属于这种情形，即本属于不同音义的地理通名写成了相同的汉字。

　　除此之外，还可举一个常见的通名：

　　坝　西南一带称山间平地为坝子，许多坝子里建起的村落就以"坝"为通名。俗称"地无三尺平"的贵州省，其实还是有许多大大小小的坝子的，平坝县就是因为地势较平、坝子多而得名。全县许多居民点都以"坝"命名。据《平坝县地名录》，单是朝田乡35个自然村中就有8处叫"坝"：坝头、秦家坝、猫坝、大湖坝、小湖坝、后坝、蒙坝、罗家坝。《集韵》必驾切："坝，平川谓之坝。"这是"坝"字音义的本字。和坝同音的另有一个"壩"，《集韵》注："堰也。"是拦河堵水的建筑物。南方（包括西南）把筑坝处的村落称为"壩"，后来"壩"也简化为"坝"，这些地名书写时就和坝子的"坝"没有区别了。例如湖南省靖县有响水坝、龙山坝、水田坝，广东省紫金县有中坝，翁源县有坝子，至于红都瑞金的沙洲坝更是大家所熟悉的了。

　　这些同形语素本来是不同的方言词，或由于不同地方俗写相混（夫、沛写同埔，围、墟写同圩，堡、铺写同堡），或由于简化汉字同音替代（壩简化为坝)，于是成了同形异名。

（二）同音语素

这里说的音同义异的地名，通名中此类语素较少，但更应该引起重视。常见的例子如：

洋　"洋"本来是水（河流）名，《说文》洋："水。出齐临朐高山，东北入钜定。"今河北省张家口市流入官厅水库的北源就是东洋河、南洋河汇成的洋河。后来，"洋"引申为海域名，《广韵》与章切："洋：水流貌，又海名。"深海处不少称"洋"的，钱塘江口有王盘洋，舟山群岛附近有黄泽洋、黄大洋、灰鳖洋，霞浦县三沙湾内有东吾洋，马祖列岛西部有竿塘洋，珠江口有伶仃洋，属于我国的南海海域，古称七洲洋。同时，"洋"很早就引申为"广大貌"了，《诗经·大雅·大明》有"牧野洋洋，檀车煌煌"，毛传："洋洋：广也。"正是从这个意义出发，南方许多地方凡大片平地都用"洋"作为通名。闽方言里还把大片的水田称为"洋田"或"田洋"。在福建省，下洋、湖洋、官洋、洋口、洋中、洋头、洋下、茶洋、杉洋之类地名到处可见。全省单是前字为"洋"的较大自然村就有三百多个。江西省的黄洋界，广东省兴宁县的坪洋，五华县的棉洋，潮安县的浮洋，陆丰县的陵洋、后洋等也都是这类地名的例子。

岐　岐是古地名用字。《广韵》巨支切："岐，山名，亦州。春秋及战国时为秦都，汉为右扶风，魏置雍城镇，又改为岐州，因山而名。"这就是现今陕西省宝鸡市岐山脚下的岐山县，这是地名中"岐"的本字。在闽浙沿海地区，也有不少带"岐"字的地名，如浙江省乐清县有蒲岐，普陀县有虾岐岛；福建省福鼎县有前岐，福安县有赛岐，连江县有黄岐，福州地区有魁岐、琅岐、竹岐、新岐。这一带的"岐"实际上是"岐"的同音字"碕"。《集韵》渠羁切有"岐"，又有碕（异体字埼）："碕，曲岸，或作埼。"在《广韵》，渠希切："碕"，同"崎，曲岸"，福州音读［ｋie］，应该就是这个碕，或可写为埼、崎。同样的音义在厦门就写为"崎"，著名的高集海堤的一端就是厦门岛的"高崎"，音［ｋia］，和福州音［ｋie］相应。此外，在客家方言地区还有把上声的"崎"也写为"岐"的。福建省永定县和广东省五华县都有岐岭，惠来县有岐石，这些"岐"都不在水边，而是山地，应是上声的"崎"。《集韵》巨骑切："崎：嶢崎，山貌。"闽南话陡坡也叫"崎"，泉州音［ka］，厦门音［kia²］，平和县有崎岭，南安县有南山崎，都写为"崎"，和《集韵》所注音义相符。可见，同是"岐"的写法，又有两种读音、三种含义。据文改会汉字处统计资料，福建境内共有带"岐"字的地名413处，广东省内有126处，应该都是后面的两种"崎"。

　　塅　这是闽粤地区和台湾岛上常见的地名用字。据文改会汉字处统计资料，福建省带"塅"字的地名有951处，广东省有116处。在闽方言地区，"塅"是边缘的意思。口语中还有"海塅、溪塅、田塅、床塅、桌塅"的说法，福州音[ˌkieŋ]，厦门音[ˌkĩ]，从下列地名用例也可以看出它的含义：莆田县大营乡有塘边塅，庄边乡有柿树塅，飞鸾乡有溪塅厝，广东省海丰县有田塅村。这个"塅"未见于古书，是闽语区所造的俗字。从它的音义说，和"舷"字是相关相应的。舷，《广韵》胡田切："船舷。"船舷就是船的边缘，苏轼《赤壁赋》"扣舷而歌之"，也是这个意思。在福建西部的客赣方言地区，"塅"引申为山边梯田的意思，一排一排的梯田就叫"田塅"。多数写为"塅"，少数写作"塝""圫"。例如明溪县有城关镇的黄泥塅、肥猪塅，夏坊乡的梨子塅，盖洋乡的伯公塅、梨树塅，瀚仙乡的大塅上，沙溪乡的横塅，胡坊乡的黄泥塅；泰宁县有大田乡的好圫，杉城镇的圫尾。

　　同音语素的同形异名和同形语素略有区别，这种同形异名在语音上是相对应的，字义上有引申关系。如洋、湖就从水域引申为陆地，"塅"则自一般边缘引申为专指山边梯田。崎写为岐可能是为了简化。

二、同名异形

　　同名异形比同形异名更为常见，大体上可以归纳为四种类型：因方音不同而异写，因古今字或简化字而异写，因词源不明而异写，因雅化而异写。举例说明如下：

（一）因音异写

　　墩、当、垱、坨　这是闽粤地区常见的通名，闽方言和客家方言都能单说。一般都写成"墩"。例如广东省大埔县有上墩，梅县有墩上，和平县有贝墩，翁源县有墩头；福建省云霄县有墩头、大墩，漳浦县有墩上、墩柄，龙岩县有楼墩、上南墩。然而由于方音的差异又有当、垱、坨的写法。在闽东、闽北方言，臻摄合口一等字和宕摄开口一等字可能读为同音的[ˌtɔŋ]，所以写为当、垱。福清县的烟墩山是戚继光平倭时的联防设施，有的写为"炎当山"，武夷山区的崇安县有47处带"墩"字的地名（如洋墩、乌墩）都写为"垱"。"垱"是北方方言的"小土堤"，音dàng，也有用作地名的，如湖北省枣阳县有杨垱，大冶市有胡垱、冯家垱，黄石市有张家垱、构皮垱，这些"垱"和"墩"不是一回事。在莆田县"墩"读为[ₔtue]，当地俗写为"坨"，据说莆田县有99个带"坨"的地名。"坨"见于《集韵》余支切，注："地名。"但字音相去甚远，并非本字。

厝、朱、珠、处 "厝"是闽方言通行最广的方言俗字，意思是"家"或"房子"，据文改会汉字处统计资料，福建省带"厝"字地名有3643处。张厝、李厝、新厝、厝边之类地名分布甚广，一般都写为"厝"。但在闽东地区，由于放在后音节读轻声，声母弱化，音近于"朱"，于是有的就写成"朱"或"珠"。例如长乐县潭头乡有曹朱，福州市环城区有柯朱、林朱、莫朱、萧朱、李朱，郊区有林朱、彭朱等。在闽北的浦城县则写为同音字"处"，例如官路乡有毛处、李处，管厝乡有柴处，莲塘乡有吕处坞，等等。

礁、哆、硰 "礁"在闽南话和莆仙话里白读音为[ₔta][ₔto]，闽南不分文白读仍写为"礁"，如厦门市郊的海沧区有白礁，是闽南和台湾地方神祇，宋代赤脚医生吴夲的家乡，吴夲因医术、医德甚好，民间建庙祀为"吴真人、吴公真仙、大道公"。而在莆田市则写为俗字"硰"或"哆"。例如，平海乡有牛硰、猪母硰、线硰、顶硰，埭头乡有鞋硰、浮硰、北硰、南硰、赤硰，湄洲乡有上门硰、下门硰、鱼硰，等等。

至于专名中的方音异写就更多了。只举两例：福州音"树"文读为[søy²]，白读为[tsʻieu²]，声韵调均不相同，于是另造了俗字"槼"。福州火车站不远处有"槼兜"村。"槼"由于编入福州话韵书《戚林八音》，所以在闽东地区流行很广，据文改会资料，这一带带"槼"字的地名就有74处。又，福建省自宋元以来一直有精美瓷器出口，各地都有一些古瓷窑遗址，不少村落以瓷窑、瓷灶、瓷厂命名，闽方言瓷不说瓷，福州音[ₔhai]与"孩"同音，因而俗写作"硋"；建阳音[ₔho]与"回"同音，俗写为"坰""砎""回"；厦门音[ₔhui]，没有同音字，常写为"磁"。根据各地读音类推，这个字可能是蟹摄合口一等灰韵母平声字"盍"。《集韵》胡隈切："盍，小瓯。"因本字生僻，各地就方音各造形声字或寻找同音字，或写为训读字。"硋窑"村的分布很能说明早期福建各地瓷业生产的繁荣。

（二）同形异写

埠、步 埠是后起的字，未见于古字书。据《古今字音对照手册》所注："埠字古作步。柳宗元《永州铁炉步志》云：'江之浒，凡舟可縻而上下者曰步。'"水旁的村庄设有大小码头，有的就用"埠"或"步"作为通名。在北方和江浙皖赣，通常写为"埠"，例如：湖北省枣阳县有埠口，监利县有余家埠；安徽省庐江县有牛埠，东至县有坦埠；江苏省六合县有瓜步；浙江省诸暨县有直埠，临安县有麻东埠，兰溪县有游埠，开化县有华埠；江西省婺源县有铜埠，余干县有江家埠、黄金埠，丰城县有拖船埠、秀才埠，万载县有潭埠，安义县有万家埠，资溪县有高埠。在闽粤桂各省常写成"步"，例如：福建省周宁县有七步，罗源县有起步，龙岩县有捷步；广东省花县有炭步，罗定县有船步，郁南县有深水步（在香港写为深水埗），广州郊区有盐步，高要县有禄步，东莞县有寮步；广西省贺县有八步、步头，桂平县有社步，隆林县有革步。

陂、坡、埤　"陂"指拦河坝或池塘，在客家方言里指拦河水坝，是人工水利设施。这个通名在闽粤赣较为多见，多数写为"陂"，例如广东省大埔县有高陂，兴宁县有沥陂、黄陂，梅县有东陂，博罗县有麻陂，龙川县有甘陂口；江西省信丰县有古陂，广昌县有黄陂、头陂，乐安县有黄陂、东陂；福建省诏安县有官陂、南陂、北陂、泗华陂，永定县有高陂、西陂、罗陂，明溪县有姜陂、大陂、王陂，龙岩县有西陂，莆田县内因有 900 年前所建木兰陂水利工程，全县各地有数十个陂。在福建省的一些地方有时写作"坡"，上杭县西陂、吴陂、深陂、苏家陂的陂均可换写为坡，读音则是［ₑpi］（坡还有读为［ₑpʻo］的）；在沙县，一概写为"坡"，如城关镇有东坡，夏茂镇有坡下、坡角，高桥乡有新坡，郑墩乡有坡下，梨树乡有黄坡下、坡后，南阳乡有坡头，南坑子乡有蒋坡，都读为［ₑpue］（坡则读［ₑpʻo］）。按："陂"与"坡"古时相通，是一对异体字。《说文》："陂，阪也，一曰池也。""阪，坡者曰阪。"后来坡和陂才有了分工。坡、陂的异写反映的是唐宋间的情形。带"陂"字通名的分布反映了南方丘陵地早期兴修水利建拦河坝的史实。又，在台湾省旧时写为陂，现在统一写为俗字"埤"。例如彰化县埤头乡原写为陂头，云林县有大埤乡，还有大埤头、顶埤头、下埤头村，高雄市凤山镇过埤里旧称过陂仔，屏东县有新埤镇。"埤"，《广韵》符支切："增也。"音义均与"陂"无关。"埤"是台湾"陂"的俗写。

澳、奥、岙、沃　"澳"是海边的曲岸，是东南沿海常见的通名。在浙江多写为岙，在闽东写为澳、岙、奥、沃，在闽南及台湾写为澳、沃，在广东则写为澳。例如：浙江省象山县有崔家岙，洞头县有黄大岙，黄岩县有雀儿岙，奉化县有松岙，岱山县有岛斗岙；福建省福鼎县有水岙、岙腰、岙口、日岙、西岙、彩岙内，宁德县有沙澳、网（俗写为绠）澳、前澳、青澳、东澳、澳内、中岙、加仔岙、岙村，霞浦县有文澳、武澳、溪奥、水澳，平潭县有苏澳、大沃，厦门市有澳头、东沃、内厝澳，金门县有官沃，漳浦县有将军澳，澎湖县有赤崁澳、吉贝澳、水垵澳、网垵澳；广东省有南澳县，惠阳县有澳头。澳是本字。《说文》："澳，隈崖也，其内曰澳，其外曰隈。""隈，水曲陕也。""陕，水曲隈也。"《毛诗》有"瞻彼淇奥"句，注："奥，隈也。"可见"澳、陕"是异体字，"奥"是假借字，"嶴"则是未见于古字书的俗字，沃则是新造字。在浙江省内陆也有"嶴"的地名，指山间平地，例如乐清县有章嶴寨，新昌县有儒嶴，这可能是从沿海地名引申而来的。

甽、圳　"圳"是沟渠的通名，南方见得多，这是已经通行的俗字，未见于古字书。广东省除著名的深圳外，较大的村落有蕉岭县的三圳，全省带圳字的地名据统计有 434 处。此外，江西省贵溪县和湖南省新化县都有圳上，福建省莆田县有东圳水库。在浙江省有时写为"甽"，例如，宁海县有深甽。按："甽"见于《集韵》朱闰切："甽，沟也。"应为本字，圳是甽的简化俗字。

（三）因源异写

所谓因源异写是由于词源不明，无本字可写，各地就按自己的读音另造俗字。这里举几个壮语地名用字以作说明。

那、拿、乭　壮语、布依语"田地"说 na，许多壮语地名就以 na 作通名，写成汉字的"那"（有的在"那"下加个"田"）。带"那"的地名在两广最常见。"那"是通名，按壮侗语构词法，通名在前，专名在后。在广西，南宁附近就有那龙、那隆、那桐、那东、那楼，桂西有那坡县，《中华人民共和国分省地图集》所收"那"字在前的地名就有 20 处。在广东省的雷州半岛也很常见。例如海康县有那双、那宛、那尾、那澳、那仃，徐闻县有那练、那楼、那利、那屯、那宋、那朗。在闽赣两省有写为"拿、乭"的。如井冈山地区黄洋界附近就有拿山乡，福建省邵武市有拿口溪，沿溪有拿口、拿上、拿下等村镇，附近还有建阳县的拿坑、拿厝，在武夷山区的崇安县有青山拿、大拿，本来都写为"乭"，在闽北，已经按汉语习惯，通名置后了。从"那、拿、乭"的分布可以考察古时壮族居住的地域。

淊、湳、坔　壮语的 nam（有的方言读 lɔm）可用作名词"烂泥"或动词"陷入烂泥"。闽南方言中也有［lam˧］［lɔm˧］的说法，意思同此，口语里还有"淊田""深田淊"的说法（指烂泥田）。带淊字的地名在漳州地区多见。例如南靖县山城镇有后淊底村、淊公山，靖城乡有淊顶水库，金山村有水车淊村、淊仔底山，华安县新圩乡有淊尾村，龙海县榜山乡有加淊坑村，东泗乡有崙山底水库，云霄县后埔乡有崙坪村，和平农场有后崙村，平和县小溪镇有垄里村。在台湾省和广东省常写为"湳"。例如台湾省高雄市乌松乡有垄埔村，云林县古坑乡有湳仔村，西帽镇有丁湳里、下湳里，南投县名间乡有南雅村，俗称"湳仔"，彰化县溪湖镇有湳底里，永靖乡有湳港、湳墘，社头乡有湳底村、湳仔庄，海南岛万宁县有小湳坪村。据文改会汉字处统计资料，广东省境内共有带湳字地名8处。"崙、湳、垄"均见于闽南漳州话韵书《十五音》，其注文："垄：泥水深也""崙：田崙""湳：地名"，三个字都在甘部阴去调、柳母，正是今音的[lam²]。

寮、藔、橑、簝、芀 这也是壮侗语的地名用字，读音为 lau，意思是简易的棚子。在闽方言、粤方言、客家方言同一个意思都有[ₗliau]的说法，通常写为"寮"，各地还有"寮、藔、橑、簝"等写法。在《中华人民共和国分省地图集》所收较大的地名中就有广东省大埔县的湖寮，海康县的新寮岛、排寮、林宅寮，东莞县的寮步，廉江县的和寮。香港有薄寮洲。台湾省有台北的火烧寮、屏东县的枋寮、台南市的南寮。《台湾通志》中所录带"寮""藔"字的地名就更多了，例如台北市就有藤藔坑、漳州寮、更寮村、忠寮里、打铁寮、田寮洋、金瓜寮、贡寮乡、新寮、番薯寮、橛仔寮，等等。在福建省仅闽南和闽西37个县市的统计，带寮（或橑）字的地名就有368处。据文改会汉字处统计资料，广东省单是简写为"芀"的地名就有115处。按：《广韵》落萧切有"簝"字，是"僚"的异体字，注："同官为僚。"音合意不合；至于"橑"，《说文》也有，卢浩切，"橑，橼也"；"簝"见于《说文》："周垣也。"可见这些地名用字都和古书上的音义不相符合。

（四）因义异写

有些地名除口语俗名之外还另有书面的雅名，书面的雅名往往用谐音的办法另找一个文雅、吉利的字眼来写。这种异写可以称为因义异写。一般说来，不论雅化为何字，雅名仅用于书面，口语里该怎么说还怎么说。俗名里的同一个字在书面上雅化为何字，这就因地而异了。试举数例说明。

窑、瑶、碴、摇 窑是闽台两省常见的通名，在福建省的莆田县全部雅化为"瑶"，例如黄石乡窑兜写为瑶台，东峤乡窑厝写为瑶厝，新县乡下窑写为下瑶；同样是"瓷窑"的意思，福清县写为海瑶，周宁县写为矽瑶，建阳县写为坰摇，永安县写为回瑶，三明市写为珈瑶，云霄县写为磁碴，龙海县写为扶摇，台湾南投县竹山镇则写为"碉碴"。（"窑"的这些异写除因雅化之外还有形旁相同类推法所造成的异写）。

屿、仕、书　仍以闽台地名为例，"屿"在沿海各地大都仍写为"屿"，例如金门县有屿内，厦门市有嵩屿、火烧屿、鼓浪屿，龙海县有屿仔尾、下屿、鸡屿，而两处"屿兜"，则经雅化，在莲花乡写为"仕兜"，在步文乡写为"书都"。

下、霞、华、夏、厦、杏　方位词"下"是各地都很常见的地名用字。在闽台地区经常雅化，雅化后的写法就各不相同了。例如同是"下村"，在明溪县枫溪乡、沙县南坑子乡和莆田县城郊乡写为霞村，在明溪县夏阳乡写为杏村；同是"下洋"，在永定县仍写下洋，在明溪县写夏阳，在大田县均溪乡写霞洋，在尤溪县中仙乡写华阳；同是"下尾"，在龙海县步文乡写霞美，在南安县蓬华乡写华美。台湾省南投县名间乡把下新厝雅化为"厦新村"，屏东县万丹乡把下蚶村雅化为"厦南村"，台北市则把下崁里雅化为"厦崁里"。

塘、长、崇　"塘北"的地名到处可见。在福建省龙海县就有三个塘北村，九湖乡的雅化为"长福"，榜山乡的雅化为"崇福"，步文乡的保留"塘北"的写法，这类雅化起了分化同音地名的作用。

同名异形和同形异名给我们了解地名的实际音义、弄清它们的来历及其相互关系造成了不少困难；然而经过对形音义的调查和分析，理清了它们之间的同异之后，这些材料又成了十分有价值的凭证。它们不但可以帮助我们理解地名的来历和地理环境、历史背景的关系，认识地名形音义在发展过程中的复杂关系，而且对我们认识这些地方的语言文字的演变规律，认识这些地方的自然环境和社会生活的演变过程也具有重要的意义。

在实际工作中，分清同形异名和同名异形的地名，还可以使我们把地名的标准化和语言文字的规范化工作做得更好。诚然，由于地名具有稳定性，一旦形成习惯之后不能轻易地改动，同形异名一般并不需要分化，同名异形也不必统一；然而有关的通名实际音义只要是经过科学分析的，就必须记录在案，保留在地名档案之中，编纂地名词典、地名志时则须加以必要说明。而有些小地名，字形尚未定型的，明显由于随意简化而造成混乱的，则必须加以规范化处理。例如许多地方乱造简化字，"圹"有时表示"塘"，有时代替"壙"，有时又是"广"的俗字。这个"广"不是"广大"的"广"，是本字。《说文》广："因厂为屋也。"（段注："厂各本作广，误，今正。厂者，山石之崖岩，因之为屋，是曰广。《广韵》琰、俨二韵及《昌黎集》注皆作'因岩'，可证。'因岩'即'因厂'也。"）"广，鱼俭切"，今闽北方言音[ˊȵian]，指山石突出部，下有可挡雨日之洞穴者，音义均合，俗写作"圹"。显然，把"塘"简写为"圹"是必须改正的，至于本字"广"及其俗写"圹"，由于和简化字相混也必须加以处理（或作多音字处理，或用同音字另代），有些同形异名的通名用字已有的注音不合方言实际，这也是在字音规范时必须重新考虑的。例如"埔"现有注音，黄埔读 pǔ，大埔读 bù，其实都和当地方音不成对应，按方音折合标准音，大埔应读 pū，黄埔应读 bù，而福建省东山县新城关的西埔则应读 bū。在同名异形的地名字中，凡是流传不广尚未定型的也可以并且应该在地名标准化过程中加以整理，确定规范化的字形。例如用"寮"作为规范写法，"簝、簝、簝"等异写都可以予以淘汰。至于"窑"的各种异写，除了雅化的"瑶、摇"已经通行的外，其他异写也是可以取消的。"墩"的写法比较普遍，"当、垱"等写法容易引起混淆，也可以加以规范。在各地地名普查的基础上，经过周密的调查研究，制定出一些地名注音定形的原则并对现有的常用地名通名作一番规范化处理，看来是必要的，也是办得到的。

（原载《地名知识》1986 年第 8 期，收入本书时有改动）

附记：本文材料取自：《中华人民共和国分省地图集》（1974 年版）；《福建省地图册》（1982 年版）；《台湾省通志》（1970 年版）；湖北省大冶市、黄石市，贵州省平坝县地名录，以及福建省有关县分的地名录、《广东省地区图》，后两项均为内部材料。

第五章 汉语地名的命名法

一、命名法是地名学的重要研究课题

1. 语词的命名法

关于语词与它所标志的事物和概念的关系，历来是语言学家和哲学家所关心的问题。马克思在研究资本论的时候发现，在各种货币的名称上，"价值关系所有的痕迹都消灭了"，他于是指出："物的名称，对于物的性质，全然是外在的。"① 英国的哲学家洛克在《人类理解论》里写道："语言所以能标志各种观念，并非因为特殊的音节、分明的声音和一些观念之间有一种自然的联络，因为若是如此，则一切人的语言只有一种。"②

语言的音义之间是没有必然联系的。任何语言里最初的一批语词大多是语音和语义的偶然的、任意的组合，对于这一点，人们的认识是一致的。然而在有了一批最基本的语词之后，往往由旧词或派生或联合而造出新词，这又是许多语言的历史证实了的。例如"江"何以叫江是无法论证的，但是江口、江头、江滨、长江、珠江是由"江"和其他的语素组成的，是人们运用已有的概念进行新的思维而获得的一种新的认识。

音义偶合的阶段是漫长的原始人的蒙昧时期。可以想象，任何一个音义的偶然组合都要经过无数次重复，然后才能形成一种社会的约定。那时候的语言，语词一定十分贫乏，而且很不稳定，因为还没有形成一定的命名法。

当有了一批最基本的语词之后，人类已经有了明确的抽象思维，在用旧词构造新词的时期，新语词的产生便有了"命名法"。

---

① 马克思：《资本论》（第二卷），北京：人民出版社，1953 年，第 89－93 页。
② 洛克著，关文运译：《人类理解论》（下），北京：商务印书馆，1981 年，第 386 页。

在讨论语词的命名法时，关于专名和通名孰先孰后，有两种对立的观点。德国哲学家莱布尼茨认为，"那些专名的起源通常本是通称，即一般名词"①；而洛克则认为人们所创造的名称总是从具体的特指而发展到抽象的泛指。看来，他们说的可能是两个不同历史时期的情形。在原始阶段，人类的认识多半是具体的、个别的，例如，有各种雨、各种冰的名称，却没有雨和冰的类名。而到了用一定的命名法构成新词时，专名便是以已有的通名为基础创造的。我国的长江在汉代的《说文解字》里还称为"江"，到了《水经》始称"大江"，六朝之后则有"长江"之称，"江"也从专名变为通名。而大江、长江以及更后的扬子江的专名的构成，却又是用了已经变成通名的"江"来构词的。

为各种事物和概念命名，是人类认识客观世界和主观世界的过程，也是这种认识活动的成果。人类认识世界，固然首先受到对象的制约，即人们从客观事物得到某种具体的感受；但同时也受到主观心理活动的驱动，即人们根据各种感性认识所作的综合和分析、假设和推理，从而得出了结论。任何语言里的基本词汇都是早在远古时代就形成了的，而人类对客观世界有了科学的认识，则是很久以后的事，因此，许多语词所反映的概念并不能科学地反映客观事物的本质。例如古人总认为"心之官则思"，于是有"心想、心野、粗心、好心、狠心"等说法，其实掌管人的思维活动的是人脑。命名法不合科学的语词比比皆是。鲸鱼是哺乳类，鳄鱼是爬行类，二者都不是鱼类却称为鱼；铅笔不是铅做的，冷血动物的血并不冷而是随外界气温而变化……

为事物和概念命名是一种社会现象，是一个社会群体的集体创作。开始时可能有某个先知者倡导，但必须在社会生活中流通、普及，为大多数人所认可，然后才能进入全社会通用的词库。

2. 地名命名法的特点

地名作为专名的一种，用来作为单一事物（地域）的指称。和一般语词相比较，地名是具体的、个体的，一般语词是抽象的、类别的。例如"山"是指一切高低大小不同、植被不同的山，是抽象的概念；泰山、黄山、衡山则是一座座特定的具体的山。

人名也是专名。和人名相比，地名的命名法更多地取决于人们所感受到的客观的情状，而不像人名那样更多地受命名者主观意图所制约，因为初生婴儿

① 莱布尼茨著，陈修斋译：《人类理智新论》，北京：商务印书馆，1982年，第311页。

几乎看不出有什么区别。不论是阿猫、阿狗，或是金枝、玉叶，水生、火生，招弟、栓柱，都与初生儿的特征没有任何关系。而地名就不同了，除了那些后起的年号地名、序号地名和寓托性地名之外，早期出现的地名，大多是反映了人们对该地有关自然或社会特征的认识和分类。换言之，地名的命名法固然也有某些主观意念的因素（后期尤其如此），但总是体现着更多的客观依据。

一般语词是社会约定的，专有名词在这一点上也有不同。人名是长辈拟定的，当然经过后来用开了才定型，有时在使用中还会有变化，但大体上是先定的。地名的情况则介于二者之间，大部分地名是社会约定的，少部分地名则是少数人指定的。从这一点来分，地名可以分为民间地名和官方地名两大类。民间地名更多的是反映客观特征的描述性地名和记叙性地名；官方地名则有更多与实地特征无关的寓托性地名。这里说的官方地名是官方新命名或改易过的新名，如果官方颁布的地名系统都能充分地尊重民间地名的习惯而沿用之，当然另当别论。

3. 命名意义和命名法的研究价值

上一章我们曾讨论过，地名的命名意义并非地名的词义，那么，为什么地名的命名意义和命名法又值得研究呢？

不论是采用何种命名法命名，地名总是反映了当时的人们对于该地域的某种认识、某种感情或某种期望。几百年、几千年过去了，这便成了十分难得的记录，让后人知道许多该地在命名时代所发生的故事。因此，历来的史学家对于众多地名的"得名之由"十分重视，作过许多记录和考证。尤其是在历史悠久、地名史料丰富的中国，它一直是历史地理学所关注的课题。

自然环境的变迁固然不像社会生活的变动那么明显，但是如果以世纪为单位来考察，也可以发现许多差异。试举几个例子：

远在没有文字的时代，地名就在人们口语中世代相传了。史前时代的许多"沧海桑田"的事实，有的还可以从今天的地名中找到线索。

福建沿海曾经历过几次海侵时期，有些陆地因此变成海湾；由于地壳上升和河沙冲积，一些海湾变成陆地，原来海里的小岛则成了陆上的小丘。在龙海县的九龙江冲积平原上，莲花公社山后大队的仕兜村和步文公社后店大队的书都村，口语都说成"屿兜"，屿兜是小岛附近的意思。仕兜附近有龙头山，离书都不远有东后山，当这两个"屿兜"还在水底的时候，这两座小山不也正是海中的小岛吗？

在台湾，第三纪和第四纪曾经多次爆发火山，形成了许多火山岩。现在台湾的地名还有反映这一地理事实的。台北淡水河旁大屯山上的"天池",就是昔日的喷火口积水而成的湖;台东县的兰屿有红头山,绿岛有火烧山,"红头"和"火烧"应该就是那里的先民对火山活动的描写。

陕西曾是中华民族的经济文化中心。据史念海教授统计,古今大约500个陕西县名中有108个是因水命名的(如延川、洛川、清涧、白河、泾阳、渭南、甘泉、礼泉等等)。① 汉唐时代,古都长安一带曾是水源充足、植被繁盛的地方。《史记·货殖列传》说:"关中之地,于天下三分之一,而人众不过人什三,然量其富,什居其六。"唐诗中关于咸阳古道、曲江柳也不知有多少吟咏,而今黄河上游地区却成了严重的干旱地区了。这其中体现了多少破坏自然植被的历史教训!

社会历史的变迁也在地名中留下许多宝贵的记录。

河南洛阳附近的登封县有"五城岗"地名,1977年考古人员以此为线索,在那里发掘过夏代文物。福建崇安县(今改称武夷山市)有名为"城村"的村子,村口还竖着"古粤"石牌坊,凭这两条,考古工作者在那里发掘了一个埋在地下的两千多年前的城堡。闽北各县有许多"越王台、越王山、越王城"的传说和记载,真正得到考古证实的,这是第一处。这都是地名提供考古线索的例子。

北宋郏亶作《苏州治水六失六得及治田利害七论》说道:"古者人户各有田舍,在田圩之中浸以为家,欲其行舟之便,乃凿其圩岸以为小泾、小浜,即臣昨来所陈某家泾、某家浜之类是也。"可见,长江三角洲的"泾、浜"所记录的是一千年前的历史事实。山西的闻喜是汉代元鼎六年(公元前111年)武帝在此闻兵破南越时"龙心"大喜,因而得名;河南偃师县相传是因周武王伐纣在那里"偃师"(停兵)而得名。这是地名记录具体史实的例子。

浩如烟海的地名不仅记录了自然和社会历史,而且展示了不同地域和不同时代的文化,表现了历史上的民族迁徙和民族融合,寓存着许多生动的民间传说和神话……说地名是历史的百科全书,并不过分。

然而地名的命名意义未必都可以"望文生义",有时要经过一定的考察或论证,弄清其命名法,才能了解真正的"命名之由"。例如同样带有金字,河北省遵化县金山峪沟是因矿产命名,那里的确有过金矿;广东韶关的金鸡岭之上有岩石如金鸡独立,是因地形命名;北京房山县的金陵是金代太祖至宣宗各

---

① 史念海:《以陕西省为例探索古今县的命名的某些规律》,《中国历史地理论丛》(第二辑),西安:陕西人民出版社,1985年,第145－210页。

帝王的陵墓所在；杭州西湖一名金牛湖，是据传说命名的（相传湖中有金牛，遇圣明即现）；若有金家屯，则因姓氏命名。闽南的金门、金井，镇江的金山等可能和以上各种"金"字的含义都没有关系，只是一种美好的憧憬罢了。

由此可见，地名的命名意义和命名法都很有必要研究，而且应该把这两项研究结合起来。

二、汉语地名命名法分类

除了远古时代那些音义偶然结合的任意性地名（是否完全任意，由于时代久远，我们也无从得知了）之外，进入文明时代以来的汉语地名的命名法大致可以分为三大类[1]：

（一）描述性地名

叙述或描述地理特征的地名，称为描述性地名，在所有地名中，这类地名最为常见。人们在描述地理特征时，有三种常见的着眼点，因而描述性地名又可分为三个小类。

1. 表示地理位置的

有的地名指明该地域的方位。例如河南、河北指的是和黄河的方位关系，山东、山西是依太行山脉定位的。带"阴"的地名表示山之北、水之南，如华阴在华山之北，淮阴在淮河之南；带"阳"的地名表示山之南、水之北，如衡阳在衡山之南，洛阳在洛河之北。各地的小村落如山前、岭后、水南、溪东、江口、前村、后城、田心、中亭、寨上、塔下、临丘、外滩、湾边等也属于这类方位地名。

有的地名标明地域的距离或高度。北方城乡有许多十里铺、七里营、八里庄、三里河、五里店；山区有五里坡、千里岗、百丈礤，福建南平有座山叫"三千六百坎"；海滨有八尺门、千里长沙、万里石塘（南沙群岛）；军事地图上有八四七高地，这都是因实际的或夸张了的距离和高度而命名的。高度也是一种距离（上下的距离），这类地名可称为距离地名。

有的地名通过编排一定的序列来表示相互间的方位关系。数字、天干、地支、十二生肖都可以用来排序列，例如北京西城有四道口、五道口；长江下游

---

[1]　李如龙：《地名的分类》，《地名知识》，1985年第3期，第41-48页。

有六圩、七圩……十一圩；贵州有羊场、猴场、鸡街、狗街。

2. 描述自然景观的

这类地名中较多的是地形和自然地物的描述。十万大山、十八盘、九曲溪、万泉河、长岛、丁字港、三角街、三叉街、双溪口是地形的记述。五指山、奶头山、鸡髻山、日月潭、眼镜湖、花瓶屿、象鼻山等是地形的描写。五棵松、槐树庄、樟树、石柱、石林、榆树沟等是自然地物或植被的记录。

土壤和水文的特点也常常是命名的依据。地名描述土壤、水文特点时，或从视觉辨其色泽，或从触觉辨其凉热，对水流还有分清浊、辨深浅、别快慢等角度。白水、白沙、黑山、香山、赤石、黄土岭、黄泥岗、响水河等就是这类地名。福建地跨中、南亚热带，红壤化作用普遍存在，红色风化层分布很广，加上红色岩层，各地都有许多带"红、紫、丹"的地名。常年积雪的地方有长白山、玉山，四季常青的地方有青山、青城。河流名称中像深湾、淡水、紧水渡、清水河、冷水滩、赤水河等的也不少见。

气候和景色也是描述自然景观的内容。贵阳素称"天无三日晴"，重庆别称雾都，雷州多雷，恒春不知有冬季，这都是大家所熟悉的。流沙河、浊水溪、松花江是对水域的形容；黄花岗、白云山、戴云山、雾峰、霞云岭、风动石、一线天等则是对山间景色的记录和描写。

3. 说明自然资源的

象洞、鹤山、虎山、猕猴岛、鸳鸯溪是说明动物资源的，更多的是以植物资源命名，例如杉洋、杉岭、松山、松源、柘林、桂林、桐柏山、栗木、枫林等等。陈正祥博士曾统计过，台湾带"鹿"字地名有59处，说明那儿早年有不少野鹿。[1]

地下矿藏一旦被发现之后也常常用作命名根据。台北基隆山有金瓜石、金山里，附近确实出产黄金；铜陵、铜山产铜；铁山、铁岭藏铁，少有例外。黄石西南有狮子山、象鼻山、尖山，统称铁山，多蕴铁矿石，附近有铁门槛、铁山铺、铁山塞等地名，那里至今还是武钢的"粮仓"。唐山的许多矿产地名也都是确实蕴藏过、开采过矿物的，如煤河、开滦煤矿、铁城坎、铁庄子、金厂峪、前金庄、银子山、银子峪、银城铺等。[2]

① 陈正祥：《中国文化地理》，北京：生活·读书·新知三联书店，1983年，第225页。
② 曹淑梅：《唐山的矿产地名》，《地名知识》，1990年第4期，第37–38页。

（二）记叙性地名

和描述性地名并列的是记叙性地名，即反映人文地理特征的地名。这类地名大致可以分为三个小类。

1. 叙述文化景观的

人类利用自然、改造自然所创造的景观称为文化景观。依据各种人工建筑和设施命名的地名都属于文化景观地名。宝塔山上有塔，凉水井村中有井，圆明园路绕着圆明园走，三家巷、九间排是命名时胡同里的建筑物情况，还有常见的村名石灰窑、碗窑、瓦窑堡、龙王庙、瓦厂等，都是叙述人工建筑的地物的。带"墟、店、集、市"的地名如新墟、牛墟、符离集、刘家集、灯市口、打铁铺、洗银营、打锡巷是叙述手工业设施的。明代已经出名的漳州府石码镇的许多巷名就是按行业设施命名的（漆巷、桶巷、豆腐巷、茶料巷、米巷、篾笼巷、糖街、棉子街、打索巷、打银巷、铸鼎巷等）。拱桥、双桥、官渡、上陂、下渡、富驿、内埠反映的是交通设施，官陂、六圩、十堰市、圳上、枧头（枧，山间引水用的木槽或竹管）则是水利设施，军城、烟墩、蓝旗营是军事设施，果树园、禾坪、莲塘、竹园、羊圈、碾子岗、石陂等则是农业设施。这类地名在人迹所到之处，不论城乡都大量存在。

2. 记录人物或民族、姓氏的

用人名作地名的有各种不同情况。福建闽侯县祥谦乡是"二七"烈士林祥谦的故乡；朱仙镇相传是战国时魏信陵君门客侯嬴的朋友朱亥的故里，这是以人名为其出生地命名的例子；河南汝阳县杜康村相传是东周时杜康造酒处，九江的小乔巷相传是东吴水军都督周瑜夫人的住处；韩愈在潮州当过官，而且是文化名人的好官，那里就有韩江、韩山的地名，这是以人名为人物活动地命名的例子；鼓浪屿有叔庄花园，是林叔庄所建；香港有虎豹别墅，是胡文虎、胡文豹兄弟所建，这是以所有者的名字为建筑命名；至今各处多见的中山路、中山公园，台湾常见的成功村、国姓村则反映了人们对英雄人物的崇仰。上海流氓头子虞洽卿曾用勒索来的重金收买有关当局，让西藏路改称虞洽卿路，因其劣迹斑斑，民愤极大，最终为人民所唾弃。

用部落、民族名称作地名的总是当地住过该族。上古时期部落名和地名常常是一致的，如夏代有鬲氏住于鬲、有穷氏住于穷（均今德州南），有莘氏住于莘、有虞氏住于虞（均今商丘北），有扈氏住于扈（今户县）。从现代的许多地名中也可以看出民族的分布，如湖南有苗市、瑶岗山，广东有瑶岭、黎母山，广西有瑶寨、苗儿山，福建有江畲、官畲。这是族称地名。据陈正祥教授统计，康熙年间编的《台湾府志》所收地名428个，"阿里山社、打猫社"等"番社"地名71个，占17%，后来，又有带"番"字的地名105处。这是地名所记录的原住民的历史。[①]

在长期的宗法社会里，人们按姓氏聚居，许多地名便冠以姓氏，在人口密集、自然地理条件相同的地方尤其常见。黄庄、王家庄、李家庄、陈官屯、宋家沟、左各庄、苏家坡、陆家浜、潘墩、蔡坂、余家井之类的地名可谓不胜枚举。有人统计过，吉林省德惠县2030个居民点中，姓氏地名978个，占近半；梨树县2177个居民点中，姓氏地名1219个，占56%。这是下关东时期冀鲁移民按族姓聚居的写照。

3. 记载史实和传说的

地名中沿袭下来的古代郡国、关塞、村镇名为我们保留了重要的历史线索。湖北的随县是春秋时的随国，西汉置县沿用至今，郧县是用汉代郧关之名命名的县；安徽的符离集沿用秦的县名，肖县是春秋时的肖国，桐城、宿县是古代的桐国、宿国等小侯国名称沿用下来的；界首、利辛、来安则是古时村名的袭用。石家庄市也是这种情形。这类地名可以叫作故称地名。

有些行政区划名是用建置时的朝代、年号来命名的。福建的浦城县东汉置县时叫汉兴，东吴时代改为吴兴，到了唐代又改为唐兴；福州的晋安河是晋代所开，晋江是东晋南迁的移民怀念故国而定的名。汉武帝起有年号，有些州县就用帝王年号命名。例如绍兴市、景德镇、政和县都是用宋代的年号命名的。以年代命州县名宋代最盛，太平兴国的年号就生成了太平州、太平县、兴国县。宋之后以年号命名的较少。有的地名是纪念某个历史事件的。例如福州的八一七路是纪念八月十七日福州解放，南昌的八一大道是纪念八一南昌起义的。

还有一些史实地名不反映具体的史实而是历史变迁的泛称，例如许多地方常见的古城、旧县、古镇、老街、新村、新街、新厝等等。

因民间传说得名的常见于名山大川和风景区。庐山原名匡庐，相传曾有匡氏兄弟在山上结庐隐居；武夷山则流传着武夷君兄弟治水救民的故事。那些人迹罕至、云雾缭绕或终年积雪的大山引起人们更多的想象，根据这些想象编造的故事还常常带着宗教色彩，反映着不同的信仰。例如九仙山、神女峰、老君岩、仙居、神泉等是道教信仰所传的地名，佛山、佛县、佛子岭则与佛教传说

---

① 陈正祥：《中国文化地理》，北京：生活·读书·新知三联书店，1983年，第217、229页。

有关。不过这种地名和相应的传说孰先孰后有时还不容易说清楚。

（三）寓托性地名

地名是人们赋予地理实体的名称，是属于观念形态的现象。地名有时反映人们对地理实体的认识，有时也反映与地理实体的特点并无关系的某种思想观念。具体地说大致有三种情形。

1. 观念地名

不同的时代有不同的统治思想、不同的时代观念，这在地名中常有反映。古代帝王为新置州县命名时或者选用歌功颂德的字眼，或者直接借用他们的政治思想或道德观念的语词。前者如武威、武功、武当、武平、平远、平顺、平定、平武、定南、定海、定远、定安、安定、安西、安顺、安远、归化、宁化、宣化、德化，后者如仁义、仁化、仁和、仁里、仁怀、义县、义安、义敦、义盛、孝义、孝丰、孝顺、孝感、礼州、礼县、礼泉、礼乐。如有地名冒犯皇家尊严，他们就强令更改原名，例如明代万历间因神宗名为翊钧，就把钧州改为禹州。新中国成立后一个时期，和平、民主、建设、勤俭、红旗、光明等地名也曾盛行一时。这类地名实际上是宣传性地名。

2. 意愿地名

有些地名寄托了命名者的意愿（主要是思安和祈福）。福建省 67 县市名中带有"福、泰、安、宁、和、平、清、明"等字样的就占近半（31 处）。《中华人民共和国分省地图集》所收地名中有太平 54 处，兴隆 24 处，"安"字头的地名 125 处。这类地名不论官方地名还是民间地名都大量存在着，官方为了粉饰，民间则是一种向往。福建这类地名多，大概因为入闽的汉人大多是在战乱之中流离失所而南迁的。

3. 感情地名

还有些寓托性地名是表现人们的某种感情的。如果说宝山、顺河、美山、良村是直接表现的话，珠海、玉树、龙溪、凤山便是用比喻来表达人们对家乡的热爱和希望。龙是中国人民心目中美好而强大的形象，上述分省地图集中"龙"字头地名多达 200 条，梅也是中华儿女所喜爱的，各地叫梅山、梅林、梅川、梅溪、梅城、梅坑的地名也很多。"新""安"也是受人喜爱的字眼，《中国地名录》所收地名中，首字为"新"字的有 587 条，首字为"安"字的有 176 条。

表现感情的地名大多数是表现喜爱的心情的，像臭泥坑、蛮子营（北京）、愁岭（福建）一类表示厌恶心情的大概都事出有因，这类地名比较少见。

除此之外，还应该提到汉语地名中还有少量外族语言的译音词，包括从国内少数民族语翻译的地名和外国侵略者强加给我们的地名，关于这些地名，本书将在下一章讨论。

综上所述，除去外族语言音译的地名之外，地名的命名法分类可以综合如下：

描述性地名（反映自然地理特征）	表示地理位置	方位地名	河南、山前
		距离地名	十里铺、三里河
		序列地名	四道口、十六站
	描述自然景观	地形地名	长岛、五指山
		地物地名	五棵松、石柱
		土壤地名	白沙、红山
		水文地名	浊水溪、深湾
		气候地名	雷州、恒春
		景色地名	白云山、雾峰
	说明自然资源	动物地名	象洞、猕猴岛
		植物地名	杉岭、桐柏山
		矿物地名	铁山、铜陵
记叙性地名（反映人文地理特征）	叙述文化景观	建筑地名	宝塔山、九间排
		设施地名	官渡、新墟
	记录人物族姓	人物地名	祥谦乡、朱仙镇
		族称地名	瑶寨、苗儿山
		姓氏地名	李家庄、苏家坡
	记载史实传说	故称地名	随县、石家庄市
		年号地名	绍兴、政和
		事件地名	八一大道、双十路
		变迁地名	旧县、新村
		传说地名	匡庐山、神女峰
寓托性地名（反映命名者的意念）		观念地名	武威、勤俭
		意愿地名	太平、兴隆
		感情地名	宝山、愁岭

三、地名命名法的历史演变

从纵向的观点来看，上文所述的各种命名法是有先有后的。

1. 从任意性地名到可论证地名

可以肯定，地名早在文字出现之前就大量存在了，现今世界上还有许多没有文字的语言，其地名之多使人难以置信。

最早的地名大概是自然地理实体的名称，因为原始人不可能有很固定的居住地，村落是畜牧和农业社会才有的，至于行政区划的名称就更迟了。出现了阶级，有了国家，为了管理才有行政建制。然而在最原始的采集、狩猎、渔捞的经济生活中，人们就必须与山水打交道，告诉同伴们哪座山上有野猪，哪个港湾有鱼，因此关于山和水的地名必定是语言中最早出现的语词的一部分。法国现代人类学家列维－布留尔在他的《原始思维》一书里介绍了许多这类事实，不论是南非的土人、北美的印第安人，其原始语言对任何一种地理事实，每一种土壤和石头都有极丰富的专门名称。"在新西兰的毛利人那里……他们的土地、道路、海岛四周的海滩……山崖和水源，全都有自己的名称。不论你走到哪里，就是走进显然人迹罕到的荒野，只要你问：这地方有没有名称？——这里的任何一个土人就会立刻把它的名称告诉你。"在南澳大利亚，"每条山脉都有自己的名字；同样，每座山也有自己专门的名称"。① 中国的情况其实也与此相仿。据陈梦家研究，单是殷墟卜辞中所见的地名用字就有 500 多个。到了汉代已经是相当高的文明社会，在《说文解字》中各式各样的水名、邑名、山名就更多了。据统计，全书所收地名专用字，单是水名、邑名、阜名就有 400 字，占全书总字数百分之五左右，这也大体反映了早期社会的情形。

就命名法的类型来说，直到有史记载的秦汉时期，汉语地名看来还是以无法论证其命名法的任意性地名为主体。《说文解字》所收地名专用字除了单音词外，大多是不可分解的"联绵词"（即不能拆开的双音单纯词）。另据《中国史稿地图集》中"西周时期黄河长江中下游地区"图所列地名，单音地名102 条，双音联绵词地名仅 6 条，用一定命名法构成的双音合成的专名加通名的地名只有如下 14 条：

---

① 列维－布留尔著，丁由译：《原始思维》，北京：商务印书馆，1981 年，167 页。

镐京　王城　成周　穆陵　南燕

东虢　西虢　洛邑　曲阜　盟津

雍丘　商丘　犬丘　营丘

那些单音地名大体上是各级分封的小侯国国名，后来多数成了姓氏的起源。例如虞、魏、邢、秦、鲁、薛、戴、陈、宋、许、谢、曾、徐、黄等等①。

秦始皇统一六国，废除分封制，设立郡县制，实行中央集权，此后大量地名都是专名加通名组成的双音词，各类地名也便形成了一定的命名法。

从单音到双音，从单纯词到复合词，从任意性地名到可用命名法论证的地名，这就是先秦和秦汉以后汉语地名结构的重大变化。

2. 从地理实体的名称到聚落名称

自然地理实体是人类社会一开始就必须认知和接触的对象，原始社会里，人类还没有固定的地方居住，那时的大量地名应该是此类地名。不论是山体、陆地或者水域，这类地名的命名法大多是描述性地名。可以说，这些最早形成的地名构成了地名的基础。后来，人类逐渐从适应自然发展到改造自然，于是出现了许多人工地物的名称。进入农业社会之后，又逐渐形成了聚落，有了商品交换和国家之后还形成了城镇。这些后起的人工地物的名称和聚落名称大部分是在自然地理实体的描述性地名的基础上派生而来的。例如有了汉王朝然后就有汉水、汉江，然后有汉阴、汉城（陕西）、汉口、汉阳、汉川、武汉、武汉长江大桥（湖北）等地名；先有汾、汾河，而后有临汾、汾西、汾阳、汾河水库、临汾市、临汾地区；先有武夷山，然后有武夷公社、武夷山市；有泰山而后有泰安；有华山而后有华阴。许多小城镇沿小河而建，于是有许多水东、溪东、河东、水南、溪南坂、水西、溪西、河西等名称。史念海教授在全面研究陕西省古今县名的命名规律后得出以下结论："县的命名虽然可以有不少方式，但能够具有普遍的意义，命名之后又能够长时期的使用，则以有关地理方面的命名方式比较见长，而因山因水的命名方式在普遍性和稳定性方面就更显得突出。"②

---

① 郭沫若主编：《中国史稿地图集》，北京：中国地图出版社，1979 年。

② 史念海：《论地名的研究和有关规律的探索》，《中国历史地理论丛》（第二辑），西安：陕西人民出版社，1985 年，第 43 页。

3. 从民间地名到官方地名

在可论证的地名之中，应该是先有民间地名而后才有官方地名。因为远在建立国家政权之前数千万年，社会生活中就有使用地名的需要。即使有了官方机构之后，为了建立行政管理而确定的地名系统，也必须以民间地名为基础，官方无非是加以文字化、系列化、规范化而已。秦朝所设 36 郡的郡名就大多是战国时代已有的地名，例如胶东、琅琊、上党、雁门、邯郸、巨鹿、北地、薛郡等等。

关于民间地名，福建师范大学傅祖德教授曾就福建省内现存的地名作过系统的研究，他把全省地名常用字归为六组，考察其间的组合规律，结果发现，最常见的命名法有三：

（1）用来表示命名对象的地理位置特征的；

（2）用来表示命名对象的外貌特征的（色彩和形状更多）；

（3）用来表示命名对象的物产特征的。

这就是本章上一节所说的描述性地名（包括表示地理位置、描述自然景观、说明自然资源）。

至于官方地名，以往的统治阶级为了给自己歌功颂德，为了宣扬他们所维护的道统，往往把自己的思想观点加于地名之中。历代封建王朝在改朝换代时常常更改行政区划地名，就是出于这样的动机。什么武平、镇宁、定南、绥远、汉兴、唐兴、长治、安西、孝感、仁化、镇南等等，都是这类例子，也就是上文所述的"寓托性地名"。

4. 从描述性地名到记叙性、寓托性地名

诚然，民间地名中既有仙洞、妈宫等传说地名，还有陈家村、张屯之类的姓氏地名，也有太平、兴隆一类的祈福地名。但是，可以断定的是：第一，民间地名中有关自然地理特征的描述性地名多，而有关人文社会特征的记叙性地名少。第二，寓托性地名应是比较后起的。因为只有几经离乱、民不聊生之后，才会迫切希望"太平"和"安定"；只有几经破产、受尽贫穷之后才会渴望"兴隆"和"富裕"。人物地名也是先出现了历史人物，而后才进入地名的（例如现在的中山市是南宋设置的香山县，民国年间才易名为中山县）。许多思想观念地名是后来才换用的（例如福建省福清市有个村子原称"下桥"，民国年间才改为"嘉儒"）。雅俗异名的并用也是先有俗名而后才有雅名（例如鸡笼→基隆、尽尾→集美等等）。

可见，从历史进程来说，各种命名法正是先有自然地理特征的描述，再有人文历史特征的记叙以及各种寓托性命名。

四、总结历史经验为新地命名

现实是历史的承续，今天又将是明天的历史。研究了汉语地名的历史演变之后，我们应该对历史上出现过的各种命名法作一番科学的评价，总结历史的经验，以指导眼下的新地命名。因为现代化的社会对地名的需求是与时俱增的。处在现代化社会地名大量产生的年代，如果不加研究，任意为新地命名，造成命名法的失控，就会出现今后受诟病的缺点。

改革开放以来，在一片荒原或海滩上建立了经济开发区，小渔村变成大城市，市镇不断向周边扩展，街道越来越密集，农村里建起新区，形成新马路，市镇之间沿着马路连成了长街，高速公路、铁路向荒山野林延伸，西部开发在穷乡僻壤建厂，新地的命名每天都在发生。有些地方的地名办公室做过新地名的调查，发现了不少问题。有的办过新区命名的试点，也积累了一些经验。但是，对历来的命名法进行必要的评价，探讨命名规律，似乎还没有引起学术界和有关实际工作者的注意。

20 世纪六七十年代城里新建住宅区喜欢取名"××新村"，数年之间"新村"满天飞，十年过去了，砖楼已经斑驳，名字还叫作新村。20 世纪 80 年代以来，房地产商套用港澳名称，单独的一座大楼称为"××广场"，几幢密集的楼房称作"××花园""××别墅"，甚至还大量"引进"了国外城市、街区的名字。其实，这种种做法都是同命名法的发展趋势背道而驰的。

地名命名法贵在具体、切合实际。若能反映各种地理景观，并且形象、生动，是为上乘。你看，山海关：长城的起点，天下第一关，建在山海之间，多么简练而精确。青海湖上的鸟岛，武昌、汉阳之间的鹦鹉洲，厦门旁边的鼓浪屿，港澳附近的万山群岛、担杆（扁担）列岛，都是这类内容准确、文字生动的地名。以山水或大型建筑作为参照，指明方位；以颜色、声响、形状为观察点，加以描述，音节响亮，平仄相间，都是些好记好认的地名。至于那些抽象概念、人物故事，最好尽量不作地名命名的取材范围。

为新地命名当然不只是需要选择合适的命名法，还应该考虑如何更好地体现民族文化和地域文化的特征。例如，序列地名在国外颇为流行，但似乎不太符合中国国情，中华文化的特征不在于求精密，而在于求入神。此外还应该考虑，历史的承接和固有地名的适当联系，使新旧地名建立有机的联系，浑然一体，以及城乡地名的不同需要（例如城镇地名应该更加注意系列化），等等。有关这些方面，下文有关章节还会适当讨论。

第六章　汉语地名的类型区

一、地名类型区的研究是地名学的重要课题

1. 地名的分布和地名景观

到了一个陌生的地方，你会看到那里的山岭、水流、林木、田园、房舍总有和别处不同之处，并形成一个总的印象，这便是该地的地理景观。地理景观又包含着自然地理的景观和人文地理的景观。是山岭耸峙还是丘陵起伏，是河汊交错还是千里黄沙，是平原沃野还是海岸曲折，是丛林密布还是荒山秃岭，这是自然地理的景观；人口密集或稀疏，农田耕作精细或粗放，常见作物的品种，水利排灌方式的不同，聚落、民居的式样以及人们的服饰，所用的农具、车船、畜力、道路的不同，便是人文地理的景观。

打开每一张区域地图，众多的地名也组成了一定的景观。构成不同地名景观的因素大略有几个方面：①居民点稠密或稀疏，是集聚的还是分散的？②常见的自然地理通名和人文地理通名有什么特点？③地名的结构、命名法以及读音、用字有什么特点？

同一个国家，同一个民族的范围内，不论是地理景观或地名景观，都是同中有异、异中有同，而不可能是绝对相同或截然有异的。不同的景观依存于一定的地域。经过各种不同地域的景观的比较分析，便可以归纳出不同的景观类型区。可见，景观也依存于类型。依存于地域的地名景观是诸多景观特点的片状分布，例如在黄土高原，有好多地名带着塬、峁、梁、掌、沟、峪、圪塔、崾崄等通名，在长江三角洲则到处有泾、浜、溇、漊、堰、圩、桥等通名。依存于类型的地名景观是景观特点的点状分布。例如许多中小城市都有中山路、北京路，这是人名、地名的闻名效应，把各地带"卫"字"所"字的地名连

成一串，则看到了明代设防的军事布点的系列。只有经过片状和点状的全面研究，才能理出景观的类型来。

2. 地名类型区的研究内容及其意义

地名类型区的研究就是地名的类聚分析，它是地名的共时的、断代平面的研究，也是一种系统的比较研究。地名的共时平面是一个庞大的系统，它是由许多小系统（子系统）构成的。地名的类型区就是一种子系统。通过子系统的研究，不但可以看到大系统的特征，也可以把一个个的地名放在大小系统中给以定位，以便更加准确地了解它的内容、形式及作用。例如，关于闽粤地区的地名常用字"厝"，如果只是作单一的研究，你只能说明它是闽方言词，有两种含义：家和房子。当然还可以考证其词源，说明其本字是"戍"而不是"厝"或"庫"。如果再作系统的比较，你就可以发现：在闽东写为"朱"（陈~巷、刘~巷）、在浦城和浙南写为"处"的地名，也属于以"厝"为通名的地名系列。它的分布从浙南沿海而下，直到海南岛，可以作为整个闽方言区和某些南片吴方言区共有的地名特征字。又如对带"堡"字的地名进行综合比较，当你发现它的四种读音（bǔ、pù、bǎo、bèi）和四种意义（土围子、驿站、城堡和下面）后，你就可了解：这是几种方言区的不同的地名现象，属于几种不同类型区。这样，你对厝、堡的认识就不是个体的局部认识，而是整体的系统认识了。可见，地名类型区的研究是地名共时研究的基础工作。

传统的地名研究更多地停留于单个地名的历史考证，对各个共时系统的研究以及真正的历时规律的探索，一直没有大的突破，因而未能建立独立的地名学，地名的研究历来只是历史地理学的附庸，其基本原因就在这里。只有从地名的类聚研究入手，认真地揭示地名的共时平面的构成规律，并进而了解历时发展的演变规律，才能建立独立的地名学科学体系。可见，地名的类聚研究是独立的地名科学特有的研究课题，也是建立独立的地名学的基础工作。

地名类型区的研究可以有不同的视角，因为地名本身就是一种多面体。

地名是地域的名称，首先反映了不同地域的地理特征。从自然地理的视角出发，可以进行地名的地理类型区的研究。

地名是人类思维活动的成果，反映了人的文化心态和思维方式，地名经过历史的演变，包含着多种文化的积淀。从历史文化的视角出发，还可以归纳出不同的地名文化类型区。

地名以语言为载体，也可以说，地名就是语言的组成部分。从语言学的角度研究地名，是地名学不可缺少的重要方面。我国是多民族、多方言的国家，同样用汉语拼音读出来、用汉字写出来的地名，实际上包含着不同语言和不同方言。这便是地名的语言类型区的研究。

3. 地名类聚研究的步骤和方法

进行地名的类聚研究，首先必须占有标着周详地名的多种地图，包括行政区划图、地形图和历史地图，然后从中考察各种通名的分布、各种地名构词法和命名法的分布或地名专用字的读音与字形的分布，即通过读图进行地名现象的归纳。

在初步归纳的基础上还必须进行专业的分析，包括地理学的分析，或历史文化的分析，或语言文字的分析。有时，这几种分析还必须同时进行，相互参证，才能得出科学的结论。例如在语言文字方面，如果不能弄清同形异名或同名异实，所作出的类型分析就会走上歧路，把貌合神离的两种现象混为一谈，或把实质相同的现象立为别论。

经过这些分析，便可划出不同的类型区，对各种类型进行科学的表述，并把这些不同类型的地名现象放在整个地名系统中定位，说明它在系统中的意义和作用。有时为了更加直观，可以就某一类型的地名现象画出专题的分布图，并对这种分布进行合理的解释。

就具体的研究方法来说，地图解读法、史料考证法、语言结构分析法等都是必须综合运用的方法。

二、地名的地理景观类型区

1. 地理通名及其附加成分构成的地名景观

不同自然地理环境中的不同地名景观，往往集中地表现在特有的通名及其有关的附加成分上。以下举几个不同类型区的例子加以说明。

内蒙古草原和秦晋高原连片，有些通名和黄土高原是相同的。例如：

圪旦	场~~	韩家~~	红泥~~	金家~~	石林~~
圐圙	板定~~	大~~	城~~	十里~~	西大~~
梁	大红~~	麻地~	庙~	旗杆~	天城~~
沟	昌汉~	桦树~	芦草~	庙~	脑包~

最有特色的是"敖包"，那是空旷的草原上用泥土、石块和干草堆起的作

为路标或界标的堆子。由于人烟稀少，旧时的游牧地区，难得有几处"敖包"和其他固定的建筑：碾子、窑子、油房、营子、喇嘛庙等，于是，这些地物便成了突出的地理标志，并且常常用作村名。例如：

敖包	哈拉~~	后~~	查干~~	超格~~	楚台~~
碾子	~~湾	~~沟	碾房窑	曹碾	碾房沟
窑子	河西~~	南~~	前~~	任三~~	~~上
油房	西~	~~村	杨~~	~~圪旦	~~壕
庙	罕塔~	楚鲁~	~村	~卜子	~滩

由于地形单调、地物稀少，用方位词、形容词、数词等命名的村落也就占着较大的比例，并且造成很多重名现象。据 1976 年《中华人民共和国内蒙古自治区地名录》统计，若干此类常用字在全区地名中所见次数如下：

东字领头的 287 次，其中东营子 8 次
西字领头的 260 次，其中西营子 12 次
南字领头的 110 次，其中南营子 12 次
北字领头的 83 次
前字领头的 120 次，其中前营子 8 次
后字领头的 100 次，其中后营子 10 次
大字领头的 156 次
小字领头的 183 次

带常用数字的重名有：

一间房	10 处	二号	12 处
二道沟	13 处	三号（地）	8 处
三间房（子）	6 处	三道沟	111 处
四分子	6 处	五星	10 处
八号	10 处	七号（地）	7 处

浙江省的绍兴一带是钱塘江冲积平原的河网地带。聚落地名中带各种与水有关的通名特别多，不但有全国通行的江、湖、塘、湾，而且有带方言特色的

浦（水滨）、港（河汉）、渎（小河）、溇（盲肠河）、埠（码头）、埭（小土堤）、堰（较大的堤岸）。例如：

江（较长的河）：洛～、三～、蔡～、七里～、～墅

湖：东～镇、鉴～乡、荷～村、大～头、鹿～庄

塘：金鸡～、江～、盛～、～下赵、～南

湾（水曲）：翠～、周家～、澄～、任家～、～里

浦：杜～、兴～、双～、倪家～、下～西

港：宣～、肖～、丁～、七里～、桑～

渎：洋～、温～、薛～、双～、石～

溇：蒋家～、南～底、百盛～、北里～、邵家～

埠：皋～、界塘～、迪～、下新～、寿胜～头

埭：郦家～、范家～、丁家～、汪家～、姚家～

堰：大～、东～、石～、～东、～上①

在丘陵地带，人们总是选择溪流旁边的低洼地或者较平坦的地方居住，在人口稍为集中、地形比较平坦的地方，"日中为市"，各地轮流集市，大量地名反映了这些情形。以江西省兴国县为例，据《江西省兴国县地名志》所绘制的二十分之一的"兴国县行政区划图"，许多村名集中在以下几个常用字上：

坪：龙头～、下～、社～、茅～、中～、东～、钟鼓～、华～、安龙～、草～、隆～、～源、樟～

坑：杨～、增～、双～、南～、下～、王～、董～、背～、华～、严～、谢～、坊～、道～、箬～、黄竹～、东～、横～、谢背～、富～、源～、大～、河～、罗～、全～、樟～、小～、竹～口

圩：均村～、龙口～、南坑～、古龙岗～、梅窖～、石印～、良村～、～上、枫边～、城岗～、崇贤～、方太～、樟木～、东村～、老～、高兴～、茶园～、新～、新～子、江背～、杰村～（这里的"圩"指的是"墟"）

坳：～背、芦竹～、～上、黄山～、黄荆～、枫树～、石～、里～、山晃～

① 董铭杰：《绍兴水乡的地名特色》，《地名知识》，1987 年第 1 期，第 10－11 页。

2. 地理通名的类聚比较

在某个地区对同一层级的地名进行类聚统计和比较分析，往往可以分出更小的地理类型区来。文朋陵曾对苏北的村镇名作过这样的类聚研究，他在苏北 49 个县市地名普查所得 10 万多条村镇名中提出 29 个通名用字，将所涉及的地名输入电脑进行统计分析，结果把苏北划分成了三个明显不同的地名类型区。

第一区是长江突出部的靖江县，其村镇集中用"圩、岱"两字命名。带这两个字的村镇名占村镇名总数的 73.1%。"圩"应就是"围"的俗字，这是筑堤造田的围子；"岱"则是"埭"的俗字，是较高的堰水土堤。这都是当地沿江围垦的历史记录。原来这里是长江的江心洲，由于江泥淤塞，不断围垦，到明代才与苏北陆地相连。

第二区是黄海之滨的大丰、东台、建湖、射阳四县。这里的村镇名中若干常用字所占的比例如表 6-1 所示：

表 6-1 大丰、东台、建湖、射阳村镇名中常用字所占比例

	墩	舍	港	庄	村	桥	湾
大丰	26.2	8.9	2.9		15.4	2.5	2.7
东台	17.3	14.1	2.4	6.1	2.4	3.2	1.1
建湖	32.5	19.6		18.3		3.4	2.1
射阳	15.9	2.8	13.5	10.6	2.8	3.3	1.8

原来，这里是南宋黄河窜入淮河之后冲积的新地，早年地势浸湿，人们只能就"墩"结"舍"，沿"港湾"处造"桥"，建立"村庄"。这就是这些字成为地名常用字的历史缘由。

第三区是长江口北岸的突出部启东县。由于这里是清末才形成的陆地，1918 年才建县，19 世纪末 20 世纪初移居而来的大多数是在此开"店"建"镇"的商人，全县用"店""镇"这两个字命名的竟占 58.9%。[①]

这是一项很成功的研究，它不但用翔实的地名材料说明了典型的人文地理现象，而且提供了一种崭新研究方法的样板。

---

① 文朋陵：《聚类分析在地名研究中的应用初探：以苏北村镇命名类型区域划分为例》，见中国地名学研究会编：《地名学研究文集》，沈阳：辽宁人民出版社，1989 年，第 72-84 页。

3. 地名核心词派生的区域地名系列

还有一种地名系列是以某一早期闻名的地名为基础，逐步衍生，形成同根地名的系列。据冯广宏研究，四川的"湔"字系列地名就是这样的典型事例。

"湔"最早见于我国最古老的地理书《山海经》。到了《汉书·地理志》，"湔水"有三处记录。到了晋代《华阳国志》，带"湔"字地名增至六处七见：湔山、湔氐县、湔堰、湔江、湔水。稍后的《水经注》也有六处。冯广宏在《湔水·湔山·湔氐》一文中写道：

总结一下隋以前地理资料，发现可以称为湔水的有——岷江、湔江、都江堰内江干渠、沱江、涪江上源。如果再把更晚一些的地理文献挖掘一下，又发现白沙河和土门河的下段，以及杂谷脑河，都有湔水之称。

有了湔水名，然后就有湔山名。因湔水邻近茶坪山，或从茶坪山出，则茶坪山名为湔山就合情合理了。有了湔山之名以后，则凡此山发出的水或与此山邻近的水，也慢慢有了湔水之名。既然山水均有湔名，则此水上所筑的堰，也当叫作湔堰。而由此堰分出的内江干渠，亦可称为湔江。……连这山、堰所在的县，都可称湔县了。①

许多地方都有与此相似的情形。例如闽江是半个福建的大动脉，因古闽越族得名。有了闽江之后，闽江口下游县名有闽清、闽侯、闽县，乡镇名有闽江、闽安，全省简称为闽，并分别有"八闽、闽东、闽北、闽南、闽中"乃至"闽浙赣、闽粤赣、闽台"等地名。再如，有了湘江，于是有湘阴、湘乡、湘潭、临湘等县名，湖南省的简称"湘"及湘东、湘南、湘西、湘赣边界等地片名。

三、地名的历史文化类型区

如果说地名的地理类型表现了地理景观的话，地名的历史文化类型区则表现了一定的文化景观。

1. 城市和农村的不同地名景观

从横向说，地名文化景观明显有异的是城镇地名和乡村地名。

---

① 冯广宏：《湔水·湔山·湔氐》，《地名知识》，1985 年第 4 期。

　　城镇地名最大的特点是密度大而且层次多。在大城市里有数不清的小巷（或称胡同、弄堂），小巷通往大街（有的还把小街和大街分别称为街、路、大街、大道等）。例如北京的西单是个地片，六部口是西单大地片中的一个小地片，那里以双栅栏胡同和新华街为界，排列着各分东西的安福胡同、绒线胡同、旧帘子胡同、新帘子胡同、中胡同、松树胡同等等。

　　大街（大道）/路（街）/巷（胡同）是一种层次，一些大城市把长路分段命名，如广州市区东西向最长的中山路分为一路、二路直至八路；南北向的解放路、人民路则各分为北路、中路、南路。此外，还有大派生为小的分层，如上海市的中山东一路、二路直至八路，"斜徐路887弄"指的是从887号处把斜徐路断开拐进去的弄堂。

　　北京的胡同有多少？明朝的张爵在《京师五城坊胡同集》中收录了1170条。清人朱一新《京师坊巷志稿》收了2077条。翁立据1982年的北京地名录进行统计，大概是6100条。在地名普查之前，好些大城市的小巷数量恐怕都很难有个确切的数字。

　　城市地名的另一个特点是地形简单，因而只能利用不同地物或其他人物、事件、功能等来命名，以地形及地理景观来命名的是比较少的。翁立研究了北京的6000多条胡同之后认为，"这些胡同名称实际上是以人为中心的，有百十来条地名就是因人而名的"①。北京住过的大人物多，是这类现象的直接原因。例如赵登禹路、（佟）麟阁路、文丞相胡同（文天祥囚禁处）、吴良大人胡同。不但有以民族英雄、达官贵人的名字命名的胡同，也有以普通老百姓的名字命名的胡同，例如张善家胡同、宋姑娘胡同、吴老儿胡同、小阮儿胡同等等。用姓氏命名的也不少：方家胡同、史家胡同、鲍家街、周家大院。因商品、市场命名的也多：牛街、灯市口、米市大街，还有干面胡同、烧饼胡同、面茶胡同等等。以寺庙、宝塔、府第、花园、厂坊等建筑物和设施命名的也不少：白塔寺、护国寺、雍和宫、白云观街（并派生出白云观街北里、南里、白云路等）、永泰寺胡同、观音庵胡同、琉璃厂、台基厂、草厂、王府井、孙公园胡同、端王府、前门、德胜门……按地形命名的如：龙须沟、大拐棒胡同、团结湖、积水潭、什刹海、沙滩等，数量并不多。

　　在那些没有悠久历史的城市，同样也是地形简单，于是有不少"移用地名"，即把外地的地名配套地移用于本地。此风大概始于上海，例如黄浦江以西，与黄浦江平行的路名有四川路、江西路、河南路、山东路、山西路、福建

---

① 翁立：《北京的胡同》，北京：北京燕山出版社，1992年，第114页。

路、浙江路、湖北路、贵州路、云南路、广西路、西藏路；沿苏州河向南与苏州路平行的路名有：北京路、南京路、九江路、汉口路、福州路等。

在移用地名当中，大地方的地名较多，也有带纪念意义的地名或自然地理实体的地名。例如，杭州市有延安路、绍兴路、天目山路、莫干山路；南京市有北京路、汉口路、大庆路；南昌有上海路、九江路、瑞金路、井冈山大道；西宁有长江路、黄河路、祁连路、柴达木路、昆仑路；南宁有华东路、华西路、延安路、沈阳路、衡阳路、福建路、大寨路；郑州有黄河路、花园口路、南阳路、桐柏路、华山路；等等。

和城镇地名相比，农村地名中用地形、地物来命名的比例就大多了。什么坑口、上坪、大溪、小湖、山前、岭后、中洲、山顶、前塘、后垵、圳上、塔下、陂头等，都很常见。《中国地名录》所收的这类高频地名就有：

江口：24 处　　河口：25 处

桥头：27 处　　大桥：25 处

石桥：25 处　　双河：22 处

白沙：38 处　　石门：47 处

中国传统农村以姓氏聚居的相当普遍，以姓氏命名的居民点也占很大的比例。尤其是在那些地形变化不大的平原地区和人口迁入迁出变动少的古老聚落。高阁元曾就好几个省的县地名志作过抽查，其统计部分结果如表 6 - 2 所示：

表 6 - 2　以姓氏命名的居民点系列（据高阁元）

省（区）	县（州）	居民点数	以姓氏命名点数	占总数比例
吉林	梨树	2177	1221	56%
辽宁	金县	1068	470	44%
湖北	鄂城	3062	2113	69%
江苏	武进	7480	3944	53%
宁夏	永宁	412	333	81%
山东	费县	1643	506	31%
山西	宁武	533	143	27%

他的结论是：汉语姓氏地名，在不同地区占有不同比例，最高的 81%，

最低的也有15%，一般在30%～50%。①

　　还有一些农村地名是直接用人名（包括绰号）称呼的，可能是沿用最早到那里开基的人的名字作地名。在湖北省黄石、大冶一带可以见到许多这类地名。据两市县1980年所编的地名录，略举数例如下：

大冶县：

马叫（大队，下同）：熊谷太（自然村，下同）、石文再、上刘胜

范铺：陈世、柯玉璜、陈彦利、金曼倩、尹洪、徐益瑞

汪拳：张隆、程文秀、张道士、张拳

平原：谢梓、罗孝礼、周远、胡圭

牯羊山：郭童、石之轮

石花：石瑞华、吴公旦、刘五堂、石宏满、冯光摸

铜山：柯锡太、陈儒

上泉：陈玉龙、陈公户、柯哲仁、陈大贵、汤百万

北河：郭华益、李家眯、杨光祖、狗头杨

胡庚：胡庚、胡次清、徐老九

港背：叶仲和、细叶仲和

下角田：胡友、下刘胜二、刘世礼

田垄：张运法、黄世家、细黄细家、黄文斌

程兼万：程法、杨庚、黄文、程兼万、陈继堂

栖儒桥：陈立阳、陈模、陈思基、黄元栏

胡巴塘：胡巴塘、细胡巴塘、石荣可、胡天益、吴应生

李攸先：胡中二、柯洪、余楚台、胡仙

宋家塂：上刘英、谢方、何福、胡云

李德贤：李德贤、细李德贤

皇踩畈：黄国佐、项文政

大门楼：罗文质、卢贵益、上刘实、王任一、曹还、周灿

　　据统计，这个离大冶县城最近的乡的275个自然村的村名只有三类：一是人名作地名（如上文所举）；二是姓氏地名（柯家湾、上畈陈、下周、宋家新屋等）；三是地形地物地名（如对面山、新屋下、港边、岭上、油铺等）。这

---

①　高阁元：《姓氏与地名》，《地名知识》，1986年第2期。

三类地名比例如下：

人名地名	姓氏地名	地形地物地名
109 村	123 村	43 村

黄石市农村的地名与此相仿。对该市肖家铺公社 89 个自然村村名所作的统计如下：

人名地名	姓氏地名	地形地物地名
21 村	52 村	16 村

有个美国学者曾经总结过中国文化史上为封建社会维持了数千年繁荣的三个成功经验：①精耕细作的农业；②坚持不懈的文官制度（科举选拔）；③宗族制度维持的农村的稳定。看来确有些道理。即使在历代战乱之中，稳定的家庭统治、道德教化和孝道的传承维持了农村的稳定。湖北的姓氏地名是维持家族权威的典型事例，很值得注意。

2. 古聚落和新聚落的不同地名景观

从纵向说，古老的聚落和崭新的聚落的地名也有明显的差异。

古老的地方往往有些古地名世世代代相传下来，这是因为中国文化是一种重视传统、推崇历史的文化，地名一经文人学士染指，便要变得古色古香起来，民间有时也会编造一些故事和传说。试举数例：

河南位于中原，古时称为中国——国之中。三千年前，那里古国林立。有许多古国名至今还保留在地名之中。下列地名中带点的字都是古国名，括号中所注是这些国名所属的朝代：

项城县（春秋）	息县（春秋）
邓州市（春秋）	巩县（春秋）
杞县（春秋）	温县（春秋）
密县（西周）	许昌市（西周）
禹州市（夏）	上蔡县（东周）
新蔡县（春秋）	虞城县（春秋）

古老的地方因为历代王朝更名多，历史积淀下来的旧名就多，文人学士们

往往拿旧名作为城市的别称。例如苏州就有十多个别称：春秋时为勾吴之首府，称为吴中。战国时建立吴国，别称吴门。秦为会稽郡，南朝为吴州，直到隋代才以姑苏山为由改称苏州。宋代先后称平江府、隆平府，元代为平江路。明代则称为苏州府、苏福省，清代改称吴县。

凡是历史文化名城，大多有三五个别称。再加上历史地名，总数就在 10 个上下。

洞庭湖历史上曾称为云梦（《周礼》）、九江（《禹贡》）、五渚（《水经注》）、三湖（《读史方舆纪要》）、重湖（《南迁录》）。

在那些历史悠久的地方，不论是否实有其事，都有许多世代相传的古迹。例如河北古城邯郸早在 2300 年前就是赵国的国都，至今还有隐约可见的"赵王城遗址"，赵武灵所建的"丛台"；城南仅有两米许的"回车巷"相传是文官蔺相如回车谦让武将廉颇的地方，因而流为美传。"插箭岭，铸箭炉"是赵王城中制造武器的地方；"梳妆楼、照眉池"则是宫女们的住处；"响堂石窟"是北齐时所凿；"学步桥"的典故来自《庄子·秋水》的"学步于邯郸"；"黄粱梦"是村名，村内有吕翁祠，来自唐代传奇《枕中记》。[①]

庐山早就是著名的风景区，许多文人学士来此览胜唱吟，有的在那里办学或隐居，因此许多路名都与古名人有关。含鄱口至南麓玉京乡的路称为陶渊明路，因为陶潜到过这里；土坝岭至北麓东林寺之间称慧远路，因东林寺为东晋名僧慧远所建；牯岭至北麓莲花洞称濂溪路，因宋理学家周敦颐在此筑濂溪书堂讲学；黄龙寺至西北麓黄老门之间称永叔路，是为纪念欧阳修；大天池至西麓沙河间称阳明路，乃为纪念王守仁。

和老地方相比较，新人住的聚落的地名也有几个特点：序列地名多，官方用政治术语命名多，不稳定的异名多。

新疆生产建设兵团从 1954 年组建后，包括 13 个师局、171 个团场，分布于全区 86 个市县中的 57 个市县。1987 年就有人口 219 万。那些屯垦地原先多半是荒野，本无地名，30 多年前许多地名都经过几次更改。20 世纪 60 年代的 161 个农牧场中用政治术语命名的就有 55 个，占 34%；用序号命名的 38 个，占 24%；以原有地名命名的 52 个，只占 32%。到 1971 年"文革"中新命名的一批地名自是充斥着当时的时髦概念：红卫、红光、红星、红旗、反修、前哨、胜利、向阳。但是，直到目前，大量团场还是使用数字序列的部队番号来称呼。1983 年地名普查时作了一番调整，至今尚未扎根。这是十分典型的新

---

① 王大斌、王养昭：《复兴的古城——邯郸》，《地名知识》，1983 年第 5 期，第 30－35 页。

开发地区地名变迁的现象。①

在东北林区，那里的居民多半是百十年前"下关东"来的山东人，在人烟稀少的密林里，原先没有地名，也没有特异的地物，许多地方就沿用了早年的驿站编号。例如甘南县所在地原就称为"二站"。从孙吴县到漠河，沿中俄边界现在还有二站、三站直至二十五站的编号地名。

在吉林省和内蒙古自治区，至今还有大量"一号、二号……"的乡村名。如吉林省榆树县太安乡就有"六号、八号……二十号"的乡名，内蒙古自治区有"二号大队"12个，"三号大队"6处，"四号"5处，"四号地"3处，"四十八号"3处……大概都是在林区、牧区定居不久的新居民点，编号后称惯了就成了地名。

在内蒙古有如下重名的乡镇名和自然村名：

红旗：53 处　　向阳：20 处

永胜：20 处　　联合：11 处

前进：17 处　　联丰：11 处

东风：25 处　　东方红：29 处

新建：20 处　　团结：30 处

这显然是 20 世纪 50 年代农业合作化及"大跃进"时代留下的地名。

3. 特殊的地名系列反映的历史文化景观

由某一历史事件而造成某一相关的地名系列在一定地区的分布，显现了相应的历史文化景观。这种地名类聚在各地都可发现。

在河西走廊，早在汉代就有戍边屯垦的记载。《汉书·西域传》说："初置酒泉郡，后稍发徙民克实之，分置武威、张掖、敦煌……于是自敦煌西至盐泽，往往起亭，而轮台、渠犁皆有田卒数百人，置使者校尉领护，以给使外国者。"② 东汉之后，屯田扩展到伊州（今哈密）。《元和郡县图志》卷 40 说："后汉明帝永平十六年，北征匈奴，取伊吾卢地，置宜禾都尉，以为屯田兵镇之所，未为郡县。……至顺帝时，以伊吾旧膏腴之地，傍近西域，匈奴资之以

---

① 解玉忠：《新疆生产建设兵团屯垦居民地的命名》，见中国地名学研究会编：《地名学研究文集》，沈阳：辽宁人民出版社，1989 年，第 221–228 页。

② 《二十五史·汉书·西域传》，上海：上海书店、上海古籍出版社，1986 年，第 359 页。

为钞暴，开设屯田，如故事，置伊吾司马一人。"①

至今河西走廊还有不少与屯田相关的地名。例如金塔县有"上八分、中五分、西四分、东头分"等村名，玉门市有"上西号、上东号、下东号、西红号"等村名，民勤县则有"中七号、头分、东正方形、下正方形、上三十石、十八石"等村名，与屯田所划分的地块有关。有些用水利设施命名的村名则反映了屯田时代"水利先行"的历史事实，例如民勤县有西渠、东渠二乡，敦煌县有黄渠乡，武威县有四坝乡、中畦乡，金塔县有东坝乡。

在湖北省东南角长江南岸的蒲圻、嘉鱼、洪湖三个县，现有 101 条地名与三国故事有关。以人名姓氏命名的有：周郎湖、周郎山、黄盖湖、陆口（陆逊练水兵处）、吴主庙、孙郎洲、孙郎浦、子敬岭、吕蒙咀、太史慈、孔明桥、关王庙、子龙滩、周仓咀、大乔坪、小乔坪。此外，跑马岭、布阵山、走马滩、教军岭、司鼓台、晒甲山等地名则与当年赤壁之战有关。三国故事经过《三国演义》的渲染和各种戏曲的表现，历来是家喻户晓的，这些地方留下这么多相关的地名是很容易理解的。

珠江三角洲从元代以来就陆续发展围垦来解决人多地少的困难。据统计，元明清三代筑堤条数和总长度如下：

	修筑围堤（条）	长（丈）
元	34	50526
明	181	220400
清	190	232073②

民国以来，那里的围垦也没有停止过。当地人对 1958 年大围垦的情景还记忆犹新。在这一带，许多带围字的地名就记录了这一历史壮举：

顺德：大沙围、三益围、简家围、新围
新会：神仙围、长围、丰字围、甘乐大围
东莞：西围、瓦管围、三盛围、下围、老围、护安围、老虎围
中山：稻香围、禾丰围、宝成围、积兴围、东围、南围

---

① 李吉甫：《元和郡县图志》（下），北京：中华书局，1983 年，第 1029 页。
② 司徒尚纪：《岭南史地论集》，广州：广东省地图出版社，1994 年，第 128、130、134 页。

　　番禺市位于珠江主要出海口，大半个县的面积（从东涌、榄核以南）都是历代围垦而成的，多数村名不是带"围"，就是带"洲、沙、埠"等通名。但是伶仃洋的三个镇"万顷沙、南沙、新垦"至今还有许多新围地尚未命名。

　　历史上的封建王朝在改换年号时好用新年号为地命名，这也形成了一种历史文化景观。这种命名法以宋代最多。例如宋代就有如下史实：

> 江西省兴国县置于太平兴国八年（983）。
> 陕西省淳化县置于淳化四年（993）。
> 江西省景德镇于景德年间自昌南镇易名。
> 福建省政和县于政和五年（1115）自关隶县易名。
> 浙江省绍兴市于绍兴元年（1131）置绍兴府。
> 浙江省庆元县于庆元二年（1196）置县。
> 上海市嘉定县于嘉定十年（1217）所置。

　　还有些用年号命名的州县名后来改易了，没有传下来。例如太平兴国二年（977）升南平军置太平军（治当涂），咸平五年（1002）升置咸平县，隆兴元年（1163）升洪州为隆兴府（今南昌），庆元元年（1195）改明州为庆元府（今宁波），宝庆元年（1225）升邵州为宝庆府（今邵阳）。

　　移民把故乡的地名带往新地命名也是常见的事。最典型的莫过于台湾岛上的闽粤两省故土地名了。这里仅以《台湾省行政区划概况地图集》（1992年版）所载"彰化县所辖市村里名称一览表"为例，在彰化这个面积最小、人口密度最大的县里，明显以闽粤两省故籍地名为新地命名的就有：

> 彰化市：永福里、长乐里、南安里、福安里、安溪里
> 鹿港镇：东石里（晋江县镇名）、诏安里、兴化里
> 和美镇：诏安里
> 伸港乡：泉州村
> 福兴乡：同安村、顶粘村、厦粘村（迁自晋江粘厝乡）
> 秀水乡：安溪村、福安村、下仑村（晋江县乡名）
> 花坛乡：永春村
> 芬园乡：同安村、大埔村
> 员林镇：惠来里、南平里、大埔里
> 溪湖镇：平和里、大庭里（南安乡名）

田中镇：平和里、梅州里、大仑里（晋江乡名）

大村乡：平和村、大仑村（晋江乡名）、过沟村（南安乡名）

永靖乡：同安村

社头乡：平和村

田尾乡：饶平村、陆丰村、海丰村

（以上所列村、里之名除加括注之外，都是闽粤两省的县名的移用。）

除了闽粤地名之外，还有北平里、西安里、重庆里、长安村、泰安村、嘉兴村、长沙村、华北里、西安里、陕西村等，很难肯定都是大陆各省祖籍地名的移用，但是陕西村确是陕西籍人口移居的，已有人考证过。

移用大陆故土地名，是台湾地名的一大人文景观，也是大陆人民，尤其是闽南人开发宝岛的忠实纪录。

在较小范围内或较小的主题上，这类地区系列所构成的人文景观还有很多，这里不再罗列。

四、地名的语言类型区

1. 民族语言的地名景观

汉语地名都可用汉语拼音注出北京标准音，写成一定的汉字，但是并非所有的地名都是汉语地名。

非汉语的地名有两种情况，一是汉人到达定居之前，原住民族用他们的语言命名的地名，汉人到达之后沿用原名并读成汉语语音，写成汉字。这类地名在语言学界称为"底层"现象。这种情况在世界各国都有。美国语言学家布龙菲尔德在他的《语言论》里写道："在征服的情况下，保留在继存的优势语言里的文化借词主要是些地名……地名给已消亡了的语言提供了宝贵的证据。"[1] 英人帕默尔在他的《语言学概论》里则说："地名的考查实在是令人神往的语言学研究工作之一，因为地名往往能够提供出重要的证据来补充并证实历史学家和考古学家的论点。"[2]

广西龙州县至今还是壮族主要居住地，许多地名虽然写为汉字，实际上是壮语地名。按《龙州县地名集》（内部资料）中"霞秀公社地名图"可作如下统计：

---

[1]　布龙菲尔德著，袁家骅等译：《语言论》，北京：商务印书馆，1980 年，第 571 – 572 页。

[2]　帕默尔著，李荣等译：《语言学概论》，北京：商务印书馆，1983 年，第 134 页。

那（意为水田）　　15 处：～念、～灶、～镇、～兴、上尾～
弄（山间小平地）　16 处：板～、～平、～埠、～堪、～龙
岜（石头山）　　　13 处：～内、～海、～那、～崇、～旺
陇（山沟）　　　　14 处：～罕、大～、～谷、～里、水～
板（意为村庄）　　12 处：～弄、～旁、～门、～崖、～汪

以上合计 70 处，占全公社地名总数 116 处的 60% 以上。

据统计，在隆安县，壮语地名占 80%，在天等县则占地名总数的 73%。[①]

早在 20 世纪 30 年代，徐松石先生的《粤江流域人民史》就研究了壮族地区的地名用字，罗列了许多两广地名用字，"表明他们原来是僮语的译音"[②]。这些字中就包括了：

那（或写作畓，意为田）
都（或作驼、垌，峒的转音）
古（又作岵，意即山）
六（又作渌、菉、陆，又通罗，意为幽深山地）
罗（又通逻，与"六"通，指山地）

以广东省罗定县为例，据《广东省地图册》统计，带这些字的地名就有：

罗：～平、～定、～城岗、～贯、～城、～镜、～城镇、～坪

垌：十六～、雀儿～、黎～、石～坑尾、聂～、～尾、水口～、黄三～、小～、中间～、源靖～、金～寨、双叶～、佛子～、～尾、黄鳝～、朝罗～、南京～

都（陀）：～近、陀埔、～门

六（碌）：～冲、～竹、水碌坑、～塱

古：～塄、～城角

思（泗）：～理街、～围、泗纶、泗盆

① 葛茂恩：《广西壮语地名及其用字》，见中国地名委员会办公室编：《地名学文集》，北京：测绘出版社，1985 年，第 227 页。

② 徐松石：《粤江流域人民史》，《徐松石民族学研究著作五种》（上），广州：广东人民出版社，1993 年，第 189 页。

这种景观说明了，这一带早期的原住民显然就是壮族。

有时从一个地名中的民族语词可以得到很多方面的相关信息。蒙古语地名中有"查干"二字，读音转写为汉语拼音的 Qagan，意思是"白色的"，是一个汉字译音词。1976 年出版的《中华人民共和国内蒙古自治区地名录》以"查干"开头的地名达 204 条之多，其中单是同名的就有：

查干敖包	19 处	查干诺尔	23 处
查干呼舒	8 处	查干哈达	6 处
查干德尔斯	7 处	查干布拉格	6 处
查干陶勒盖	17 处		

据《中华人民共和国分省地图集》（1974 年版），在辽宁省有查干乌苏，在吉林省有查干花、查干泡，甘肃省有查干春子井，宁夏回族自治区有查干德勒斯、查汗池、查汗敖包。

原来，蒙古族生活在白云之下，养的是白绵羊，喝的是白奶，献的是白色哈达，白色是吉利的标志，所以意为白色的"查干"成了地名中的常用词。把带"查干"的地名连成一片就不难看出蒙古族同胞历来活动的地域了。

蒙古语地名的常用语还有个"巴彦"（Bayan），意为富饶，在上述地名录中，单是带"巴彦"的重名就有以下各处：

巴彦	8 处	巴彦布拉格	42 处
巴彦郭勒	15 处	巴彦花	11 处
巴彦呼舒	10 处	巴彦诺尔	22 处
巴彦敖包	13 处	巴彦温都尔	11 处
巴彦查干	15 处	巴彦塔拉	16 处
巴彦乌拉	18 处	巴彦希勒	11 处

在黑龙江省有不少地名是满语的译音词。单以市县名为例对应明确的就有：

汉字地名	汉语含义
哈尔滨（市）	晒网场
呼兰（县）	烟筒
巴彦（县）	富饶

木兰（县）	围场
海伦（市）	水獭
齐齐哈尔（市）	边地
拜泉（县）	宝贝
富裕（县）	"乌裕尔"：低洼地
爱珲（县）	可畏
依兰（县）	"伊兰哈喇"三姓
宝清（县）	猴子
安达（县）	朋友（蒙语）①

在西藏和新疆也有相应的民族语言地名景观。限于篇幅，恕不再列述。

2. 外国语的地名景观

这里所说的外国语地名是指外国人用他们的语言所定的新地名来取代我国的固有地名。这类地名有两类，一是帝国主义入侵之后在他们的"租界"里命名，例如上海的法租界曾有霞飞路、马思南路、金神父路、福煦路等。1858年《天津条约》开九江为"通商口岸"后，先后有 25 个殖民主义国家的商人、传教士来庐山定居，他们也定了一批洋路名，例如长冲河东岸就有爱丁保路、罗斯非尔路、雅礼路、普林斯敦路、白肯路，还有牛津路、剑桥路、哈佛路等等。这些洋路名后来都先后被更改为汉语地名，这是清除殖民主义影响的必要措施。

另一些地名是外国人由于无知或蓄意侵略，不用我国已有的地名称呼而只用外国语译名。例如称台湾为"福摩萨"（Formosa），称珠穆朗玛峰为埃佛勒斯峰（Everest），沙皇俄国侵占我国东北领土后把庙街改名为尼古拉耶夫斯克（НИКОЛАЕВСК），把海参崴改称符拉迪沃斯托克（ВЛАДИВОСТОК），台湾附近的钓鱼岛、黄尾屿、东尾屿等岛屿，日本当局至今仍贼心不死，另外改称为尖阁群岛。在新疆和青海交界处的布喀达坂峰（Buka·Daban）（维吾尔语，意为野牛岭），被改称为莫诺马哈皇冠山（МОНОМАХА）。这都是一些有损我国民族尊严或蓄意模糊我国领土主权的举动，应该引起我们的密切注意，并加以清理。对于西部诸地名，曾世英、杜祥明两先生曾写过长文《我国西部地

---

① 张太湘、吴文衔：《黑龙江省地名释略》（续二），《地名知识》，1981 年第 4、5 期，第 17 - 23 页。

区的外来地名》加以澄清。①

关于民族语地名和外国语地名，下一章还将有专门的讨论。

3. 汉语方言的地名景观

形成不同方言地区的不同地名景观的有另外三类常用字：

第一类是关于不同地形、地貌的通名。例如：

西北黄土高原上的晋语地区和西北官话区的塬、峁、梁、圪垯、墕、崾崄、圈圙等等；

长江三角洲的吴语地区的浜、泾、溇、堰、圩、库（舍）、埭、浦、港（港汊）等等；

东南丘陵地的闽方言地区的埕、垵、行、隔、坂和客家方言区的崇、嶂、岽、塅、坳，以及通行于闽、粤、湘、赣等地的坪、坑、墩、垅、墟、坡等等。

珠江三角洲的粤方言地区的涌、滘（漖）、冲、氹、埌、围等等。

第二类是关于聚落的通名，其中有的是某个方言独特的说法，例如闽方言区说"厝"（家、房子：张厝、李厝、三块厝）；有的是几个方言区共有的，例如粤方言和客家方言的"屋"（张屋、石屋），客家方言和赣方言共有的"坊"（江坊、文坊）。城镇的小巷，北京说"胡同"（绒线胡同、丁家胡同），上海叫"弄堂""弄"（487 弄、钱家弄），南方其他地方普遍称"巷"（珠玑巷、陈家巷）。农村的集市，官话区普遍称"集"（符离集、辛集），闽、粤、赣、湘称为"墟"（高兴墟、新墟），在西南官话区称为"场"（羊场、龙场）。

第三类是关于方位的方言词。例如吴方言说"上"为"浪"（潭浪、埂浪），闽方言称"旁边"为"垱、兜"（树兜、田垱），客家方言把"下面"称"背"（岭背、堂背）。

有许多古来就有的通名，在各个方言区只有用得多、用得少的差别而不是有与无的差别。例如，屯（暖水屯）、家（王家、三家子）多见于东北，家庄（祝家庄、李家庄）多见于华北，坊（王家坊、邓坊）多见于客家方言区，宅（张宅、王宅）多见于闽方言区，家山、家坪（朱家山、王家坪）多见于赣方言区。

有时同一个大方言区里，不同的小地方的地名景观也会有很大的差异。例

---

① 曾世英、杜祥明：《我国西部地区的外来地名》，见褚亚平主编：《地名学论稿》，北京：高等教育出版社，1986 年，第 247－272 页。

如，同是吴方言区，常熟市和金华市就有很大不同。据两市的地名图，常熟市的常见通名是：

泾：东王～、孟～、张～、大山～、陆石～、李家～

浜：孙～、西～、香菜～、丁家～、吴祥～、烧香～

荡（宕）：东草～、西草～、～泾、虎丘～、叶家～、邵家～、芦～

宅基：各姓都可以组成"×家宅基"或"×家基"的村名

溇：朱家～、大～、稍～、曲～

而金华市最常见的通名是：

畈：白沙～、小雅～、西～、晚田～、莘～、新～、宋家～

埠：严～、陈～、下～、后～、狮岩～、石～、大～头

此外还有极具特色的姓氏地名：

青阳郑	五都钱	派溪李	山后童
桥里方	寺后王	畈田洪	和尚廖
后张	下汪	上汪	后涂

在西南官话区，我就《贵州省平坝县地名录》的地名图作了统计，出现频率最高的通名用字是：

寨：下～、对门～、新～、石头～、平～、吴家～、大～。寨是村子。全县共有带寨字居民点142处。

坝：～上、上～、胡～、大芦～、沙～、秦家～、猫～。坝就是山间小片平地。全县共有带坝字居民点64处。

田：白泥～、哑吧～、三岔～、杨家～、石板、沙～。有田才有村庄。全县带田字居民点42处。

西南三省的方言称为西南官话，彼此之间十分相近，但常见通名却有不少差异，除了不同民族语的不同地名景观之外，就汉语地名来说，四川多称"镇"，云南多称"街"，贵州多称"场"。像贵州那样多用寨、坝作为村落通

名的，在川、滇并不多见。

　　同一个地区里如果通行着几种方言，通过常用通名用字的比较，往往可以看到方言区的界线。换言之，常用地名用字的分布和方言区的分布往往是相应的。我曾以 1982 年出版的《福建省地图册》和 1982 年各县所编的地名录就福建省内各方言常见的 24 个地名用字进行了大规模的统计，结果发现这 24 个地名用字的分布和福建省诸方言的分布是一致的。如果把 24 个地名用字的分布按 9 个方言的分布统计出现次数，则可得出以下对照表，如表 6-3 所示：

表 6-3　福建省 24 个常见地名用字与诸方言分布对照表①

	闽南	莆仙	闽东	闽北	闽中	尤溪	顺将	赣语	客家
家	13		25	23	9		3	116	71
屋	2								52
厝	155	30	73	21	4	1	3	7	8
宅	49	8	35	6		6			
坊	2			5	8	1	25	40	98
地	33		15	28	10	5	14	19	75
墩	26	1	28	103	15	2	16	2	4
坂	99	4	40	3	13	1			
墈			3	9			1	7	20
岬				6	5			8	17
埕	14	2	26	3					
埔	77								
畲	43		2	28	3	2	1	4	56
背	3							3	46
兜	25	5	26	4	1	7		1	
墘	31	5	21	10	1	1	1		1
径	20		1				1	7	16
窠				8	3		2	7	4
坵				40	4		4		1
垱				22	1		6	2	

　　① 李如龙：《从地名用字的分布看福建方言的分区》，《汉语方言研究文集》，北京：商务印书馆，2009 年，第 477 页。

（续上表）

	闽南	莆仙	闽东	闽北	闽中	尤溪	顺将	赣语	客家
垜	3				6			1	38
峉				17					15
隔	26				1				4
岽	9	1							2

福建境内各个方言区的代表方言及其所分布的县市如下：

闽东方言区，以福州话为代表，包括 18 个县市：福州、闽侯、长乐、福清、平潭、闽清、永泰、古田、屏南、罗源、连江、霞浦、宁德、福安、柘荣、福鼎、周宁、寿宁，其中福鼎、霞浦沿海有闽南方言岛。

闽南方言区，以厦门话为代表，包括 23 个县市：厦门、金门、同安、泉州、晋江、惠安、南安、永春、安溪、德化、大田、龙岩、漳平、漳州、龙海、长泰、华安、南靖、平和、漳浦、云霄、诏安、东山。其中龙岩、诏安、平和及南靖有客家方言，大田县内有"后路话"小区，属于闽南方言和闽中方言的混合语。

莆仙方言区，以莆田话为代表，包括莆田、仙游（新行政区划除莆田、仙游之外，另设涵江区和江口区），莆仙方言兼有闽南、闽东两区的特点，也有自身的一些特征，属过渡型方言。

闽北方言区，以建瓯话为代表，包括 7 个县市：建瓯、建阳、崇安、松溪、政和、南平、浦城。其中浦城县三分之二的地区属吴方言，南平市区及西芹镇有数万人说的是官话方言。东部一些乡镇通闽东方言。

闽中方言区，以永安话为代表，包括 3 个县市：三明、永安、沙县。在新兴工业城市三明说原三元话的只占少数。

闽西客家方言区，以长汀（或上杭）话为代表，包括 8 个县：长汀、上杭、永定、武平、连城、清流、宁化、明溪（其中明溪县东部有闽中方言的影响）。

闽西北赣方言区，以邵武话为代表，包括 4 个县市：邵武、光泽、泰宁、建宁。

顺昌、将乐过渡区，属于赣方言与闽北方言的过渡方言，其中顺昌县东北部通行闽北方言。

尤溪过渡区，属于闽南、闽中、闽东、闽北诸方言区的过渡方言，由数种小方言组成。

以上两种分布的分析结论是：

（1）属于方言词的地名用字的分布和方言区的界线最为一致。例如厝、坂、埕、兜、墘，只见于闽方言区；屋、崃、背只见于客家方言区。

（2）非方言词专有的地名常用字的分布也往往反映方言区的界线。例如家、坊多见于客赣方言区，墩多见于闽方言区。

（3）同一方言的小区之间，在地名用字的分布上也常常有自己的特点。例如坜、垴、墩多见于闽北方言区，垵多见于闽南方言区。

（4）方言交界地带或历史上方言有过变迁的地区往往在地名用字的分布上出现兼有附近两个大区特点的情形。例如龙岩县兼有闽南、闽西的特点，顺昌、将乐片兼有闽客、闽赣的特点，客家区的明溪县有闽语地名用字，赣语区的泰宁县有闽语区的特点。

（5）邻近的方言区有时也有地名用字分布上的共同点，这可能是相互间影响的结果。例如闽西客家话和闽南话两区共有的“隔”和“岺”。

即使在同一个县内，如果有几种明显不同的方言，从地名景观上也可以看到某些不同。试以浙江省泰顺县为例，该县汉族有四种口音：闽南话（俗称彭溪话）、闽东话（俗称蛮讲）、温州话（俗称莒江、百丈话）和处州语（俗称司前、罗阳话）。前两种属闽方言，后两种属吴方言。据泰顺县地名办和地名学会 1984 年所编的《浙江省泰顺县地图册》（内部刊行），取四个乡为例：

黄桥乡和碑排乡的居民点有：猪母岗、桥头岗、木岱山岗、木岱山、天垄岗、来龙岗头、北住、墨半住、周埠庵、高岱、黄家岱、岱头脑、板岱头、外板岱、大岗背、文岗、坪岗、松树岗等。居民点用“岗”“住”“埠”“岱”作通名，这是吴语处州话片的特点，都是未见于闽方言的。

莒江乡和包垟乡的居民点有：章岙、东山坟、坟头岗、白岩栋、林岙、章坳头、坳门、钢潭背等。其“岙、坳、坟、栋”等用法与吴语温州话区连片。

属于“蛮讲”的凤垟乡有：梨樹、垟、垟头、下村垟、李垟、梧桐垟、坑底垟、叶家垟、种田垟、垟边首、牛头垄、田窟垄、企垄、大岭垄等。垟就是闽东地区最常见的“洋”，指大片平坦的水田。“树”写为“樹”，也是闽东方言区的特征。

彭溪乡的水井丘（坵）、新厝内、香菇寮、门楼厝，峰文乡的隔后、路脚（即骹）、横岅（即坂），富垟乡的大门隔、半岭、大隔尖等则是闽南地区常见的地名。

第七章　地名的语源考释

一、考察地名语源的重要性

中国是一个多民族的国家，不同的民族原来都有自己的祖居地。但是，在漫长的历史中，大多又经历过多次长距离的迁徙。从总的趋势来说，中国历史上的大规模移民有四种走向：第一是北人南移。这主要是黄河南北的汉族的几次向江南迁徙，规模最大的是3—6世纪的六朝时期、9—10世纪的宋元时期。第二是东人西移。主要也是汉族的移动，包括汉唐以来西域的屯垦、三国时代西蜀的发展以及明清时期对大西南的开发。第三是边民内移。主要是几个入主中原的民族——契丹、突厥、蒙古、女真向中原地区的迁徙。第四是南人外移，即近代东南沿海的人从海上播迁到国外定居。

住地易主了，原有地名不可能荡然无存，新来者往往沿用原有的地名。在多民族杂居的地方，不同的民族都会对居住地命名。于是地名中就有不同民族语言的语源差别。例如广西的百色是壮语地名，现今住的主要是汉族，南宁、龙州的主要居民是壮族，地名却是汉名。

不同民族间的语源差别当然是重大差别。对汉语来说，不同方言之间的差别也不小。因为中国历史长、人口多、地域广，不同方言在继承古代语言上有很多不同的表现，散居各地之后又有很多的创新，因此汉语方言的差别比许多别的语言要大得多。例如，聚落名叫乡、村、庄、屯、社、圪垯、屋场、胡同、弄堂；山体名叫山、岭、岗、崶、嶂、嵊、崮、顶；湖泊名叫湖、泊、海、池、潭；河流名叫江、河、溪、港、水、涌、滘、浜、泾，不可说差别不大。其中不但有数千年历史遗留下来的不同层次，也有南北各方言的种种变异。狭义地说，这是同源异流的差异，广义地，也可以说是语源的差异。

不进行语源考证，有些通名就很难准确地定义。像库仑、浩特、敖包、戈壁之类的通名，人们一看就知道是民族语地名，必须考证其语源，另外一些地名的语源就未必容易理解了，例如，黑龙江省的木兰县之所以叫木兰，与木兰花、花木兰都没有关系，而是满语"围猎场"的译音。广西的"板、那、峒、南"之类，不作语源分析也很费解。同样是汉语的语词，不作语源分析，放在古今语、南北话里定位，有时也很难准确地理解。例如，"坟、墓"都认为是埋死人的地方，但是，在上古时期，坟、墓还可以指隆起地面的土丘，《说文》："墓，丘也"，《尔雅》："坟，大防"，《方言》："坟，地大也，青幽之间凡土而高且大者谓之坟"。汉族的殉葬制度看来一开始就是土葬，但是从"葬"字的造字看，是把死人埋在草丛里，后来实行厚葬之后，才选择干燥的高丘来下葬。现有的一些带"坟、墓"的地名未必都与掩埋死人处有关。"许墓"也许就是"许丘"，福建安溪有"虎崎墓、大地墓"，广西灵山有"松名坟"，看来还是理解为"丘"更合适。

对地名进行语源考释，其意义不仅在于准确地了解地名的命名意义，还可以为民族史、地方史提供宝贵的语料凭证。例如北京市内的诸多湖泊在元代以前通称"积水潭"，蒙古族入主北京后，按草原人的习惯称湖泊为"海子"，于是有了北海、中海、南海、西海诸名，后来又辗转派生了"北海北夹道、前海西街、西海北沿、后海西沿"等街巷名。

二、古代地名用字的演变和考释

各地方言中有些地名用字本来就是从古代汉语沿用下来的，因为只保存在局部地区，其他地方不用了，于是成了生僻字或生僻的音义，也有些地方把一些字改成异写，因而成为生僻的形体。就这些现代的音义去查阅古代韵书，常常可以考出音义相符的本字。这种考证工作是很有意义的，因为它不但为现代方言词找到本源，也为古代语词找到了现存的语言实证。略举数例如下：

畈　音贩 fàn，指大片的地势平坦的田地。《广韵》方愿切：田畈。"田畈"的说法至今在吴语地区还有，别的方言已不说了。明代吴人所编《字汇》为"畈"注："平畴。"清代吴人范寅的《越谚》则有"畈哩"条，注曰："田野间。""畈"字在浙江吴语区常见于地名，例如《金华市地名志》所绘的县地名图里就有：雅畈区、莘畈乡、石道畈乡，自然村名中带畈字的就更多了：畈田洪、白沙畈、寺畈、西畈（三处）、晚田畈、后畈田、新畈、东畈、高畈、沙畈、宋家畈等等。

塘　在闽、粤、湘、赣，塘指的是池塘。向塘、上塘、李家塘、塘下等地名都很常见。在吴方言区，塘指的是挡水的堤防。范寅的《越谚》说："塘，捍海堤防也。越都南山北海东西皆江，潮咸不粒，筑土卫之，潴淡水隔咸水以保良田庐舍。非如别县田中储水处曰塘也。"据《上海市地图集》，在上海市闵行区附近，我们可以发现许多这类带塘字的地名：上海县有赵家塘、周家塘、谢家塘、盛家塘、李家塘、宋家塘，松江县有康家塘、赵家塘、杨家塘、汤家塘、塘里（二处）、五里塘、茹塘，奉贤县有张塘、吴塘、姚家塘，青浦县有杨家塘。其实"塘"的"堰"义早在汉唐时代就有了。《后汉书·许杨传》有"起塘百余里"句，李贤注曰："塘，堤堰水也。"可见也是古义的保存。

隔　音格 gé，有时也写作"格"，这是闽方言区的常用地名字，据福建省55 县市地名资料统计，全省有带"隔"字的地名221 处（写为"格"的尚不计在内）。"隔"指的是陡峭的山体。"隔头"见于龙岩、大田、漳平、仙游，"后隔"见于龙岩、尤溪，德化的十八格是很有名的陡峭的大山。"隔"字造字时就是从阜，用来表示山体的。《说文解字》卷14："隔，障也"，古覈切。后来的共同语主要引申用作动词，闽南话保留的名词用法就成了生僻义。

厂　闽北山区有许多带"厂"字的地名，外地人乍一看会感到奇怪：山里还有那么多工厂？其实，那是远离村舍的山路旁的棚子，有屋盖，没有墙壁，供山间行人避雨歇息之用。农忙季节山民进山耕作，收获时也可堆放工具肥料。武夷山市范围内带厂字的地名就有数十处，有些还是山间的棚子，有些是从一个棚子发展而成的村庄，也以厂作村名。例如洋庄乡有田厂、曹厂、对门厂、西山厂、东山厂、碗厂，岚谷乡则有桥头厂、阙家厂、下坑厂、牛头厂、碗厂、溪尾厂。这儿的"厂"用的就是厂字的本义。《广韵》昌两切："露舍。"《集韵》注："屋无壁也。"唐代诗人韩偓《南安寓止》诗有一联："此地三年偶寄家，枳篱茅厂共桑麻。"茅厂就是草棚子。明朝阉党搞阴谋都在"东厂"密议，东厂就是皇宫东边的马棚。今北方各省都还有不少叫"马厂"的地名，马厂就是马棚。福州市仓前山的"马厂街"也因旧时有关马的棚子而得名。

圹　在闽北的武夷山中，还有一些地名带"圹"字（有的也写作"垧"），如兴田乡有大圹、小圹，下阳乡有牛圹、圹头，五夫乡有洋圹。读音是ngiang，"山圹"或"石圹"表示一种上端石头前伸的山岩，岩下可以避雨。这个音的本字其实也是古字（不是"廣"字的简化）"广"。《集韵》鱼检切："因广为屋。"本来也是一象形字，闽北的音义与此相合。

刪　东南各省（浙、闽、台、湘、赣、粤、桂）有个常见的地名用字——圳，圳头、浮圳、圳上、圳前等多处可见，意思都是田间的沟渠。如今的现代化都市深圳，在改革开放之前还是个小渔村，因开有深水沟而得名。闽南话口语里还在说"开圳、圳沟、圳水、大圳、圳仔、圳头、圳尾"。其本字是"甽"。《集韵》朱闰切："甽，沟也"，音义俱合，"圳"是后来简化的俗写。顺便提一下，其标准读音若按反切和各地方音折合，应读 zhùn，现在字典上所注的 zhèn 恐怕是缺乏根据的。

埭 见于吴、闽方言区，音袋 dài，有时也写为岱、垈，意为堵水的土堤。在海里边用海涂围的堤叫海埭。沪、浙、闽、台四省市都有许多带"埭"字的地名。以上海郊县为例，奉贤县有徐家埭、戴家埭、西河埭、杨家埭、东陆家埭，青浦县有俞家埭、盛家埭、沙家埭、网埭，金山县更多，有东陆家埭、杨家埭、罗家埭、横浜埭、赵家埭，松江县有油车埭、西高家埭以及带陈、陆、罗、姚、金、柳、范、卫、吴、戴、胡、余、黄、林、余诸姓的"家埭"。《广韵》徒耐切："埭，以土堨水"，音义俱合。

浜 这是长江三角洲最常见的通名用字之一，音邦 bāng，意指小河沟。单是著名的沙家浜所属的常熟市，全市范围内就有带"浜"字地名 84 处。《广韵》布耕切："浜，安船沟"。清人魏源《东南七郡水利略叙》云："江所不能遽泄者，则亚而为浦、为港、为渠、为渎，为洪、泾、浜、溇，凡千有奇。"这也是在外地少说，在吴语北区多见的通名。

三、方言地名的调查和考释

调查考释方言地名用字时必须注意区别三种情形：

1. 古语的别流

有些方言地名用字是古来就有的字，甚至就是常见字，但是字义上或扩大、或引申、或缩小，有时还写为别的字。如果写为别字，并已经通行，不妨先维持现有的俗写，但是在考释其词源时必须说明其本字是什么，字义发生了什么演变。例如：

墟 这是南方各省常见的地名用字，音虚 xū，也有写为"圩"的，意指农村定期的集市。在北方官话叫"集"，在西南官话叫"场"。"墟"字早在《说文》中就有了，但是音义不合。《说文》义为"大丘"，指的是山体。《广雅》疏证："故所居之地"，则是指废墟。《广韵》去鱼切，应为 qū。到明代的《正字通》才收了"集市"的义项："墟，今俗商贾货物辐辏处谓之墟，亦谓之集。"事实上，南方早就有墟集的说法，柳宗元到南方后所写的《童区寄传》说："二豪贼劫持反接，布囊其口，去逾四十里之墟所卖之。"旧注："南越中谓野市曰墟。"对于这个"墟"字，清番禺人屈大均有个绝妙的解释："粤谓野市曰虚。市之所在，有人则满，无人则虚。满时少，虚时多，故曰虚也。……昔者圣人日中为市，聚则盈，散则虚。今北名集，从聚也；南名虚，从散也。"①

泾 这是江南水乡最常见的地名用字。音经 jīng，意为小水沟。《常熟市地名录》所附图上，全市范围内带"泾"字地名有 170 处。吴方言中"洋泾浜"就是"土洋混杂"的意思，可见泾、浜都是本地"土产"。泾字早见诸古籍，本为水名。泾水、渭水在镐京（长安）时代就有了。"泾渭分明"也是早有的说法。后来，泾还用作州县名，如甘肃有泾州，安徽有泾县，《说文解字》："水出安定泾阳开头山，东南入渭，……，从水�ූ声。"这都与吴语区的泾无关。直到清代吴县人朱骏声在《说文通训定声》一书中才把吴语的说法列为泾的义项之一："今吾苏沟渎多名泾者，如采莲泾之类。"可见"泾"为沟名确是晚近吴人所创。

溇 与泾同类，也是吴方言地名用字，音楼 lóu，意为无出口的小水渠。《常熟市地名录》中带"溇"字地名有 24 处。溇，《说文》本为"密雨溇溇不绝貌"之意，到了《广韵》才有"沟通水也"的注释。而在吴方言专指无出口的小沟。范寅《越谚》注溇："叉港穷源处"，是也。可见溇字虽古，用作沟渠的字义却是方言所创的。

岐（崎） 这是闽方言区的常见地理通名，在闽东写为岐，音［ₑkie］，在闽南写为崎，音［ₑkia］，都是指弯曲的岩岸。据福建省 55 县市地名资料统计，全省带岐字地名 413 处，带崎字地名 257 处。在闽侯县内闽江口沿岸较大的地名中就有琅岐、东岐、阳岐、筹岐、新岐、高岐、竹岐、青岐、上岐。小金门岛上有青岐村。在闽南沿海多写为崎。例如厦门市著名海堤就在高崎与集美之间。这个读为平声的岐、崎，其本字应是碕。《集韵》渠羁切："碕，曲岸，或作埼"，《广韵》渠希切："碕，同崎，曲岸"。②

但是必须注意，在闽方言还有另一个读为上声或去声的崎，意为陡坡。内陆的一些带岐、崎字的地名应是另一个"崎"。《集韵》巨绮切："崎，岰崎，

---

① 屈大均：《广东新语》，北京：中华书局，1985 年，第 47 页。
② 这部分材料可参阅李如龙：《闽台地名通名考》，见中国地名学研究会编：《地名学研究文集》，沈阳：辽宁人民出版社，1989 年。

山貌。"泉州音［ᶜka］，福州音［kʻiɛ²］。在福建省，平和县有崎岭，闽侯、永安县有岐头，厦门市区巷名有"二十四崎脚"，福清、长汀县有崎岭下。台湾省的新竹县宝山乡有大崎村，彰化市鹿港镇有东崎里，台南县有龙崎乡，该乡还有土崎村，南投县竹山镇有崎脚。这都是不在水边而在山坡边的崎。

埕（庭）　也是闽方言地区常见乡村通名。福州音［ₛtiaŋ］，厦门音［ₛtiã］，意为"场子"。闽南话地区至今还有"门口埕"（门庭）、"曝粟埕"（晒谷场）、"蛏埕"（种蛏海涂）、"盐埕"（晒盐场）、"沙埕"（沙滩）等说法。"埕"在古代原指"酒瓮"，到清人顾炎武《天下郡国利病书》始引述福建人作"盐埕"——晒盐的场子。这是福建通行的俗字，见于闽方言韵书《戚林八音》《汇音妙悟》等，用作地名时有的写为"庭"或"呈"，其本字应是"庭"。《广韵》特丁切："庭，门庭。"在福建省，石庭村在莆田市写为石庭，在漳浦县写为石埕，在建瓯县写为石呈。埕边见于南安、晋江、福清、永春、仙游、惠安等县，沙埕见于长乐、福鼎等县。在台湾省，台南县、高雄县有盐埕村，台北县、南投县有东埕村，在台南县还有北门乡的旧埕村、柳营乡的中埕村、麻豆乡的大埕村。从门口的庭院而引申为远处的"场子"并用作村名，也是闽方言地区的创新。

洋　这是南片吴语和闽语常见的通名用字之一。在浙、闽、台三省有密集的分布。在浙江多写为垟，其他地方写为洋。多数带洋字的地名是表示平坦的大片水田，方言口语可单说，也说"洋田、田洋"。在台湾省，台北县贡寮乡有田寮洋，高雄县旗山镇有吉洋里。在闽东邻近浙江地区也写为垟，如福鼎县有牛蹄垟、王家垟、山头垟。在浙江省的泰顺县，据该县地名办绘制的地图册，单是村所在地以上地名带"垟"字的就有83处。洋最早是水名，后来也引申表示广大之意，至今普通话还说"洋洋大观"，"洋洋自得"则是情绪高昂盛大的引申。吴闽方言的"田洋"也是从"广大"之义引申来的。在这些省份，当然也有指深海的"洋"，例如连江县有竿塘洋，福鼎县有东吾洋，这些是同形同音异义的通名。

淀　diàn　指浅水的湖泊。《广韵》堂练切："淀，陂淀，泊属。"这是北方方言通名专用字，普通话口语并不用，南方也不通行。可用作湖泊名，如河北安新有白洋淀，天津有南淀、鸭淀；也用作村落名，如河北沧县有七里淀，滦县有泡石淀，北京有海淀，天津有北淮淀。

峪　yù　指山谷，通行于北方，普通话口语也不单说。用作山沟名的如北京怀柔的慕田峪、山西山阴的白石峪，陕西富县的长盛峪；用作山名的如昔阳县的地黄峪，陕西蓝田的倒沟峪；用作村名的如辽宁抚顺的安家峪，河北唐山的李家峪，陕西宜君的柳洛峪。

洼　wā 平原地区或丘陵地带地势低洼、湿润的地方常用洼来命名，有多种写法：瞱、窊、坬、堚。主要分布在北方官话地区。例如河北宣化有霍家洼，山东费县有王洼，陕西商南有杨家洼，河北蔚县有柏土窊，山西灵石有茹子窊，河南灵宝有南家窊，山西柳林有刘家堚，阳城有清凉堚，永和有清冲堚，陕西米脂有艾家堚。

由上可见，南方有方言地名专用字，北方也同样有。

2. 方言的创新

有些方言地名用字显然是定居本地的先民就地创造的，这样的通名用字往往表示当地某种特有的地形、地貌，因而都比较常用。方言地名用字不是无一字无来历的，未必都在古书上有"本字"可考。但是对于这些方言通名用字一定要进行音义的详细的调查比较，并通过音义的论证说明某些不同字形的异体关系。以下所举的例子都是我认为古书上查无本字的。

塬　yuán 黄土高原的一种地形，四周是流水冲刷而成的沟，中间突起呈台状，边缘陡峭，顶上平坦。主要分布在陕西、山西及宁夏等地。如三原县有丰塬，长武县有浅水塬，临潼县有孟塬等。这是西北方言通行的写法，有时也写作原。

峁　mǎo 也是黄土高原地区的一种丘陵地貌，顶部浑圆，坡度较陡，范围比塬小。用作山名，如陕西横山县有虞家峁，志丹县有白草峁；也用作村名，如山西方山县有东家峁、马朳峁等。这个方言俗字除了西北地区，也见于贵州省。如黔西县有黄泥峁、龙潭峁。

荡、凼　音同荡 dàng。"荡"是吴方言区的写法，指的是水塘、积水长草的湿地。《越谚》注："栽菱养鱼处。"在江浙一带用作湖名，如吴江县有长白荡，无锡县有青荡，嘉兴市有梅家荡；也经常用作村落名，如松江县有杨家荡、周家荡、石角荡；常熟县有东草荡、西草荡，宜兴市有西施荡，海宁市有葫芦荡。"凼"的写法见于湖南、广东、广西，"氹"的写法多见于湖南、湖北。例如湖南涟源有流水凼，新邵有金盆凼，广东英德有黄泥凼，电白有河尾凼，广西合浦有浸牛凼，湖北黄岗有董家氹，蒲圻有芭蕉氹，广西陆川有涩田氹等。这几个字音义都十分相近，看来这是吴语、湘语和粤语共有的方言词。

崮　gù 通行于北方官话区，指四面陡峭、顶部较平的山。主要用作山名，分布于鲁东南地区。如沂南县有孟良崮、石崇崮，费县有云天崮、大崖崮，平邑县有五王崮等。

垴 nǎo 常见于西北地区。用作山名，如山西文水有大车沟垴，河北内邱有黄庵垴、寒山垴；也用作村名，如山西寿阳有陈家垴、官地垴，宁夏西吉有大堡垴、东湾垴等等。

塅 duàn 通行于北方方言及湘、赣、客等方言地区，是较大一片坡度不大的地段，北方写为段，南方写为塅。例如河北康保有大四段，吉林双辽有前头段，江西永丰有梨树塅，湖北通城有越家塅，湖南醴陵有中潘塅，广东始兴有凉口塅。

塭　见于台湾省，音 wèn，是洼地里常年浸水处，可作养鱼之用。闽南话说"鱼塭仔"，指的是小鱼塘。用"塭"作地名的如大塭、新塭、旧塭、塭寮、塭仔、塭底、塭内、塭岸头等。

涌　音冲 chōng，通行于广东省及香港地区，是粤方言特有的通名用字。用作河流之名，如南海有官山涌、南沙涌，三水有左岸涌，顺德有黄涌；用作自然村的更多。据文改会汉字处统计资料，全广东带涌字地名多达 2585 处，香港新界有三桠涌、水潭涌、笃尾涌等。其中，有些地方写为"埇"。

滘　也是粤方言地名用字，音教 jiào，又写作漖，意指分支的河道。水边的村庄常称滘。主要分布于广东省，据统计，全省带滘字的地名有 269 处。用作河流名的如新会的黄鱼滘，用作村名的如中山的马鞍滘，顺德有北滘、沙滘。广西也有少量分布。

塱　也是粤方言的地名专用字，音朗 lǎng，又写作塤，广东带塱字地名达 1088 处，广西也有 151 处，香港也可见到。带塱字的村落多在水边地势较平、较低的地带。例如广东中山有南塱，英德有东塱、青皮塱，香港有牛牯塱。

3. 方言词语入地名

有些方言地名用字不是通名，而是常用的方言词被作为地名的附加语素或作为专名。例如各方言的一些常用方位词就常被组合于地名。而专名中的方言词虽然出现频度低，但外地人很不容易理解。例如：

浪　吴方言的方位词，音同浪，意为"上"。苏沪一带，末字为"浪"的地名不少：上海市有高家浪、窑浜浪，昆山有渔池浪、南埭浪，常熟有潘家浪、花园浪、闸浪、胡巷浪，松江有陈家浪。

兜　闽方言的方位词，音 dōu，意为旁边。福州有树兜、南门兜，罗源有岭兜，屏南有井兜，永春有军兜，福安有店兜，尤溪县内带兜字的较大地名就有：山兜、坎兜、墓兜、园兜等。

墘　闽方言常见的方位词。福州音［₋kieŋ］，厦门音［₋kĩ］，意为"边缘"。福建省 55 县市地名资料中带"堘"的地名在 1000 处以上。"溪堘、河堘、林堘、前堘、草埔堘、港堘"等都是常见的地名。浙江苍南的溪子堘、台湾台中的埔仔堘也都是闽南话地名。广东境内的闽南话地区也有 100 多处带"堘"字的地名。

背　客家方言的方位词，音 bèi，相当于普通话的"面"，如可说"后背、上背、下背、里背、外背"。用作地名时的意义往往是"下""后"或"××那里"。例如福建的永定有湖溪背、小山背、洋背、园墩背，上杭有欧坑背、岭背、寨背，长汀有塘背、小径背；广东新丰有石角背，仁化有板岭背；江西兴国有寨子背，大余县仅青龙乡之内就有新岭背、谢背地、塘背上、铺背、老岭背、禾场背、地背上等。

屎　赣、客、粤等方言的方位词，音同笃，意思是"底部"。有的写为"凸、屄"。本字是"屎"，《集韵》都木切："尾下窍也"，原意是屁股，引申为底部。江西于都、龙南有塘凸，广东连南有上锅凸，廉江有寨地屄、石牛屄，广西博白有利山启、㙟垌屄。据统计，广东省带"屎"字地名有 95 处，广西则有 174 处。

势　厦门话的方位词，东势就是东边。音同四。在台湾是常见的地名附加成分。单是大台北地区就东势、南势、北势（桃园）、南势、南势埔、东势埔、东势角（台北）、东势坑（基隆）等。

除了方位词，还有一些方言词也会被用作地名。例如：

禾　湘、赣、客、粤诸方言都把水稻称为禾，在这些水稻产区，用禾字作地名的也很多。例如湖南有嘉禾县，宁远有禾亭，娄底有大禾凼；江西永新有禾川镇；广东平远有禾仓角，罗定有大禾地，清新有禾云坑、禾仓岗，英德有禾丰洞、禾仓头，三水有禾安庄，台山有禾洞，斗门县有禾丰围。

再以台湾省地名为例列举一些闽南方言词入地名的例子。基隆有蚵壳港，高雄有蚵仔寮，台南有蚵寮，"蚵"即海蛎子。苗栗有加苳坑、加苳，新竹有加苳湖，高雄有加苳，"加苳"是一种可制家具的硬木。云林、台南的"海埔"意即海滩。台南、屏东的"番社"指的是原住民（山地人）的村落，台南有红毛寮、云林有红毛港，"红毛"是对欧洲白人殖民者的称呼。又台中、嘉义都有"鸭母寮"，是饲养水鸭子的棚子。台中有"头家厝"，意为"老板家"。新竹的"凤梨坑"中的"凤梨"是指菠萝密，花莲的"番薯寮坑"中的"番薯"指的是红薯，屏东的"水蛙窟"中的"水蛙"指的是青蛙。全台湾到处都有此类用闽南方言词命名的地名，因为最早去开发台湾的正是闽南人。

四、民族语地名的调查和考释

1. 北方诸民族语的借用和译音地名

我国北方诸民族的语言属于阿尔泰语系，其中维吾尔语、哈萨克语属于突厥语族，蒙古语自成一个语族，满语则属于通古斯语族。这些语言都是多音节语，并且有自己的拼音文字，和南方诸少数民族的单音词占优势以及大多没有拼音文字形成鲜明对比。

北方诸民族与汉族的交往时间也很长了，一般都认为北方方言受到阿尔泰语系的一些影响。在地名上则有两种关系，一是借词，二是音译词。

说到借词，首先要提到的是"胡同"。经过许多专家考证，北方话里"胡同"的说法大约是元代之后才有的。据张清常教授的研究，通行于北京及北方一些城市的"胡同"应是蒙古语"水井"（xutak）的借词，蒙古语、突厥语、维吾尔语、满语等北方诸民族语言的"井"在汉族人听起来大致是这样的音。huto 就是水井，就是人们群居的地方。[①] 从意义上说，井是大规模定居的人群的刚需，是居民点的标志。也有学者认为是"城"hot（浩特）的转音，在北方话里也有人说成"火弄""胡弄"，是否也可能是从表示"庭院，围墙"意义的 hure（呼热）音转来的呢？不论借自何者，都是蒙古语源，译音都不太准确，字义也有所变化。说它是早期的蒙古语借词则应该是可以站得住的。"胡同"一词在北方方言里定型之后便广为流传，可谓根深叶茂。张清常教授曾据 1989 年"邮政编码大全"统计，"胡同"在北京、天津、内蒙古、河北、吉林、哈尔滨直到河南都有分布，总数约 5211 条。这是一个很值得注意的借词。

另外就是精心造了两个怪字"圐圙"，该词通行于华北诸省区，内蒙古、山西、河北都有分布。旧时也有写为"库仑"的。各地发音不大相同，一般注为 kulue。这显然是从蒙古语 hure（呼热）音译的，原意是有围栏的草场。后来华北平原上较广阔的居民区全都可称为"圐圙"。在内蒙古草原，叫库仑、巴彦库仑等的地名尤其多，大概是因为就地取材吧。

此外，除上文提到过的"敖包"（obo）外，还有"戈壁"（gobi）和"坎儿井"，已经成了音译的通名了。例如内蒙古乌拉特中旗有杭盖戈壁，阿

---

① 张清常：《释胡同》，《语言教学与研究》，1985 年第 4 期，第 108－116 页。

巴嘎有毛敦戈壁。有时，戈壁也用作沙漠上的村落名，如额尔登戈壁、格布钦戈壁。"坎儿井"是维吾尔语 kariz 的半音译加半意译合成的，是新疆一带的灌溉工程，沿山坡打井，并把井底打通连成暗沟，以便利用山上雪水和地下水来灌田，在地下通水可减少蒸发。

汉语在形成双音节的音步之后，地名习惯于用双音词称说，北方少数民族有比双音更长的多音词，有些民族语地名借用之后经过简化或音译加意译而"汉化"成双音词，例如新疆维吾尔自治区的不少县名就是这种情形：

哈密	简化自哈勒密勒	喀什	简化自喀什喀尔
乌苏	简化自库尔哈拉乌苏	阿图什	简化自阿喇图什
青河	简化自青格里河	博湖	简化自博斯腾湖
塔城	简化自塔尔巴哈台	伊宁	来自伊犁河[①]

北方的蒙、维、藏诸语言至今还在使用着的许多地名，虽然也有意译的汉字可写，例如维吾尔语：Tag 塔格（山）、Kant 坎特（村）；蒙古语：Tal 塔拉（平原）、Hot 浩特（城）；藏语：Zangbo 藏布（江）、Co 错（湖），但这些地名不能算是汉语地名，只能说是民族语的音译地名。

在东北地区是另一种情形。那里原是满族的传统居住地。300 多年前他们入主中原，绝大多数人都迁到关内居住，并且一代一代学习北京话，许多人逐渐放弃了自己的满语。后来充填入住东北的冀鲁一带的人和没有迁走的满人都说着和北京口音相当接近的东北官话。原来东北地区的许多满语地名用汉语译写之后，多半谐音附会成某种意思，成为汉语词，从字面上很难看出是满语地名了。以吉林市的地名为例：

摩天岭 山名，分别在舒兰县、永吉县两处，满语原义是"阻隔"，为 morindenclin 的译音。

蚂蚁岭、蚂蚁河 均在桦甸县常山乡，是满语 mayan（马彦）的谐音译写。

松花江 东北第二大江，发源于长白山天池。满语源音 Suuggriula，原意是"天河"。

夹皮沟 沟名、屯名，还有大小之别，在舒兰县、蛟河县也有屯名叫夹皮

---

① 李之勤：《论新疆各县的命名、改名等问题》，见史念海主编：《中国历史地理论丛》（第二辑），西安：陕西人民出版社，1985 年。

沟。满语发音为 hlyabsaholo，含义是"夹板一样的山沟"，音译加意译。

吉林 作为市名，亦作省名。清康熙年间称"吉林乌拉"，后又简化为双音词吉林，满语发音为 girinula，意为"沿江的城市"。

老爷府 山名，在永吉黄榆乡，满语发音为 layanfu，原义为"峭壁"，谐音译写为"老爷府"。

半拉川、半拉林子、半拉山子、半拉窝、半拉窝集等（屯名）"半拉"来自满语 hula，含义是"荆棘、草刺"。分布在永吉、浽河、桦甸等县。

马路沟、马鹿沟 多处同名的屯名，在舒兰县和永吉县。"马路"是满语 mala 的译音，意为"榔头"。可能是山沟的形状像榔头。[①]

当然，在东北地区，也有呼兰河、齐齐哈尔这样看起来明显为译音词的地名。

2. 南方诸民族语的译音词和底层词

南方诸民族语言属于汉藏语系的壮侗、苗瑶和藏缅三个语族，大多是单音节词占优势，原来并没有自己的文字。壮族旧时有一些用汉字改造过及汉字部件加上声符的"壮字"，但并未普及。新中国成立之后，中央有关部门为许多民族设计了标写民族语的文字，后来也没有充分推广和普及。在这些民族地区，大体上都兼通汉语，使用汉字，所以民族语地名古来就都用汉字译写。有些译写也重义不重音，谐音以取汉义。例如"昆明"就与"乌蛮"（主要是彝语）有密切关系[②]；广西的"百色"是壮语地名"洗衣石"的意思；贵阳市内有"黑羊巷"，"黑羊"二音是彝语的译音，"黑"义为"高贵、美好"，"羊"义为"地方"。

湘鄂川交界处的土家族地区这种谐音汉义地名特别多，而且不少通名已改用汉语的通名。不经深入的调查，就很难识别那是民族语地名。例如"米谷坡"义为"火烧坡"，"米汤坝"义为"火坑坝"，"东洞坪"是"水井坪"，"讨水车"是"干河沟"，"洗车河"是"草河"，"虎头落"义为"阴河（溶洞中的潜流）寨"，"西北车"义为"茅草河"。[③]

云南、贵州是我国少数民族最多的地方，地名的语种繁多，在各种民族语言未经深入研究的时候，许多译音地名存在着混乱。云南的南览江是傣语地

---

① 这部分材料引自邢国志主编：《吉林市满语地名译考》，吉林市地名办公室、吉林市地名学会内部印行，1985 年。

② 王叔武：《关于白族族源问题》，《历史研究》，1957 年第 4 期，第 1–18 页。

③ 张兴文：《土家语地名辨析》，见中国地名委员会办公室编：《地名学文集》，北京：测绘出版社，1985 年，第 234–243 页。

名，"南"就是水、江的意思，应翻译为览江；恩梅开江、迈立开江都是景颇语，"开"就是江的译音，应该称恩梅江、迈立江；藏语雅鲁藏布江，"藏布"也是江的译音，称"雅鲁江"更合适。这些地名都是专名里包含了音译的通名，造成了通名的双语重复。

调查清楚各种地名的语种是一个庞大的工程，没有足够的专业队伍和技术力量是难以完成的。贵阳市郊有三个带"摆"字的地名，花溪区党武乡有"摆牯"，是白苗族语"牛坡"的意思，"摆"是山坡的译音；高坡乡有"摆灯笼"，是红苗语，"摆"是石头的意思，灯笼是意译；南明区有"摆郎"，是布依语，"摆"是山的意思，"郎"是寨子。这类地名中，不论是异音同写或同音异写都常可发现。① 杜祥明的《我国少数民族语地名的汉字译写》② 对于南、北方民族语地名的汉字译写有比较全面的研究，可资参考。

南方诸民族地区的地名中研究较多的是人数最多的壮语的地名。早在 20 世纪 30 年代，徐松石先生的《粤江流域人民史》就有相当深入的研究。1950 年，罗常培教授的《语言与文化》也设立专章"从地名看民族迁徙的踪迹"，其中也有关于壮语地名的讨论。

壮侗语族诸民族早期是南方百越的分支，这在民族学界大体上已成为定论，从壮语的一些通名用字可以看出古越人居住的地域，这也是学者们共同的看法。例如"那"是壮侗语"水田"的译音，从广东省西部起到广西、贵州、云南一直有密集的分布。游汝杰还用这个"那"字地名的分布进行过地理分析，说明从广东西部、广西到云南以及缅甸、老挝、泰国北部这个地带大体上是北纬 21°～24°之间的河谷平原，这便是古越人成功的稻作文化的记录。这是一个很有学术价值的结论。③ 我在研究福建的地名时，也曾注意过这个"那"，在福建写为"拿"和"否"，分布在武夷山区的邵武市和崇安、建阳二县，共有 13 处，在邵武、建阳写为"拿"，在崇安写为否：④

①　谷云昌：《贵阳市地名用字规范问题调查研究》，中国地名学会论文（油印稿）。
②　参见中国地名委员会办公室编：《地名学文集》，北京：测绘出版社，1985 年，第 190 页。
③　游汝杰：《从语言地理学和历史语言学试论亚洲栽培稻的起源和传布》，《中央民族学院学报》，1980 年第 3 期，第 6－18 页。
④　李如龙：《四个福建地名用字的研究》，《地名与语言学论集》，福州：福建省地图出版社，1993 年，第 175 页。

市县	乡镇	带 "拿" 字的地名		
邵武市	拿口镇	拿口溪	拿口村	拿口街
			拿下村	拿上村
	张厝乡	拿坑村	上拿坑村	下拿坑村
	吴家塘乡	拿山村		
建阳县	书坊乡	拿厝村	拿坑村	
崇安县	吴屯乡	大乑村		
	岚谷乡	青山乑村		

在邵武方言里，地名中的 "拿" 读为 ［na¹］（属阴平调），本地人已经不明白它的含义，"拿" 在邵武话里还有两种音义：读为阳平，意为 "拿取"，如说 "拿来，拿去"；读为入声，意为 "捕捉"，如说 "拿人（抓人）、拿鱼（捕鱼）"。在《集韵》里，拿写作拏、挐，也有平声 "女加" 和去声 "乃嫁" 两种反切，平声字下引《说文》注："牵引也"，邵武话的 ［na¹］ 合于此切音义；去声字下注："乱也"，《广韵》去声祃韵 "絮按"，应为 "挐"，乃亚切，丝结乱也，邵武的 ［na］（调值45）音合此切，义有转移。作为地名的 "拿"，显然和这两种音义无关。崇安话的拿读 ［na］（调值55），乑读 ［na］（调值22），因为音义和 "拿" 不同，崇安、邵武声调也不同，所以另造了俗字。

这个 "拿（乑）" 应该就是广东、广西的壮语地名用字 "那、㟖"。关于两广的 "那"，前人已经做过不少研究，都认为就是壮语的 "田"。李方桂的《台语比较手册》将原始台语的 "水田" 构拟为 naaA，在现代壮傣语，水田还多数说 na①，如表 7－1 所示：

表 7－1 "水田" 的读音

壮语		布依语		傣语		
武鸣	龙州	羊场	八坎	剥隘	德宏	西双版纳
na²	na²	na²	na²	na²	la²	na²

武夷山区的 "拿（乑）" 和壮傣语的 na 音义都是相符合的。拿口就是田口，拿上就是田上，拿坑是洼地里有田园，大拿是有大片水田，拿山就是

---

① Fang-Kuei Li：*A Handbook of Comparative Tai*，Honolulu：University Press of Hawaii，1977，pp. 30，111，275.

山田。

众所周知，壮族集中居住区是广西壮族自治区和其东边的粤西、西边的贵州和云南省。据《中国乡镇地名录》，广西境内带那字地名有 1200 多个，云南有 145 个，粤西的阳江县有 31 个。[①]

这些材料的意义在于把古越人栽种水稻的纬度推到了北纬 27°，同时，也得到了一个十分有力的材料说明武夷山地区也是古壮人活动的地方，闽越国与古壮人有族源关系。中山大学梁钊滔教授生前曾推测广西的武宣（县）会不会是"武夷山仙人"的意思，看来这个材料可为他的推测提供有力的证据。

在闽南地区，还有一个很值得注意的"畬"。已经发现有 17 例，见表 7 - 2：

表 7 - 2　带"畬"字地名

县	乡镇	带畬字地名
南靖县	山城镇	后畬底村　畬仔底村　大畬底林场　畬公山专业队
	靖城乡	畬顶水库
	金山乡	水车畬村　畬仔底村　大畬　畬仔底山
	南坑乡	大邦畬
华安县	新墟乡	畬尾村
龙海县	榜山乡	加畬坑村
	东泗乡	畬山底水库
云霄县	后埔乡	畬坪村
	和平农场	后畬村
平和县	小溪镇	畬里村

"畬"是闽南的漳州、厦门地区所通行的俗字。1928 年上海大一统书局出版的漳州话韵书《增补汇音》（石印本）第四卷甘部"上去"声监字韵柳母下有三个同音字（实际上也是同义字）：

垄：泥水深也。

畬：田。

湳：地名。

又，厦门会文堂木刻本《汇集雅俗通十五音》（也是漳州话韵书）在同样

---

①　牛汝辰：《中国文化地名学》，北京：中国科学技术出版社，2018 年，第 88 页。

的音韵地位有"垄"，注，"俗云～田"；1894 年编印的厦门话韵书《八音定诀》在湛韵柳母阴去调也收有"畓、湳"；1915 年编、1932 年上海鸿文书局印行的潮州话韵书《击木知音》也在甘部柳母阴去调收有"畓、湳"。至今，闽南方言还有"田畓、畓田、深田畓"等说法。"畓"厦门音 [lam]，漳州音或读 [lom] [loŋ]，"田畓""畓田"指的是山区里的烂泥田，这种水田有时人畜陷下可达一米以上。闽南话的"畓"还可用作动词，意为"下陷"。徐松石《粤江流域人民史》提到的"㵎"，指水，或作"榄"字、"霖"字，海南岛则用"湳"字。① 这和闽南的"畓"，应该是同源的。

在台语中，也有一个 lam（或作 lom、lum），意思也是"烂泥"或"陷入烂泥"，也是名词、动词兼用。李方桂《台语比较手册》构拟为 lomB¹，原书关于字义的解释是"mud, to sink in mud"。其他台语方言也有同样的说法：

武鸣壮语　　lom^5　　烂泥，下陷

者香、新桥、八坎布依语　lom^5　lom^5　lam^5　下陷

西双版纳傣语　　lum^5　　烂泥

可见，闽南和台语的 lom（lam），也是音义相同的关系词。带"畓"字地名的地方必有烂泥田。"畓坑"就是坡地上有烂泥田，"大畓"是大片的烂泥田。

另一个与壮侗语有关的是"寮"（燎、檫），该字也是比较常见的具有通名意义的地名用字，主要分布于闽南方言区和客赣方言区，通常写为寮，少数也写为燎或檫。它在这几种方言的口语中都可以单说，意指临时简易的棚子，可以是茅草棚（茅寮），也可以是木板棚（柴寮、板寮），还可以用瓦片盖顶而不一定有围墙（山寮、田寮、粪寮），在方言中有代表性的县城读音如下：

南安	长汀	泉州	连城	邵武	泰宁
ˌliau²⁴	ˌliɔ²⁴	ˌliau²⁴	ˌliɔ²⁴	ˌliau³³	ˌlau³³

据不完全统计，福建省 37 个县市中带"寮"字的地名有 368 处。现就主要分布地区的 18 县市举例如下（括号内是所属乡镇）：

---

① 徐松石：《粤江流域人民史》，《徐松石民族学研究著作五种》（上），广州：广东人民出版社，1993 年，第 200 页。

县（市）	出现次数	举例	
南安县	67	顶寮（官桥）	坑边寮（苍苍）
南靖县	39	桐子寮（龙山）	田寮坑（书洋）
长汀县	34	油寮下（铁长）	告化寮下（古城）
漳平县	27	牛寮顶（芦芝）	溪寮坂（双洋）
泉州市	21	茶寮（清源）	新寮（河市）
宁化县	17	木寮下（城关）	瓦寮排（水茜）
龙海县	15	头前寮（莲花）	鸭母寮（角尾）
华安县	14	和尚寮（新圩）	白鹤寮（高安）
连城县	13	田橑（罗坊）	板橑（庙前）
漳州市	12	船寮（西桥）	草寮街（城市）
诏安县	11	麻寮（太平）	下寮（桥东）
上杭县	11	牛寮背（城郊）	纸寮屋（庐丰）
清流县	10	竹瓦寮（林畲）	高寮尾（沙芜）
武平县	10	茅寮（岩前）	板寮（永平）
邵武市	9	黄家寮（沿山）	大柴寮（萧家坊）
长泰县	8	火烧寮（陈巷）	东寮（岩溪）
光泽县	7	庭寮（司前）	南山寮（止马）
泰宁县	7	坪寮（新桥）	寮前（上青）

　　"寮"见于《广韵》萧韵落萧切，是僚的异体字，注："同官为僚。""橑"见于《说文解字》木部（卢浩切）注：椽也。显然，古籍上的字义和福建地名字"寮、橑"的含义都不相干，后者连音切也不合。福建地名的寮（橑）也同台语有关。

　　《台语比较手册》第 132 页有：

	Tone	Siamese（逻）	Lungchow（龙州）	Po-ai（剥隘）
enclosure, chicken coop	C_2	lau,	laau	laauA$_2$

　　台语的［laauA$_2$］表示的是围栏或鸡舍，这个意义和福建方言的寮是相通的。闽南话中一般称人用的棚子为［ₑliau］，如说车寮、茶寮、军寮；关牲畜的棚子叫［ₑtiau］，如说鸡寮、牛寮、猪寮。但是，有时［ₑliau］和［ₑtiau］也可

以变读，如"粪寮"读为［pun²˪liau～pun²˪tiau］（田间堆放土肥的棚子），可见闽南话的寮也是通围栏和畜舍两个意义的。语音上福建方言近于剥隘傣语，但往往有介音 i，这应该是中古以后的音变。寮通僚，原是四等字，四等字在早期汉语是没有介音的，用寮来标［laau］也反映了四等字的这个特征。

除了拿、畲，寮，福建省内，明显属于古壮语地名的"底层"的还有"排"①。把这四个字的分布标在地图上，就可以看出古越人的聚居情况。

关于南方地名中保存的古越语地名还有一大批。较早的是徐松石先生的研究，其后则有游汝杰的研究。② 后者关于"濑、渌、六、罗、古、都、无"的研究，也是很有见地的。

另据陈桥驿教授等的研究，浙江省今古地名中的"余姚、余杭、余暨"中的"余"字应是古越语"盐"的意思。③

台湾岛上在闽粤人移居之前就有原住民，至今有些台湾地名还残留着从原住民语言转化而来的痕迹。据吴壮达教授的研究，宜兰旧称"蛤仔难、甲子兰"，嘉庆年间还称"葛玛兰厅"，葛玛兰系平埔族语，意为"有阳光的地方"；"苗栗"曾写为"猫里"，是山地语"平原"的意思。④

由此可见，应该提倡语言学家（包括方言学家、民族语言学家）和地名学家、民族学家联手研究我国南方各省的地名，民族史上的许多悬而未决的问题，靠地名的语源研究，应该是很有希望得到一些比较可靠的答案的。

五、外国语地名的识别和清理

正如前面提到的，这里所谈的外国语地名是指外国人用他们的新地名来取代我国固有的地名，这是有损中华民族尊严，关系到我国领土主权的原则问题，必须引起我们的注意，并及时加以更正和清理。

1858 年，英国人硬说喜马拉雅山这个世界最高峰是他们发现的，便以组织测量其高度的印度测量局局长 Everest 上校的名字来命名，此后"埃佛勒斯峰"的名字竟在中国流传了一百年。其实，早在 1717 年康熙年间绘制《皇舆

① 李如龙：《四个福建地名用字的研究》，《地名与语言学论集》，福州：福建省地图出版社，1993 年，第 175 页。

② 周振鹤、游汝杰：《方言与中国文化》，上海：上海人民出版社，1986 年。

③ 陈桥驿、俞康宰、傅国通：《浙江省县（市）名简考》，见史念海主编：《中国历史地理论丛》（第二辑），西安：陕西人民出版社，1985 年，第 125 页。

④ 吴壮达：《台湾省地名类型和县、市级地名的演变》，见史念海主编：《中国历史地理论丛》（第二辑），西安：陕西人民出版社，1985 年，第 317－319 页。

全览图》时就已经准确地把此峰标在图上，山名写为"朱母郎玛阿林"。1737年，在海牙出版的《中国新地图》就已经把此峰名译为"M（法文"峰"mont 的缩写）Thoumour Lancma"。直至 1958 年，北京大学林超教授撰写长文论证了这个历史过程，才澄清了被颠倒了的事实。①

除此之外，这方面的重要文章还有：

曾世英、杜祥明：《我国西部地区的外来地名》
孙竹：《几个重要山水名称的考订和黄河河源的问题》

（以上收入《地名学论稿》）

曾世英：《中国地名拼写法研究》，测绘出版社，1981 年
　　　　《做好地名工作　展开学术研究》
　　　　《关于我国地图上岛礁名称的正名和通名规范化问题》

（以上收入《曾世英论文选》）

贺晓昶：《我国南黄海沿岸岛、沙地名的外来影响问题》

（《地名知识》，1986 年第 1 期）

这类地名的识别一般难度较小，因为谐音附以汉义的情况比较少，而西方语言和东方语言的差别也较大。关键要在思想上重视、政治上敏感才能及时发现这类问题。

香港曾受英国殖民统治一百多年，英国政府先后派了二十几位总督来香港执行其殖民统治。几乎每一任总督的名字都用来为香港的街区、建筑物、花园或学校命名。港九最大的八条马路名便是用历任总督的名字命名的：

罗便臣道	Robinson Road	（第 5 任）
麦当劳道	Macdonnell Road	（第 6 任）
坚尼地街	Kennedy Street	（第 7 任）
轩尼诗道	Hennessy Road	（第 8 任）
弥敦道	Nathan Road	（第 13 任）
卢押道	Luard Road	（第 14 任）

---

① 林超：《珠穆朗玛的发现与名称》，见褚亚平主编：《地名学论稿》，北京：高等教育出版社，1986 年，第 206－234 页。

这些路名是香港百年的丧权记录，是国耻的见证。如今香港回归祖国了，这批地名是不是应该加以改易，这是值得讨论的问题。在"港人治港"的原则之下，在 2047 年之内可以由香港特区组织特区公民讨论研究决定如何处置。

我国有些传统地名，原本是有民间俗名的，过去由于官方缺乏调查，滥用外国人编制的地图上标注的地名，造成了套用外国地名的错误。例如我国南海诸岛，历来有海南岛的渔民往来打鱼谋生，许多岛礁都有用海南话命名的名称，并详细地记载在渔民世代相传的手抄航海针经《更路簿》上。但是中华民国民政部 1947 年公布的《南海诸岛新旧名称对照表》却未用民间俗名而用了外国语译名（有的音译，有的意译)①：

	中华民国民政部旧名	外文名	民间俗名
音译地名	湛涵滩	Jehangiro Benk	仙桌
	蓬勃礁	Bornbag Reef	三筐
	仙宾暗沙	Sabina Shoal	鱼鳞
	美济礁	Mischiet Reef	双门
意译地名	南沙洲	South Sand	红草一
	中沙洲	Middle Sand	红草三
	金银岛	Money Island	尾峙
	半月暗沙	Halfmoon Shoal	海公

更妙的竟然还有"出口转内销"的地名："渚碧礁"原来是海南方言"丑未"的译音 Subi 被重新翻译成官音。这当然是不应该发生的事。在 1983 年中国地名委员会公布的《我国南海诸岛部分标准地名》中已经比较合理地解决了这些问题。

---

① 刘南威：《现行南海诸岛地名分析》，《中国南海诸岛地名论稿》，北京：科学出版社，1996 年。

第八章　地名的演变和发展

一、汉语地名的演变

汉语的地名不但数量庞大，而且因为历史漫长，大都经过复杂的演变。正因为研究汉语地名的演变有着特别丰富的内容，能说明历史社会变迁的许多事实，所以它历来都是引人注目的显学。传统的历史地理学的重要分科之一就是研究地名的沿革流变。

1. 研究地名的演变主要是考察名与地的关系

地名是地之名。名是形式，包括读音、字形、命名法和命名意义；地是内容，主要指它的位置、范围、在地名系列中的地位（属辖关系）及该地的自然与社会的主要特征。

世界万物无一不在时刻发生着各式各样的变化，不论是隐性的、显性的，渐变或突变，无非都是内容与形式的矛盾、差异和分离，而后又有合并、转换和消亡。

地名的演变可归纳为名与实的五种关系。

第一，有实而无名，这是前地名的状态。早在人为地命名之先，地就存在好长时间了，有了地名之后则有实有名。研究从无名到有名就是研究某地地名之始。

另一种有实无名是某种文化消失之后，留下来的种种地理事物也就没有名称了。例如著名的"三星堆"曾有过相当繁荣的文化，至今还留给后人无限的遐思和猜想，当地的地形地貌和地物可能已经发生了许多变迁，其名称也荡然无存了。"三星堆"之名显然是后人所名。2021年经过再次大规模发掘，又发现了许多新的文物，值得作进一步研究。

第二，有名而无实。例如设置过的县又废弃了，或由于天灾人祸不再存在的村落。地震陷落、大火焚毁或集体逃荒都会造成聚落的消失。本来就只有三几户人家，先后迁下山了，山区的小村也便成了废村。近年来为了扶贫，远离城镇的山区穷乡村经当地政府组织集体迁居别地也是这样的情形。考古学家有时会利用这种废弃的地名发现线索，有时还得到重要收获。两千年前丝绸之路上的古楼兰应该是繁荣一时的，其残垣断壁至今还会引起人们多少遐想啊！

第三，名存而实异，这是最常见的演变。最广义地说，任何现存的地名都在发生"日新月异"的变化，狭义地说，这是指那些自然或社会状况发生重大变化的地方。例如"水北"成了水南（如汉阳），湖泊干涸了（如罗布泊），植被消失了（如北京樱桃沟），设置的首都、州治、县治迁走了（如长安），原住民迁走了又入住了新的民族（如闽西某些带"畲"字的村落），居民族姓不同了（如石家庄）等，都属于这一类。研究各种地理实体、社群聚落、人工设施的兴衰以及命名意义的移易变迁，都属于这类研究，这是地名学研究的常见内容。

第四，名易而实同，即种种人为的易名，俗名雅化，改朝换代或因"犯讳"而易名，场、军升为县、州，撤县改市，或原有的府城、县城沦为乡镇，凡此种种，往往当地的自然及社会情况并未发生重大的变化。这是传统的地名研究着重研究的地名"沿革"的内容。

第五，名实俱亡，一个聚落一旦毁灭了、消失了，如果没有文字的记载，也就名实俱亡了。几千年过去了，这种不知名的废墟，垦而复荒的村落和岛屿，一定是很多的。例如考古工作者从地下发掘出大量古物，这种已经无名无实的地名又会增加一个新名，如"大汶口文化""遇林亭窑址""昙石山文化"等等。

关于名与实的关系，重温一下荀子"正名"篇的一段话，相信会有很多启发，也一定会使人赞叹这位三千年前的先哲的智慧。下面分段加以说解。

"名无固实，约之以命实，约定俗成谓之实名。"这说明名与实并无固定的、必然的联系，只是经过人们在社会生活中约定俗成，名与实才有了联系。任何地名初始阶段必有这种经过约定而俗成的过程。

"名有固善，径易而不拂，谓之善名。"这是说，名称有优有劣，易懂而不易用错的便是好名。地名难道没有好坏之别吗？为新地命名，有的一次就用开了；有的则约不定、俗不成，几经改变之后才定下名来；有的改易的新名（如"文革"中的"一片红"地名）没多久就被废弃了。

"物有同状而异所者，有异状而同所者，可别也。"形状相同而存在于不同地方的东西或同一个地方存在着不同形状的东西，都叫作可加区分的事物。

例如不同地方的"三叉街"或同一个地方的"三叉街""十字街"当然都是可加区别的不同的地与名。

"状同而异所者,虽可合,谓之二实;状变而实无别而为异者,谓之化;有化而无别,谓之一实。"形状相同的两个地方(三叉街、水口村等)虽可归为一类,但仍是两个实体。形状有些变化,实质并无差别,又要改变名称的,只是一个易名。名字变了实质并无差别,还是同一个事物。这是说,任意更名并不妥当。

"此事之所以稽实定数也,此制名之枢要也,后王之成名,不可不察。"他主张命名必须根据客观实际加以必要的区别,当权的人,尤其不能违背规律,任意为之。

2. 名与实都有两种不同的演变速度

地名的演变速度也应该是地名学所关心的问题。名和实都可分为两类,一类变得快,一类变得慢。

就"名"的演变说,自然地理实体的名称变得慢,人文地理实体(人工地物及社群聚落等)则变得快。山名、水名、平原、岛礁的名称往往一经命名就沿用数千年,有时从未更易,但人工的植被(植物园)、建筑(楼台)、聚落(十里铺、三家村)则相对地多被更名或废弃。

就聚落名称而论,民间命名的小村落往往变得慢,而官方命名的行政区划名称则变得多、变得快。20世纪80年代地名普查的时候所厘清的县名的沿革通常都是很复杂的,又是升、废、并、省,又是避讳、避俗、避重名,又是雅名、别称、旧名、简称,以致编写地名词典时难以定夺:详写则篇幅庞大,略写又难以统一。而自然村名往往就没有多少变化。

就"实"的演变说,也是自然地理实体变得慢,人文地理实体变得快。沧海桑田总以百年千年乃至万年为比较计算单位;决定城乡存废的战役打上十天半月就算长的了。建村时是李家庄,要不了几代人可能就成了张家庄。不久前还在发生这类不同族姓的居民争论着要不要改名的事件,甚至为"张王村"或"王张村"的排序大动干戈。

就聚落来说,大城镇比小村落变得慢。三户五户的山村往往建得快也废得快,而有着悠久历史、形成了一定文化传统的老地方,即使遭受种种天灾人祸,人们总要想尽办法把文化延续下去。唐山在经历过毁灭性灾害之后,二十年时间又建成了一个更加美丽的新唐山,这就是一个生动的事例。自从城市兴起之后,多少代人过去了,乡下的人还总是在往城里挤。城市里高度的文明、发达的文化是人类创造出来的，它必定要转化成一种精神，形成一种凝聚力，推动着人类去创造更加美好的新的文明，这就是人类文明演进的规律。

下文让我们沿着由名察实的途径来看看地名的过去和现在是如何反映自然和社会的变迁的。

二、地名的演变和地理环境的变迁

1. 地名反映陆地、山川的变动

上文已经提过，汉阳原在汉江的北岸，如今却在汉江的南岸，原来汉江是明成化年间在那里改道的。至于福州南台岛上众多带"屿"字的村庄，并无历史的记载可征，只好靠考古学和自然地理的研究来论证。

其实，不单是福州郊区有带"屿"字的地名，台湾海峡两岸都有此类带"屿、岛、港、海"等字眼的地名，例如：

闽侯县：南屿、董屿、宏屿、沪屿

长乐县：东屿、塘屿、赤屿、屿后、猴屿、象屿

平潭县：霞屿、东屿、矾屿、洋湖屿

福清县：梧屿、青屿、赤屿、屿礁、北屿、南屿、后屿、双屿

涵江市：岛前、岛后、岛中

惠安县：屿头

龙海县：顶屿尾、下屿尾、屿（仕）兜

基隆县：蚵壳港

彰化县：管屿厝、鹿港、埔盐

嘉义县：港墘

台南县：头港、后港、海尾寮、海寮、港口

高雄县：顶盐田

屏东县：海埔

经过在地图上验证，这些带"屿、岛、港、海"的地名都不在海滨。显然是海岸线外伸的证明。海平面专家、福建师范大学林观得教授曾有过著名的论断：东南海岸在距今40万年的第四纪更新世有过海侵时期，在福建为400～500米，台湾为600～700米。后来又有间歇性的上升和回降。到人类开始活

动之后,上升的多。[1] 这也合于民间的传说——"沉东京,浮福建"。在福建沿海一直有东京湾下陷而福建上浮的说法。武夷山的架壑船棺使许多人怀疑,早年那里原是海边,否则那么大的独木舟怎么被抬上去嵌在悬崖的石缝里呢?这是用地名资料说明远古地理环境的变动的例证。

至于晚近的地理环境的变化,例如河岸的消长,海岸的进退,湖面的伸缩,河口地带沙洲成岛等,更是常见。例如,广东省斗门县的三灶岛、小林岛,60多年前还是和陆地分离的小岛(距离0.75千米),如今已经与大陆相连,现属珠海特区管辖。这一片成陆冲积物平均每年约伸展35米。[2] 广州著名的"沙面",清代初年还是江中的沙洲,名为"中流沙",据《南海县续志》,"十三行"于咸丰年间为火灾所毁,己未(1859)年"移市中流沙,殆即拾翠洲,俗称沙面","运石中流沙填海,谓将建各国互市楼居也"。[3]

2. 从地名考察水文的变化

有史以来,地名的变动有时也成为自然地理变化的记录。北京大学侯仁之教授曾经以北京永定河的历史名称为线索,利用有关史料来论证该河的含沙量的变化。唐以前那里还叫清泉河,金代叫卢沟河,元代是浑河、小黄河,到清初筑起石景山下东岸的石堤才定名为永定河。[4]

有人曾就山西省历来县市名称作过统计,发现因"水"命名的县名,从古至今有明显的下降趋势如表8-1所示[5]:

表8-1 山西省因"水"命名的县名历史变化趋势

	南北朝以前	隋唐五代	宋辽金	元明清	民国以后
设置因水命名的县	58	43	3	2	2
使用因水命名的县	83	65	39	34	26
占总县数比例	83:315	65:259	39:163	34:152	26:193
	26%	25%	24%	22%	13%

固然,人类的开发活动总是先从水边开始逐步向离河较远的地方,但任何

① 林一霹:《地名与海岸升降》,《地名知识》,1991年第1期,第34-36页。

② 褚亚平:《地名与地理》,《地名学论稿》,北京:高等教育出版社,1986年,第67页。

③ 转引自徐俊鸣:《广州市区的水陆变迁初探》,《中山大学学报》(自然科学版),1978年第1期,第78-90页。

④ 侯仁之:《历史地理学的理论与实践》,上海:上海人民出版社,1979年,第23页。

⑤ 靳生禾:《从古今县名看山西水文变迁》,《地名知识》,1983年第1期,第16-24页。

时期人口密集之处大多在河流两岸，因此，这个统计用来说明山西省千百年来水源萎缩、山秃地旱的变迁还是可资参考的。

水是生命之源，人类的活动确实离不开水。不但傍水而居以水命村名、县名；冰凉的泉水、滚烫的温泉乃至一个塘、一口井也常常用作命名的依据。山西太原晋祠后面的悬瓮山下有个著名的难老泉，是晋水的源头。早在《山海经》中就有记载："悬瓮之山，晋水出焉。"早年泉清水大，蔚为奇观。李白诗云："晋祠流水如碧玉，百尺清潭泻翠娥。"范仲淹则写实在的："千家灌禾稻，满目江南田。"后来，泉水显然小了，于是当地人编出了"饮马抽鞭，柳氏坐瓮"的故事来。说农妇柳氏出外挑水一担往返需一天路程，一日遇仙人骑马路过乞水饮马，柳氏慷慨奉献，仙人赐一马鞭，马鞭一抽即瓮里水满。自此，免了担水之劳。

温泉资源难得，几乎有温泉之处都有相应的名称。北方称为温泉、热水，南方称为汤川、汤泉、汤坑等。广东丰顺汤坑镇有温泉 40 处，水温自 86℃ 至 100℃，有"热水之乡"的美称，从化的温泉镇早就是疗养游览胜地。承德避暑山庄的热河泉也十分著名。1929 年所设立的热河省就以有热河泉的承德市为省会，并以热河为省名（后于 1956 年撤销，各市县分别归入河北、辽宁和内蒙古自治区）。内蒙古宁城县热水乡的温泉水温高达 100℃，月流量可有 400吨。也有些温泉已经枯竭或濒于枯竭，但是称为温泉的地名依旧通行。

屈大均在《广东新语》中列了粤中 48 县温泉 92 处（含海南岛）。如今，三百多年过去了，哪些温泉还保存着，哪些温泉已经干涸了，很值得作一番调查并加以开发利用。

3. 从地名考察植被环境等的变迁

李宝田曾把北京地区的十万分之一地图中所列的以树命名的地名填在 80 万分之一的地图上，结果看到了 170 多个现存的很能说明早期植被的地名：松树台、松树井、杨树河、榆林、柴家林、杨树地、梨园岭、枣林、黑枣沟、栗树园、桃园、椴槐沟等等，还有一些"豹子沟、鹿叫、上虎叫、豹峪"之类的地名，说明虎豹出没之所必有密林。他征引了多种史籍，证明宋代的北京郊外还有"千里松林"，明末清初也有"松林数百里"。但是这些命名时的林区如今大多已经不再有林子了。这样的考证用来说明植被、环境、气候等的变迁也是很有说服力的。[①]

---

① 李宝田：《地名与北京地区的环境变迁》，《地名知识》，1980 年第 1 期。

河西走廊在汉武帝设置郡县的年代还是个森林茂密、水草丰美的地方，否则当年的丝绸之路就不可能有那般繁荣。苍松县、松山、黑松山、大松山、柏林山、青山等地名都是那时传下来的。冥安县因"冥泽"得名，休屠县因"休屠泽"得名，后来，两个大湖早已干涸，相关的地名也相应改易了。①

以地名为线索考察地理环境的变迁，可以辨识地名的真正含义。有时以历史、地理资料为依据还会有重要的收获。闽北一带的"垌瑶、砸窑"在地名普查时弄不清其含义，后来一查地方志，才知那些地方早在宋代就是盛产瓷器（号称"建瓷"）的地方。晚近以来，不少东南亚乃至澳大利亚、非洲的国家发现了许多中国宋代瓷器的碎片，大多与建阳一带的宋代"建瓷"有相同的质地和风格。在水吉乡，经多次发掘，发现了许多古窑址。原来，闽北方言早先是陶瓷不分，都称为"垌"（音 ho），和闽南话说法类似。但如今可能由于瓷土资源枯竭，"垌"只用于称陶器，"垌"的写法已不通行了，所以连当地人也不能理解"垌瑶"的含义。

三、地名的演变和历史文化的更革

1. 行政区划地名的更动和考证

地名的历史更替中最常见的是州县名。封建统治者在改朝换代之后，为了表示"吾皇为尊"，往往要更改一部分地名，而长乐、永兴、太平、宜兴等吉利字眼总是有限，于是便出现许多重名。

据清人钱大昕《十驾斋养新录》的统计，汉以后州县重名数如下：

汉　三见　3 处　两见　63 处

唐　三见　1 处　两见　18 处

宋　三见　3 处　两见　27 处

元　四见　1 处　三见　1 处　两见　25 处

明　四见　2 处　三见　6 处　两见　30 处 ②

导致重名的另一个原因是"侨置州县"。汉—隋之间的六朝时期中国大分

---

① 马正林：《甘肃省县名的演变：兼论宁夏和青海两省区的部分县名》，见史念海主编：《中国历史地理论丛》（第二辑），西安：陕西人民出版社，1985 年，第 226 页。

② 转引自王际桐主编：《地名学概论》，北京：中国社会出版社，1993 年，第 95－97 页。

裂，中原汉人第一次大规模向大江南北迁徙，当时的统治者和士大夫因为怀念故国故土，在渡过黄河南迁之后便在新地设立了"侨置"州郡县。此风延续了近300年。单是东晋一朝，侨置于长江南北的就有10个州，上百个郡，数百个县。刘宋时期，据《宋书·扬州郡志》所载，在扬州所侨置的北郡迁来的"太守"就有南徐州、南琅琊、南兰陵、南东莞、南彭城、南清河、南高平、南平昌、南济阳、南太山、南鲁郡、南沛等等。

民间的移民也会把老家的地名移往新地。例如：福建的洛阳江（惠安县）、晋江、漳江（九龙江）相传都是东晋和唐代南下移民怀念故国故土而定的地名。

由于重名多，有时就难免造成误解。例如：史炤为《资治通鉴》作注说："高邮，邑名。属兖州。"这就是误认侨置的南兖州为兖州。[①]

有些地名不同时期有不同的属辖关系和管辖范围，如未经考证，有时也会造成差错或无谓的争议。例如古代第一号美人西施的故乡历来有两说，诸暨、萧山各执一端，引的都是《越绝书》的说法。其实西施出生的苎罗山应在今萧山县，而萧山县原就是诸暨故地。[②] 宋代理学家、"程门立雪"的杨时（号龟山）是闽北的历史名人，《宋史》所载为"南剑将乐人"，最近修县志时，明溪与将乐曾有争执。其实杨时出生地正是后来从将乐分出来的明溪县。正如欧阳修自称"庐陵"人，庐陵置县于西汉，东汉升为郡，论出生地祖籍，他应是今吉水县人。

州县名的改易有相当一部分是为了避帝王的名讳。例如：

三国时的昭阳县、昭武县到了晋代，为避司马昭讳改为邵阳、邵武。

隋代为避杨广讳把广安、广洛、广定、广都、广平、广武改为延安、金明、蒲江、双流、永年、雁门。

东晋的龙渊、长渊县到了唐，为避李渊讳改为龙泉、长水；又隆安、隆平、隆龛、隆山、隆阳、隆化因避唐玄宗李隆基讳，先后改为崇安、太平、崇龛、彭山、南川、宾化。

唐代的义兴、义川、义章三县到了北宋，为避赵匡义之讳，"义"被改为"宜"，成了宜兴、宜川、宜章。

如果某本书上说三国的邵阳、邵武如何，唐代的宜兴、宜章如何，那此书一定是不可信的。可见，地名的更革还可用来识别古籍的真伪。

---

① 转引自王际桐主编：《地名学概论》，北京：中国社会出版社，1993年，第97页。

② 周幼涛：《西施故里之争》，《地名知识》，1987年第2期。

2. 从地名考察民族迁徙和移民群体

住地易主，旧名沿用，也会造成名不副实。考证这类地名也有重大意义，尤其是成批成片的地名。这里举福建"畲"字地名的考证为例。畲族早期居住在闽粤交界处，初唐陈正文、陈之光入闽平定畲民起义后，畲民逐渐从闽南、闽西移居闽北，而后又迁往闽东和浙南。

根据 1984 年 10 月中国文字改革委员会汉字处对广东省 31.5 万多条地名所作的调查，广东共有带畲字地名 793 处，可惜原材料未提供具体分布情况。司徒尚纪说："以畲或峬为首尾地名多分布在山地、丘陵和台地地区，尤以内陆客家人地区至为普遍。例如平远有欧畲、下畲、香花畲、良畲……河源有横峬村……。"[①]

在福建，据陈龙所作统计，全省有带畲字地名 231 处。表 8 - 2 是 5 处以上的各县分布情况[②]：

表 8 - 2　带"畲"字地名数

地区	县	带"畲"字地名数	地区	县	带"畲"字地名数
龙岩	武平	18	建阳	崇安	23
	连城	17		建阳	12
	龙岩	13		建瓯	6
	长汀	13		松溪	5
	漳平	9	三明	宁化	8
	上杭	5		明溪	5
漳州	诏安	7		建宁	5
	南靖	7	晋江	南安	19
				安溪	12

畲（峬）字地名显然与畲族的早期分布有关。畲既是族名，也是他们"刀耕火种"的耕作方式。奇怪的是，现今的畲族居住地（闽东、浙南）倒是未见带畲字的地名。这显然是因为他们迁居到闽东、浙南时，当地已经早有其他地名了。从以上分布可以看出，畲族在福建的早期聚居地主要在武夷山区自北向南延伸。这就为史学界的争论提供了一个极为重要的证据，看来，居住在

---

①　司徒尚纪：《岭南史地论集》，广州：广东省地图出版社，1994 年，第 392 页。

②　李如龙：《地名与语言学论集》，福州：福建省地图出版社，1993 年，第 237 - 239 页。

武夷山区的闽越国人与畲族不是完全没有族源关系的两个民族。

　　少量零星移民也会在地名上有所反映。例如北京的大兴县、顺义县有"大同营、霍州营、解州营、蒲州营、忻州营、稷山营、绛州营"等地名，这是明朝初年山西各州的移民安置在市郊后命名的；河南的一些村落名则分为侉子、蛮子、台子三类，分别表示三种从外地移居的人口：侉子是北方来的不同口音的人，蛮子是南方人，台子则是操外地口音的人的泛称。唐河有侉子营，桐柏有侉子冲。遂川、栾川、叶县、泌阳都有蛮子营，桐柏有蛮子营、蛮子冲、蛮子山。桐柏、唐河有台子庄、台子冲、台子坡，尉氏有台子岗，固始有高台子。

3. 联系文化背景区别用字相同命名法不同的地名

　　有些地名用字相同，命名法和该字所指的意义却相去甚远。如果不联系历史文化背景去考查，就会把地名的命名意义理解得不合实际。例如同样是"牛"字，北京的牛街是只卖牛肉不卖猪肉的回民聚居地；贵州福家县等数处"牛场"是逢"丑"的牛日为"集"的市场；江苏东海县的牛山是山形如牛（安徽、浙江则有牛头山）；山西盂县的牛村、山东博兴县的牛庄则是姓牛的聚落；福建福清市在明代时就有牛田（后雅化为龙田，当年戚继光平倭时有牛田大捷），可能是早年为饲养公用的耕牛而拨给养牛户耕种的田地。

　　又如带"社"字的地名，明显有三种不同的意思：一是指土地神，"社"字的造字从示从土，就是取土地神之义。至今客家方言仍称土地爷为"社公"，称土地庙为"社公庙"。福建永定的社前，武平的社公排，宁化、武平的社背，南安诗山一个数千人的大村落叫社坛，都是从此得名的。第二是指小村落。《周礼》旧制："二十五家为社"，这是春秋早期的地方行政单位。厦门话里的"村庄"既不叫村，也不叫庄，而称为"乡社"和"社里"，闽南和台湾至今许多带"社"字的地名便是"村"的意思，例如福建龙海县有社头，长泰县有中央社，惠安县有下社，台湾台中县有大社村，云林县有番社，南投县有雾社，都是这个意思。到了20世纪的50年代，建立农业互助合作的"高级社"，又留下了不少"新社、光明社、一社、二社、三社"之类的地名。

　　有时，对一些很常见的、字面意思很明确的地名，也不能想当然地解说其命名意义，而必须考察其历史文化背景。例如广州市有地片名叫"河南"，指的正是珠江南岸的地方。屈大均的《广东新语》曾说到关于它得名之由的掌故："广州南岸有大洲，周围五六十里，江水四环，名河南。人以为在珠江之南，故曰河南，非也。汉章帝时，南海有杨孚者，举贤良，对策上第，拜议郎。其家在珠江南，常移洛阳松柏种宅前，隆冬飞雪盈树，人皆异之，因目其所居曰河南。河南之得名自孚始。岭南天暖无雪，而孚之松柏独有雪，气之所召。"① 关于飞雪盈树，显然是编造出来的故事，但是珠江之南何以不称江南而称河南，却为这个得名之由的故事提供了最好的论证。

4. 关于地名传说故事的分析

许多地名都流传着神话、传说和故事。这些故事有的悲壮激越，有的凄婉动人，大多寄托着劳动人民对历代圣贤的崇敬，对贪官污吏的憎恶，对忠贞爱情的讴歌，对美好未来的憧憬。这是一笔丰富的民族文化遗产。其主要价值在于文学的刻画和民俗的表现，地名其实只是一种线索。大部分地名故事都是先有其地其名，而后把故事附托给它。这类地名故事对于研究地名的来历和流变并无价值，但是可以帮助我们认识该地的历史文化背景以及民俗、宗教等状况。

例如，葛洲坝原是宜昌市西北的一个 0.6 平方千米的长江江心岛，一说因岛上最早居民是郭、邹二姓，谐音写成了葛洲。此外还有两种传说故事，一说古时候两个勇士在长江上运送木材时，在西陵峡口遇上水妖，与之恶战，以致江中"搁舟"。② 一说是被治江水的大禹用法术拦住的一艘金船，久而久之，船桅长成了大树，船锚变成了礁石，因而"搁舟"。③ 郭邹和葛洲在当地方言应是同音的，如果早期在此定居的确实是这两个姓，第一个说法是可信的。如若不然，情愿推测那是长满野生葛麻的江心洲。至于后两个传说，自然与该地的历史无关。

又如著名的杭州雷峰塔的故事。在西湖南岸的夕照山上，五代的吴越国王钱俶为祝贺黄妃生下太子，特令在雷峰之上建造此塔，初名黄妃塔，又名雷峰塔。1992 年塔基倾塌后在塔砖中发现了 10 世纪的《宝箧印经》，可以证实其建造年代。后来雷峰塔的闻名，更有赖于中国四大传说之一的《白蛇传》，说是法海和尚在"水漫金山"之后，把白蛇娘子装进钵盂埋在地下，并盖了这个镇妖的雷峰塔。显然，传说和塔史毫无关联。

然而也有些地名故事可能是历史的"折射"，可以让我们从中得到一些了解历史的启发和线索。这里也举两个例子。

---

① 屈大均：《广东新语》，北京：中华书局，1985 年，第 42 页。
② 宜昌市地名办公室：《葛洲坝工程及有关地名》，《地名知识》，1984 年第 2 期，第 8－11 页。
③ 钟宝良主编：《中国风物传说　地名卷·水域卷》，哈尔滨：黑龙江美术出版社，1994 年，第 111－112 页。

广州历来有"五仙骑羊送嘉禾"的传说。屈大均《广东新语》说："晋吴修为广州刺史，未至州，有五仙人骑五色羊负五谷而来，止州厅上。其后州厅梁上图画以为瑞，号广州曰'五仙城'。"[1] 后来有人把仙人送穗推到周代，广州辗转有了五羊城、羊城、穗的别称。汉人是秦汉两代大批入粤的，经过几百年的适应、摸索，他们和原住民在珠江三角洲从事农业的垦殖，由于气候温暖，雨量充足，土地肥沃，水稻的种植到了六朝时候一定有了很好的收成，积累了成功的经验，于是民间有了《广东新语》所记的传说。又由于六朝有了良好的农业基础，才有了唐代广州的海上贸易的发展。可见这个传说对于认识岭南文化的发展是有参考价值的。

福建武夷山的传说对于研究闽越史有重要的意义。《史记·封禅书》早有汉武帝令人用干鱼祀武夷君的记载，据《武夷山志》所记，唐天宝年间，那里建立了"天宝殿"，南唐李璟又建"会仙观"，宋代之后大兴土木，先后又建了冲佑观、万年宫，观内专门设有"提举"，安置过不少失意文人，辛弃疾、陆游等都在这里住过多时，朱熹在此建书院讲学数十年。那里所祀的武夷君，一说是秦初一个驾紫云骑白马飘然而来的仙人，来后便开山凿九曲溪，治理洪水，种植香茶。另一说是彭祖八百岁后隐居在武夷山幔亭峰里，两个儿子随他同住，长子为武，次子为夷，武夷山因此得名。看来还是在武夷山住了50多年的朱熹理解得比较正确。他在《武夷图序》中写道："武夷君之名，著自汉世，祀以乾鱼，不知果何神也。今建宁府崇安县南二十余里，有山名武夷，相传即神所宅，峰峦岩壑，秀拔奇伟，清溪九曲，流出其间。两崖绝壁，人迹所不到处，往往有枯槎插石罅间，以庋舟船棺柩之属，柩中遗骸，外列陶器，尚皆未坏。颇疑前世道阻未通，川壅未决时，夷落所居，而汉祀者即其君长，……没而传以为仙也……"[2] 据《史记》说，闽越王无诸和东越王摇都是勾践的后裔，秦王废了他们的王位，立为"君长"。无诸的"无"音近"武"，摇则音近"夷"（"以"母双声），这两个字的上古音与现今壮族、布依族的有些地方的"自称"音［pu joi］十分相近。联系到武夷山的架壑船棺的葬俗一直从江西、广西延伸到四川，而壮语的 na（那）音地名在武夷山区也有分布（上文已经提到），这几个方面的证据，以及"武夷"的名称和传说，可能为解开古闽越国之谜，说明它与现今壮侗语诸民族的渊源、流徙关系提供一条极为重要的线索。

---

[1] 屈大均：《广东新语》，北京：中华书局，1985 年，第 209 页。
[2] 转引自朱维干：《福建史稿》（上），福州：福建教育出版社，1985 年，第 8 页。

四、汉语地名的发展

地名是随着人类社会的产生而产生，随着人类社会的发展而发展的。地名是人类文明的创造，也是人类文明由低到高发展的标志。这里以汉语地名为例，简略说明地名宏观发展的若干规律性现象。

1. 地名的数量越来越多

随着人口的增长，生产的发展，世界各地的地名总是越来越多的。我国明清时期各地所修的地方志，一个县一二百条地名，已是很详尽的了。20世纪80年代的全国地名普查拿五万分之一的地图去核查，一般县份都有二三千条地名；进入20世纪90年代，许多地方又重新做过进一步调查，用万分之一的地图去查对，一个县则有七八千条地名。

现代社会里，对于原来无人烟的极地的探险和开发已经不是难事，近数十年来，人类不但在地表活动，对于比陆地大得多的海洋的开发也越来越具规模。由于钻探石油，大陆架的海底也需要地名；为了了解地球的奥秘，对深海的海沟的勘察也开始了。随着天文学的发展，宇宙空间星球的名称不断增加，这可以认为是太空的地名。随着航天技术的发展，人类的足迹已经踏上月球，人造飞船、卫星已经加入了星球的运转，不久的将来，各种天体之上也可能有人类所加的太空地名。

地名数量的与日俱增，不但表现在新地名的涌现方面，实际上，旧地名也并没有全然退出历史舞台。由于研究历史、文化的需要，许多旧地名还是许多不同行业的专业工作者关注的对象，有的还在被那些有古癖的人继续使用着。和人名相比，离开人世之后，大多数人的名字都逐渐泯灭了，而历史地名则相反，大部分还保存在古籍里。你要读《诗经》，看《三国》，不知道其中的地名恐怕是"不可卒读"的了。

2. 地名的类别越来越繁

现代社会里的地名不但数量多了，类别也越来越繁杂。古时的农村，除了近水、远山，就是村落、茅店、板桥、渡口，田间有少量的陂塘，山上有几处庙宇，集镇里有些作坊，荒野中偶尔有个驿站。而现代社会的生产设施是越来越细，有了公路、高速公路和铁路，便有车站、加油站、道班房、收费站、高架桥、隧道、停车场、服务区；为了农业用水，必须有水库渠道（干渠及小河、沟洫）、渡槽、抽水站、扬水站、水闸、溢洪道、地下水、坎儿井、防洪堤、拦江坝等等。每一种独立的人工建筑为了便于称说，往往都有地名。有了现代化的卫星遥感技术，地表的各种标志都能一览无余地体现在照片上，再多再繁的地名都不会使人感到累赘。但是，也应该看到，在地球村的时代，远距离的航空航海线以及电子邮件的信息传递等等，已经很难在地图上设置各种有关的标志了。

3. 地名的含义越来越丰富

地名的基本意义指的是地域的类别、方位和范围。相对而言，它是比较单纯的。但是随着社会生活的复杂化，对于某个地域的位置的表述有时就必须多采取几种参考坐标。例如某个村落处于某高速公路的某个出口处。该地在社会生活中的主要特征也是在不断变化、不断复杂化。至于附加意义、联想意义的变化还可能层层叠加，更是无穷无尽了。

从共时角度来说，城市里工业门类的增加，旅游、游乐设施的增设，居民点的增多，交通的改善，环境保护的各种措施的落实，农村里村镇企业的兴起，现代化农业的发展，农民新村的重整、新建……所有这些都是促使物质生活和精神生活发生重大变化的因素，都会使一个个地名从某个方面提高知名度，增加地名的特征意义和附加含义。

从历时角度来说，随着时间的推移，历史事件、历史人物以年递增，地名的附加义愈来愈多，知名度也愈来愈高。打过一场大战役（如孟良崮），开过一次重要会议（如遵义），出过一个伟人（如韶山冲），发掘过一片古墓（如银雀山），当过一出戏的背景（如阳澄湖），甚至唱过一首歌（如洪湖、微山湖），摔死过一个人（如温都尔汗），都会增加地名的一层附加意义。

4. 地名的结构越来越复杂

不论城市或农村，由于人口密度增高，人们活动空间的划分日趋精细，派生地名、多层地名越来越多，如：中山路——中山东一路，丁家村——上丁家、下丁家，城隍庙——庙前街、庙后街。这些年来，地址地名也复杂化起来了。例如：××大道××西街××巷××大院7号之24门三楼4号房。

5. 地名的使用越来越科学化

如果说地名使用中的混乱现象在不发达的国家、文化落后的地区是不可避免的话，社会越是现代化，地名的使用就越需要科学化。所谓科学化，一要明确——一地一名，不重名、不异名；二要规范——读音有定、文字统一，没有不稳定的新名，没有无处查考的地名；三要便捷，可以自动化咨询、传递，而且要做到同国际接轨、用通用的字母文字转换，这就还需要超越不同国家的不同文字的共同代码——罗马化。

为了使用的科学化，地名学还有大量课题要研究，许多标准要制定，许多制度要建立，许多设施要创制，许多资料要编辑，在网络空间还要有足够庞大的地名数据库可供查询。关于这方面的工作，本书的第十一章还将进一步讨论。

第九章　汉语地名反映的文化特征

一、地名是精神文化活动的成果

1. 地名是认知活动的产物

地名是语言中的语词。语词出于交际的需要，形成于无数次的交际活动之中（即所谓的"约定俗成"），这是从社会生活运作考察的正确结论；从个体的人的活动过程来考察，语词又是认知的成果和表达的符号。个人掌握了已经通行的语词是一种认知——接受前人的认知的成果。创造出未曾有过的新词来表达，其实也是一种认知——通过言语和观察实践创造表达新内容的符号。不论是认知或表达，语词的掌握和创造的整个过程，都贯穿着人的思维活动。这也是正确的结论。全面地说，语言是社会生活交际活动的产物，也是人类思维活动的产物。当然，它又是交际活动和心理活动的凭借。没有最简单的几个单词作基础，心理活动也好，交际活动也好，都只能是模糊不清的，有时根本就无法进行。

地名是语言中最先出现的语词中的一类。因为称说某一个地域，早就是人类活动的需要了："什么地方有野猪打""什么地方水深不能下"，这一定是他们最早需要说的话。指出"某一个地方"而加以区别，这就是语言的认知功能。

人类学的调查告诉我们，原始状态的人群的认知都是从特定的个体事物开始的，然后才慢慢有了类别的名称。先有这座山、那座山，这条河、那条河的专名，而后才有山、河的通名。在《诗经》时代，早已有了农业，有了国家和军队的征战，从《诗经》的用词，我们可以看到，三岁的马、五岁的马、黑白相杂的马，各式各样的马和猪都有各自专门的名称。这反映了畜牧社会的需要，也保留着早期社会专名多、小类名多的认知特点。

不论是在洞穴里或是在草棚里，人类的群体开始在一个地方比较稳定地群居，这是走向文明的一大进步。这些最早出现的聚落地名就不仅是地域的方位的代称，而且往往兼用作部落的名称，当然，有自称，也有他称。《说文解字》有好几个女字旁的字既是地名，又是传说中的部落首领的姓氏，例如：

> 姜，神农居姜水，以为姓。
> 姬，黄帝居姬水，以为姓。
> 姚，虞舜居姚虚，因以为姓。
> 妫，虞舜居妫汭，因以为氏。
> 妘，祝融之后，姓也。

史学家普遍认为这就是中华民族起源的最早记录，这些地名和姓氏所反映的还是母系社会的特点，所以都造的女字旁的字。

地名、部落名和姓氏三者合一，反映了人类童年时代血缘和地缘的重合。人类文明初始阶段的自然崇拜、祖先崇拜往往也和最原始的地名、族名联系在一起。

2. 地名寄托了人们的审美情趣

从语言的表达功能来说，地名从一开始就寄托着人们的审美情趣。上述从女的部落和族姓，都是势力最大的部落，创造中华文化的主流力量。在汉字造字之初，很多美好的字眼都以"女"为形旁。"好"的本义就是美，《说文解字》里各种各样的漂亮都有专门的字：姝、嫙、婧、嬹、嫘、姣、娩、嬥、娶、媛、嫒，都是美好的意思。而当时的其他一些小部落则往往用虫、犬、马、鱼等兽类偏旁的字来表示，如蚩尤、狄、蛮、驩兜、鲧等等。这便是一种褒与贬，一种表示感情色彩的情趣。

任何一个群体在一个地方定居之后，都需要从适应自然逐渐走到改造自然，用自己的双手开山治水，种地造林，修路架桥，用自己的长期的劳动来营建自己的家园，于是生生不息的群体对于自己所熟悉的自然环境和人文环境，势必产生一种浓厚的感情，这便是土地之情、故里之情。许多地方所流传的关于本地地名得名之由的神话、传说、故事，无不寄托着人们对于自己故土的浓郁的乡情。

许许多多的地名故事是了解这种乡土情结的绝好材料。

3. 地名表现着人们的思想观念

经济的发展造成阶级分化，有了国家政权，有了政治道德观念之后，为地命名便不仅是为了区别地域的不同方位了。命名者往往把一定的价值观念、道德标准、生活理想以及政治意图等体现其中。民间地名中俗名的雅化，祈福求安的意愿地名，套用民族英雄、清官贤人的名字的纪念地名，官方命名的歌颂文治武功的地名，年号地名，都属于这种情形。

不同的阶级有不同的思想观念，不同的时代有不同的思潮和风尚，地名表现思想观念的这个特点，也是造成历史上地名更迭的原因之一。

不同的国家有不同的制度和政策，不同的民族有不同的文化传统，不同的地域也形成了不同的风俗习惯。所有的这些差异也必定在地名上有所体现，并且构成了不同地区的地名景观的差异。

认知的产物也好，审美情趣、思想观念也好，都属于人类精神文化活动的成果。研究语言所表现的人类的或民族的或一定地域的精神文化特征是文化语言学的旨趣。正因为地名是精神文化活动的成果，它便成为文化语言学所关注的研究内容。

地名既然是人类精神文化活动的成果，也应该是地名的研究内容之一。

二、地名反映人类认识活动的共同规律

1. 从专名转化为通名

最古老的地名都是专名，许多地理通名都是从专名转化而来的，例如汉语的"江"原指长江，"河"原指黄河，后来才泛指江河。美国的密歇根（Michigan）湖本来就是由印第安语 michaw 和 sosigan 合成的，后来也成了印第安语的通名，意为"大湖"。埃及的尼罗河（Nile），古埃及人称为 Sihor 或 Hapi，后来也都成为"河流"的通名。南欧的大山阿尔卑斯山（Alps）来自古凯尔特语 alp，后来也成为"大山"的通名。①

这种情况显然是符合人类思维发展的共同规律的。在人类的幼年时期，思维能力只能从具体的、个别的逐渐向抽象的、一般的发展。正像牙牙学语的儿童，先认识他家的小狗叫"阿利"，见到别家的狗也一样叫它"阿利"一样。因此，先有专名的特指，后有通名的泛指，这是各国地名产生和发展的共同特点和规律。

2. 用人体名称为地理实体取譬

人类对外部世界的认识总是由近及远、由具体而抽象的。人首先对自己的

---

① 邵献图等：《外国地名语源辞典》，上海：上海辞书出版社，1983 年。

肢体有明确的认识，因而在观察自然界、为自然地理实体命名时，总是用自己的肢体的名称去比况和引申，把人体名称兼用作地理实体的名称。这一点，中外古今，也是概莫能外。先列举汉语的例子：

口、嘴，引申为河口、海湾口。上海有吴淞口，福州马尾有闽江口，海南有海口，深圳有蛇口。《中国地名词典》"河口"条收有旧市、县名2处，自治县名1处，镇名8处，其他地名6处，共17处。在内陆地区，"口、嘴"则可引申为山口、关口、路口，例如古北口、喜峰口、张家口，北京的南口、峪口、周口店都有相当的知名度。香港带"嘴"（粤语区用"咀"字）的地名则是海湾的口子，如尖沙咀、石角咀、大角咀、鹤咀湾，深圳则有鹿嘴。

角，引申指岬角，也称地角，是岛或半岛的突出部。例如山东半岛有成山角、圯姆角，雷州半岛有排尾角、灯楼角、西角埠、角尾、海角、盐庭角、土角、徐黄角等等。有时也用"鼻"引申，如台湾岛南端有鹅銮鼻（屏东县），北端有麟山鼻、洋寮鼻、鼻头角（台北县）。

"头、尾"先引申为表示开端和末端的方位词，然后再用作地名的附加语的也比比皆是。例如水头、岭头、红山头、江头、溪头、港尾、溪尾、山尾、田尾、林尾等在福建各地就很常见。

此外，还有"顶"表示山的顶部（黄山有光明顶、峨眉山有金顶），"背"表示山脊（黄山有鳌鱼背），"脚"表示山麓、树下，在闽南话，脚说"骹"，仍写为脚，也常用作地名附加成分，如岭脚、加苳脚、大山脚、六丛树脚（六棵树下）、松树脚等，这在闽台两省都很常见。

在欧洲各种语言里也有这种用法，如表9-1所示：

表9-1　欧洲语言中人体名称的引申用法

本义	引申义	英语	法语	德语	西班牙语
嘴、口	河口	mouth	bouche	Mündung	boca
头	山头，山峰	head	tête	Kopf	cabeza
颈	火山颈	neck	cou	Hals	cuelo
鼻	岬角	nose	nez	Nase	nariz
背脊	山脊，山脉	ridge	crête	Gebirge	arruga
脚	山麓	foot	pied	Fuß	pie
顶	山顶	top	sommet	Gipfel	cima①

---

① 刘伉：《略论地名的起源与演变》，见中国地名委员会办公室编：《地名学文集》，北京：测绘出版社，1985年，第22页。

3. 按直观的外部特征为地命名

民间为自然地理实体或聚落命名时，往往是根据人们直接感受到的该地景物的外部特征来命名的，其中最常见的尤其是颜色词。以《中国地名词典》所收地名为例：

红	红岩	红山	红水	红石	红河	红场
	红土山	红水河	红石崖	红沙沟	红崖子	
黑	黑山	黑水	黑石	黑池	黑林	
	黑河	黑树	黑泉	黑山头	黑水河	
	黑石山	黑茶山	黑树林	黑戈壁		
黄	黄河	黄土	黄山	黄冈	黄石	
	黄田	黄池	黄沙	黄坡	黄岩	
	黄海	黄土坡	黄土岭	黄沙河	黄泥洼	
赤	赤山	赤水	赤石	赤坭	赤岩	
	赤峰	赤壁	赤溪	赤水河	赤滩	
青	青山	青川	青石	青田	青台	
	青坑	青岛	青林	青河	青泥	
	青城	青溪	青山河	青石嘴	青峰山	

带白字的地名数，扣除作姓氏和译音的共有 223 条，其中不止一处的有 148 处（×号表示连用通名的数量）：

白土 2	白山 2	白石 3	白龙 3	白马 5	白云 2	白水 6
白寺 2	白沙 18	白果 3	白岩 3	白河 7	白泉 2	
白塔 4	白溪 2	白旗 2	白鹤 3	白马×15	白云×9	
白水×7	白石×11	白龙 3	白衣×2	白羊×3	白沙×13	
白岩×3	白洋×3	白鹿×5	白塔×5			

据《中华人民共和国内蒙古自治区地名录》，带"查干"（意为白色）的地名共有 158 条。其中查干诺尔（湖）23 条，查干敖包 20 条。

国外地名中此类命名法也有不少，汉译名大都是意译的。例如：尼罗河有东西两条源流，分别称为"青尼罗河、白尼罗河"（阿拉伯语意为青河、白河），"红海"是希腊语意译的，"白海"是俄语翻译的，"黑海"是伊朗语翻译的。美国的黄石河（Yellowstone River）和黄石国家公园也都是意译的。

除了颜色以外，各地还有一些描述地理实体的形貌的常用词。在汉语山名中如鸡公髻山、覆鼎山、象鼻岩、鸡笼山、笔架山、双髻山、鸡公山、双乳峰、香炉峰、金鸡岭、蟠龙山、猪牯嵊、马头山、卧牛山、虎头山、龙头山等都是常见山名。甘肃酒泉以"泉甘为酒"而得名，宁夏苦水沟因当地为盐碱地，这是从水味而得名。四川涪陵铜锣峡因江水声如铜锣而得名，响山（安徽宣州）是因为山下潭水响，鸣沙山（敦煌）是因为飞沙响，响堂山是因洞中回音而鸣响，这些是从声响得名的地名。

外国地名中如冰岛首都雷克雅未克（Reykjavik）在冰岛语是"冒烟的海湾"之意，原来那里有温泉，远远望去有如炊烟上冒。美国的加利福尼亚（California）州名是西班牙语，意为"热烘烘的炉子"，是根据从其气候所得到的感觉命名的。英法之间的海峡，在法语称为 La Manche，意为"衣袖"，则是取海峡狭长的形状而命名的。

三、地名反映民族文化特征

1. 反映政治道德观念的命名用字

中国的历史文化传统中历来就有对大一统的向往。从"秦皇、汉武、唐宗、宋祖"、成吉思汗直到康熙、乾隆历代帝王都奉行"尊王攘夷"，维护国家统一、和平、安定，反对分裂、动乱、割据成了历史思潮的主流。

表现在地名的取字上，不论是民间地名或官方地名，安、宁、兴、昌都是很常用的字，太平则是常用词。以下是据三部辞书：《中国地名词典》《中国古今地名大辞典》《中华人民共和国分省地图集》所作的统计。首字带这5个字（词）的地名数如表9-2所示：

表9-2　三部辞书中首字带"安、宁、兴、昌、太平"的地名数

	《中国地名词典》	《中国古今地名大辞典》	《中华人民共和国分省地图集》	合计
安	143	292	126	561 处
宁	66	122	34	222 处

（续上表）

	《中国地名词典》	《中国古今地名大辞典》	《中华人民共和国分省地图集》	合计
昌	33	59	28	120 处
兴	81	107	63	251 处
太平	16	42	54	112 处

　　在福建省的 67 个县市名中带有"福、泰、安、宁、和、平、清、明"这八个字的就有 31 处，占总数的近半。其中"安"的使用频度最高，可见不管是求安定不打仗或求平安不生病都是大家最大的梦想。

　　还有关于"忠、孝、仁、义、信"的政治道德观念的地名也十分常见。在上述三部辞书里，这几个字为首字的地名出现次数如表 9-3 所示：

表 9-3　三部辞书中首字为"忠、孝、仁、义、信"的地名数

	《中国地名词典》	《中国古今地名大辞典》	《中华人民共和国分省地图集》	合计
忠	9	22	10	41 处
孝	17	24	13	54 处
仁	20	31	24	75 处
义	31	80	23	134 处
信	12	29	9	50 处

　　这些观念原是官方提倡的，在官方地名中用得不少。由于长期的宣传教育，民间的思想观念也受到不小的影响。韩愈的《原道》在总结"先王之教"时说："博爱之谓仁，行而宜之之谓义。"人的行为能合乎"博爱"的要求便是"义"。关云长是大义之楷模，关公之名，童叟皆知，关帝庙在各地香火之盛是遍布九州的，这就是明证。因此，这五字之中"义"字出现的频度跃居首位。

2. 反映图腾宗教的命名内容

　　龙是中国古代传说中的神异动物，能屈能伸，能飞上天，能潜入水，能呼风唤雨。后来又成了皇帝的象征，如真龙天子、龙颜、龙架；也用来比喻英雄人物，如卧龙、藏龙伏虎。中华民族号称"龙的传人"，龙可以视为中国各民族共有的带有图腾色彩的吉祥物，逢年过节的喜庆，舞龙灯是最为顶级的项

目。各地地名中首字为“龙”的出现频度比上述反映政治道德观念的要高得多，如表9－4所示：

表9－4 三部辞书中首字为“龙”的地名数

	《中国地名词典》	《中国古今地名大辞典》	《中华人民共和国分省地图集》	合计
龙	292	359	136	787处

这都是一些很能说明问题的数字。

据中山大学教授司徒尚纪研究，古代岭南越族尚鬼，迷信风气盛行，形成了具有浓厚地方特色的图腾文化，对若干鸟类的崇拜便是其中一种。和“田鸟助耕”“鸟田”的传说与“鸡卜”的风俗并行的，在地名中有不少用“鹤”或“鸡”来命名的，这也是一种论据。全省从东到西都有“鹤”地名，例如广州有白鹤洞、鹤边、鹤村、鹤鸣，番禺有鹤洲、鹤溪、鹤庄，深圳有鹤园、鹤村，斗门有鹤咀、鹤兜山、鹤洲山，高州有鹤山、鹤山坡，怀集有白鹤寨、白鹤山，惠阳有鹤埔、鹤湖、鹤山，博罗有鹤溪、鹤田、鹤岭，龙川有鹤市、鹤联、鹤拳，潮阳有鹤洋、鹤丰、鹤星……。[①]

关于宗教，真正产生于中国的是道教。道教崇拜仙人。汉语为地名编造的神话故事大多离不开仙人，尤其是那些终年云雾缭绕的山峰，有的就用仙字命名（如九仙山、仙都山、仙居山、仙女山、仙霞岭），有的则编有神仙故事（如九鲤湖、神女峰、仙人桥、仙洞林、仙都、仙人渡）；有些聚落也用仙字命名：浙江有仙居县、仙岩镇、仙降镇、仙溪镇，福建有仙游县、仙阳镇、中仙乡、仙都乡。关于八仙过海的故事全国各地都有，有些地名则与这些仙人有关。秦始皇派遣徐福带领童男童女海上求仙的传说历来是人们所熟知的，山东崂山县大概因为是道教胜地，所以有“徐福岛”，岛上有“登瀛村”。《即墨县志》说：“相传徐福求仙住此，故名。”江苏赣榆县也有“徐福村”，村中还有“徐福河、徐福社”。旧时也写为“徐阜”，又有“徐山”等地名，可能是徐阜谐音附会的。河北省盐山县旧称千童县，《元和郡县图志》说：“汉千童县即秦千童城，始皇遣徐福将童男童女千人入海求蓬莱，置此城以居之，故名。”究竟当年的史实如何，恐怕很难查考了，各处都说本地是徐福居住地，只能说

① 司徒尚纪：《岭南史地论集》，广州：广东省地图出版社，1994年，第388页。

明道家及其求仙之说在民间确有深厚的影响罢了。

民族语地名和外国地名中也有不少带宗教色彩的地名。珠穆朗玛峰的得名就是来自久穆后妃神女——长寿五姐妹的传说。拉丁美洲叫"圣地亚哥"的地名多达1500多处，那是西班牙人占据时用耶稣12个信徒之一的名字命名的。直接用"上帝"（God）命名的就更多了，有人统计过，单是在美国就有上千处。

3. 关于用英雄人物的名字作地名

各个民族都有为自己的民族和国家作出杰出贡献的英雄人物，他们的业绩和精神已经成为民族精神文化的组成部分。各民族都有自己所崇拜的偶像。例如美国全国各地据说有用"国父"华盛顿（Washington）命名的地名60处以上，用林肯（Lincoln）命名的县、市、公园等40多处，用杰弗逊总统的国务卿麦迪逊（Madison）命名的40多处，用杰克逊（Jackson）总统命名的30多处。在中国，用作地名最多的人物是20世纪的巨人孙中山先生。为了表达对这位伟大的革命先行者的爱戴，在20世纪四五十年代，很多大中城市的主要街道都叫中山路，最大的公园就叫中山公园。相对而言，中国人多用古人名字作地名，因为盖棺定论、尊重历史是历来的传统。而国外则有不少现代人的名字被用作地名。西欧的殖民主义者历来惯用最早征服某地的将领为该地命名或者用"总督"的名字为殖民地的街道命名。

4. 表现道德观念的地名传说故事

地名故事通常是先有地名，而后按照地名的命名意义结合该地的风光景物编造出故事来；有的可能是先有传说，而后产生了一连串地名，这些地名便和传说联系在一起。

地名故事表面上似乎是用来解释地名的来历的，其实是以地名为题创作的民间文学。民间文学是在人民中间长期流传、经过许多人加工的文学形式，寄托了人民的美好愿望，体现了人民的是非观、价值观，凝结了人民的爱与憎。最重要的则是表现着鲜明的道德观念，因为这些传说的流传是要起到教化成俗的作用的。

中国劳动人民向来勤劳勇敢，诚实厚道。这种道德观经常是地名故事的主题。福建漳州市近郊的圆山是出产水仙花的地方，那个山形确为半个圆球，名为圆山应该是取其圆状之形。当地方言"圆""丸"同音，后来就附会出一个水仙老人卖丸子的故事。说有个老翁在山上卖汤丸，给一文钱可吃两个丸子，给两文钱任吃不限。卖了多少天，顾客都是给两文钱吃个饱的，但是都没有把丸子吃光。有一天，来了个名叫陈成的农民，给了两文钱只吃了四个，老翁同他聊了几句，就把丸子摊交给了他，然后就不见了。这个老翁就是水仙花的花神，那吃不完的丸子就是山上的泥土变的。后来陈成就搬到山上来培育这种浑身泥土和枯叶的其貌不扬却清香十足的水仙花头。编造这个故事是为了宣扬诚实厚道的优良品德，好人得了好报。

不畏强暴敢于抗争的精神和忠贞的爱情相结合，也是地名故事常见的主题。鸭绿江边有个故事，说那条江的水本是浑的，有一年，财主家的一个丫头到江边洗衣服，和一个善歌的渔夫相爱。财主发现后把丫头管了起来不让出门。后来渔夫来求婚，财主向他要聘礼，再三给他出难题：从江里打出一千种鱼来，从山上砍下一千棵树来，这渔夫历尽千辛万苦，一一办到了。财主又要他把江水由浊变清，他实在办不到了，正在发愁时，见到一只负伤的水鸭正在呼救，他为这只水鸭治了伤，放它回去。但是水鸭不走，后来，渔夫求它帮忙，水鸭竟然把江水变成了清净的鸭绿色，从此有了鸭绿江的名字。

河南洛阳南面的龙门山下的伊河之畔流传着大禹治水的故事。他十几年时间，三过家门而不入，把九州之水都导入大河，后来到了这里，见到青石山挡住黄河的出路，举起石斧在山腰凿开一个缺口，山南的积水于是向东北流去。大禹见洪水退去，出现良田，十分高兴，把石斧插在石缝里，下到河里沐浴。后来青石山口的伊河旁有一眼温泉就称为"禹王池"。这种对于专门利人毫不利己的劳动英雄的敬佩和怀念，也是地名故事里常见的题旨。

以上这些主题和故事之所以在全国各地常常有大同小异的说法，原因就在于这些道德观念反映的是全国各地共有的中华文化的基本特征。

四、地名反映地域文化特征

地名不但反映全民族共有的文化特征，也反映着各地特有的表现地域文化的特征。

地名反映地域文化的特征往往是多方面内容综合而成的，其中包括地理环境、聚落形式、民居格局、风俗习惯、禁忌和避讳、与当地历史密切相关的人物及其事迹、名胜古迹，以及各式各样的戏曲曲艺、儿歌童谣、谚语，以及传说故事，等等。因为地名本来就与自然环境和人文背景的各方面都有密切的联系。

在北京的胡同里生长的人不论走得多远，走了多久，都忘不了那庄严肃穆的天安门城楼，四方纵横的城门、牌楼，忘不了冬季冰面上热闹异常的北海、什刹海、昆明湖，忘不了四合院内外那嘈杂的街坊的相互问候和各种小贩的叫卖声，忘不了使人忆想抗日烽火的赵登禹路、麟阁路，还有那王府井、东安市场、大栅栏的繁忙，圆明园的寂静，还有琉璃厂的诗书字画，卧佛寺的暮鼓晨钟，多少历史文化的积淀都和形象具体、色彩鲜明、语音铿锵的地名揉成了一体。一听到那从小叫惯了的地名，脑海里就浮现出万种风情，就像见到鲜红的冰糖葫芦，嘴里立刻就生出滋润的口水一样。

同样地，在广州住久了，对黄花岗、流花湖、芳村、花地、荔湾湖这些以花果为名的山水以及从不萧条的花街、茶市产生了一种特殊的感情；走过老市区，长贯东西的中山路、陵园路、先烈路、执信路又会唤起你对革命先贤的崇敬，在大街小巷所见到的花样格式各异的民居建筑、立交桥，街上穿梭来往的车辆以及匆忙前行的人群，你会感受到，这座敞开的南大门，自古以来就吹进了阵阵多少带着各式各样洋味的风。还有那日夜客满的茶楼里老人们用娴熟的粤语交换的各种信息。

在许多小城市，几乎每条小巷都有一段掌故。在历史文化名城泉州市，至今还有许多街巷标记着一千年前这个"东方第一大港"的繁华；在老市区，舶司库巷是宋元市舶司的仓库，大隘门是市舶司提举蒲寿庚府第的大门，聚宝街是当年设的珠宝市场，厂口是造船厂的门口，车桥头是交通要道，待礼巷是市舶司迎接外来客商的地方，花园头则是蒲家花园的旧址。

此外，还有许多地名是怀念和表彰历史上的清官的：

曾井巷、状元井	宋代状元曾从龙出生处
台魁巷	因明代状元庄际昌有匾得名
三朝巷	因三朝元老留正得名
指挥巷	明代设过闽浙指挥府，相传该指挥系救过朱元璋的樵夫
贤相里	明代相国李九告老居住处
洪衙埕	洪承畴府第，有其母斥其不忠，不准入家门的传说
招贤乡	郑成功起兵聚众招贤处
大猷村	抗倭名将俞大猷出生地

在闽南和台湾各地，有许多地名与郑成功有关，南安丰州孔庙附近有郑成

功焚青衣处，说是郑成功不尊父命降清，立誓反清复明之处；晋江东石白沙村有国姓井，是郑成功屯水师处；厦门鼓浪屿有水操台，厦门大学操场叫演武亭，都是郑军练兵处；东山岛旧城关大澳湾有万军井，五都乡康美村有甘辉城，则是郑氏部将甘辉屯兵劝农处；在漳浦旧镇，有郑军所筑"千丁城"。从收复台湾、开发台湾，直到现在，台湾的许多地方，都有成功村、国姓村、成功中学、国姓街等地名。

在福建省内，有两处我走过的地方，其名称和流传的故事给我留下深刻的印象。从这两个地名故事的比较中可以看到两种迥然不同的地域文化。在闽北山区的将乐县通往外县的山口，有一座不高的山，山上林木葱翠，山顶有几块岩石。从山口道上往上看，有点像立着的人。本地人称这座山为"回头山"，传说好多人想离开家乡时，走到这里，见到回头山就不走了。也有外出一段时间后回到这里就发誓不再离家了。将乐县的山不高，水又多，雨量充足，土地肥沃，历来的人口却不多。在青山里过日子，不论是种植粮食，养猪、放牛羊，采集桐子、油棕、板栗等，都容易得以温饱，荒年也饿不了人。山民们历来不爱出门，因而有"回头山"的故事。而在闽南沿海，泉州港的南岸，有座塔叫"万寿塔"，是南宋绍兴年间所建的指示出入港航船的航标，后易名"关锁塔"，民间却谐音称为"姑嫂塔"，并流传着一个辛酸的侨乡故事。故事说的是姑嫂二人日日相约登上小山，眺望港外航船，盼望出洋的亲人返乡，日携一石堆成了塔。塔下的石狮镇是著名侨乡，从那里"过番"到东南亚的人数早已大大超过留在家乡的后裔。由于人多地少，十年九旱，加以官匪兵绅为害，虽然漂洋过海九死一生，到了异邦也难以立足，但人们还是只能硬着头皮，背井离乡，奔向海洋，谋求出路。这两个地名故事深刻表现了传统的眷恋青山的"地着"文化和"以海为田"的向外发展的海洋文化的差异。

五、地名反映不同时代的文化特征

精神文化不但有民族差异、地域差异，在不同的时代，也有时代的差异。

在封建时代，确定行政区划地名时，往往出于王朝统治的需要，频频更改地名，上文已经提过的年号地名、避讳更名便是这类易名。福建的浦城县汉代时叫"汉兴"，三国时期东吴把它改为"吴兴"，到了唐代又改为"唐兴"。若不是天宝年间因贯通县内的南浦溪定名为浦城县，怕要一直改名为：宋兴、元兴、明兴、清兴……此外，历代封建统治者往往如鲁迅先生所说的，见到狼，他是羊；见到羊，他是狼。近代以来，在帝国主义侵略者面前，他们又是割地，又是赔款，又是租借，干尽丧权辱国的事；对于弱小民族和国家，却又是气势汹汹，充满大国沙文主义情绪。不少地名就表现了这种情绪。民国以来改了一些，直到中华人民共和国成立之后，还留下了一批这类不利于民族团结和睦邻友好的地名，20世纪50年代之后，中央人民政府多次清理了这类地名。例如：

安东，改称丹东，在中朝边界。
镇南关、睦南关，改称友谊关，在中越边界。
镇边县、睦边县，改称那坡县，在广西西部。
镇戎县，后改为豫旺县、同心县，在宁夏中部。
镇都县，后改天等县，在广西西南部。
归绥市，改为当地蒙语名称呼和浩特，是内蒙古首府。
迪化市，改为当地维吾尔语名称乌鲁木齐，是新疆首府。

还有新疆的"镇西"改为"巴里申"，"景化"改为"呼图壁"，"承化"改为"阿勒泰"；宁夏定远营改为"巴音浩特"，四川的"靖化"改为"金川"，"理化"改为"理塘"；贵州的"大定"改为"大方"；云南的"顺宁"改为"凤庆"，"平彝"改为"富源"；等等。

台北市的街名中有忠孝、仁爱、信义、和平等大街名及光复路、罗斯福路、中山路、中正路、中华路、博爱路、林森路、民生路、民权路等路名，显然是抗战胜利光复后国民党政府逐渐命名的，充满着当时的时代气息。

大陆各省在20世纪50年代命名的农业社、公社、大队、街道等，也有许多政治概念。例如和平街、民主乡、解放大道、建国路、新华街、互助乡、前进村、丰收社、幸福巷、东风路、光明村、建设路、工农路、群众路等等。

"文化大革命"的"一片红"曾经造成举国上下的地名大更动。几个月之间，红卫、红光、红心、红桥、红霞、红装、东方红、一片红、反帝、反修等新街名、乡名满天飞，到处充斥着这类相同的地名。一时间，邮电局无法送信，汽车站无法售票。据说有的中等城市的街巷名称更改了九成。这种情况应是几千年历史上所仅见的。地名是千百万人天天都要称说的，地名的稳定是它的生命。据统计，全国2000多个县市中从命名时起就保持原名的在一半以上，占53%。任何社会集团无视这种客观规律，任意大面积地更改地名，只能遭到历史的唾弃。"四人帮"时代破坏地名工作的彻底失败又一次证明了这一点。

改革开放之后，在很短时间里建设起来的深圳特区，从一个宝安县小渔村，一跃成为一个高度现代化的大城市。其街路名则具有当代特区的时代气息。例如新建街区的大马路称为"华富路、华强路、华发路、建设路、和平路、东昌路、东盛路"，这是特区建设者们希望在和平环境下加速建设，振兴中华的理想。嘉宾路、友谊路是涉外宾馆饭店和贸易机构的大街。在新建的工业区，有围绕着工业区整齐配套的路名，如八卦岭工业区有八卦一路、二路……直至八路。在住宅区则有许多以新建屋村为中心的配套路名，如沿百花村四周有百花一到四路，在园岭新村则有纵横几道的园岭东路、中路、西路和园岭一到九街。沿华丽路中分有华丽东村、华丽西村，环碧波花园有碧波小学、碧波中学、碧波一街、碧波二街。总之，这个崭新的城市，连地名也让人闻到了崭新的时代气息。

第十章　闽台地名与闽台历史文化

福建和台湾隔海相望，在地理、人口、历史、语言文化各方面，两省都有深远的亲缘关系。考察闽、台两省的地名，可以使我们更多地了解闽、台两省共同的历史文化。

一、闽台地名反映相似的自然地理环境和经济生活

远在没有文字的时代，地名就在人们的口语中世代相传了。史前时代的许多"沧海桑田"的事实，有的仍可以从今天的地名中找到线索。

福建沿海曾经经历过几次海侵时期，有些陆地因此变成海湾；由于地壳上升和河沙冲积，一些海湾则变成了陆地，原来海里的小岛则成了陆上的小丘。福州盆地就有这种情况，20世纪50年代，闽侯县的甘蔗、白沙附近曾经发掘过县石山新石器时代的遗址，那里的文化层有过不少蛤蜊壳、贝壳。这说明了五千年前闽江就是从那里入海的。现在市郊的盘屿、台屿、前屿、横屿、南屿、竹屿以至下游的海屿、猴屿、赤屿、洋屿等当时是名副其实的小岛。在闽南龙海县的九龙江冲积平原上，莲花公社山后大队的仕兜村和步文公社后店大队的书都村，口语都说成"屿兜"，就是小岛附近的意思。仕兜附近有龙头山，离书都不远有东后山，当这两个屿兜还在水底的时候，这两座小山不也正是海中的小屿吗？

在台湾，第三纪和第四纪火山曾经多次喷发，许多地方形成了火山岩地貌。现在台湾的地名还有反映这一地理事实的。台北淡水河旁大屯山上的"天池"，就是昔日的喷火口积水而成的湖；台东县的兰屿有红头山，绿岛有火烧山，"红头"和"火烧"应该就是先民对火山活动的描写。

在大陆，由于河流湖泊道路的变迁和森林植被的消失，现在有些地名出现了"名不符实"的情况，但也成了考察自然变化的重要历史资料。

福建地处中亚热带和南亚热带。土壤的红壤化作用十分强烈，全省大多数

地区属于红壤、黄壤和砖红壤性红壤。正因为如此，全省冠以赤、红、朱、丹等字样的地名很多。据《福建省地图集》所列，单是赤字头的赤水、赤石、赤坑、赤土、赤山、赤岭、赤屿等自然村就有 128 个。

地下资源的分布往往也可以借助于地名得到了解。台北县有金、银、铜等矿藏，在基隆山南瑞芳乡就有金瓜石、金山里等地名，那里至今还是金矿、铜矿的所在地。在福建，松溪县的铁岭、政和县的铁山都蕴藏着铁矿。永春黄沙铁矿附近有铁子按村；龙岩马坑铁矿不远处，则有铁石洋村。

此外，闽台两省都有丰富的温泉资源。在福建，凡是水温超过 80℃ 的温泉区，大半在地名上都有反映。例如福州的汤井巷、汤门、汤边，南靖的汤坑，大田的汤泉，安溪龙门的上汤，厦门灌口的汤岸，就都是高温的温泉。在台湾，用温泉命名的地名也不少。台北县有温泉里，屏东、台东县则有温泉村。

在经济生活方面，福建历来以产销瓷器和茶叶驰名国内外，在英语里，瓷器 china 和中国 China 是同音词，茶叶 tea 则是从闽南话的［te］音译过去的。福建各地都有许多陶瓷的古窑址，后来许多村落就以"瓷窑"命名，因方言读音的差异和习惯用字的不同，闽北写为垌瑶、珊瑶，闽东写为碙窑、碙䂵、碙瑶、扶摇，闽南写成磁灶、扶摇。在许多产茶区，茶坪、茶坂、茶坑、茶场等地名也很常见。全省首字为茶的较大自然村村名就有 60 处以上。建瓯县境内有"官焙、焙前、东焙"等村名，则是古时官营和私营的制茶作坊所在。查诸古籍，唐宋间"建茶"曾经负有盛名，沈括《梦溪笔谈》卷二十五记建茶时说："唐人重串茶粘黑者，则已近乎建饼矣，建茶皆乔木，吴、蜀、淮南唯丛茭而已，品自居下。建茶胜处曰郝源、曾坑，其间又岔根、山顶二品尤胜。李氏时号为'北苑'，置使领之。"据嘉靖《建安府志·古迹志》卷二十"北苑茶焙"条载："在吉苑里，凤凰山之麓，旧有官焙三十有二，又有小焙十余，今惟存其一，余皆废。""始盛于唐，极盛于宋"，"咸平中，丁谓为本路漕监，造御茶，岁进龙凤团各五斤有奇，的乳以下凡一万八千四百六十斤有奇。"所制品种分为七纲，其名目不下 50 种。建阳县今有书坊公社，是宋代麻沙版刻印书籍的坊址，相传那里曾有一口井源源冒出黑墨，印成的书，其色经久不褪，正因为麻沙版质量高，那里成了宋代出版业两大中心之一。

台湾缺乏瓷土和瓷窑，各地却有不少瓦窑，并以之作为地名。在彰化、云林写作瓦碙（云林县就有三个瓦碙村）；屏东、台北则写作瓦窑。台湾的气候非常有利于水果的生长，因此，许多村落都以所产水果命名。例如台北县有树梅岭（闽南话"树梅"即杨梅）、柑园里、柑林，宜兰县有柑子头，屏东县、彰化县有芎蕉村（闽话"芎蕉"即香蕉），高雄县有檨脚村（"檨横脚"是

"檨仔树下"的意思，闽南话"檨仔"即芒果），台南市有菝菝里（闽南话菝菝即番石榴），南投县有枇杷里，云林县有柑子脚，嘉义县有龙眼村，新竹县有柿山社、桃山社，桃园县有杨梅镇、粟子园，苗栗县有栗林村等。此外如山区多"杉林、松岭、竹园、枫树、鹿坂、狮野"等地类，沿海村落则常见"矸石、鱼塭、网沃、鳟港、蚵埔等地名"。此类反映不同经济地理特点的地名，不论是在福建还是在台湾都有很多。

二、闽台地名反映相关的历史文化

民族的分布、人口的迁徙等，在闽台地名中也有大量的反映。

福建在上古时代曾是百越杂居之地，闽北地区则是越人活动的中心地带之一。闽北的建瓯、建阳、崇安、浦城、邵武等地至今还有"越王台"的遗址或"越王村""越王山"等地名。浦城的仙楼山上，相传就有越人烽火台。将乐据说是越将狩猎游乐之地。崇安的武夷山区关于武夷君的传说，有人认为就是闽越王无诸、余善的神话故事。崇安县兴田乡城村村发现了一个地下古城，初步发掘的文物表明其是东汉时代和越人有关的一个城堡。东汉末年，福建设立五个县治，有四个集中在闽北：建安（今建瓯）、建平（今建阳）、汉兴（今浦城）、南平。这说明福建的开发最早是汉人到闽北来和越人共同进行的，并实际上发生了民族同化。

畲族的居民十分之七住在福建。福建的许多地名都有畲、畲的字样，这些地方旧时应该都住过畲民，畲、畲同音，畲是刀耕火种的梯田，正是畲民早期的生产方式的记录。

清代中叶，闽粤人到台湾去，也常用自己的家乡名为新住地命名。以彰化县为例，晋江县粘厝村人定居在福兴乡，就把新村定名为顶粘村、下粘村，陕西籍士卒随郑成功部将马信到台湾赶走荷兰侵略者，定居在秀水乡，把自己的新村定名为陕西村。此外，彰化县有永春村、同安村、诏安里、泉州社，还有海丰村、陆丰村、梅州里、饶平村，彰化市则有安溪里、南安里。其他县市这类地名还有很多，例如屏东县有南安、同安、永春村，高雄县有海澄、海丰村，台南市有漳州、海澄里，云林县有海丰、同安、泉州、饶平、五华、诏安、龙岩等村。这些地名都是以闽粤两省故里名称来命名的，直接记录了移民的原籍。

在封建宗法社会中，人们往往按族姓聚落，因而以姓氏为村落命名。在邵武县的三十万分之一地图上的 424 个村镇中，按姓氏命名的就有 124 处，占41%。龙海县榜山公社 79 个自然村有 19 个按族姓命名。福州号称"陈林半天下"，全省陈字头的较大村落就有 140 多处。这类村名多数可以和各地流传的族谱相印证，是我们了解氏族迁徙的重要依据。闽海人民千百年来驾着木船在海洋上渔猎漂泊，为了祈求平安，曾信奉海神妈祖。妈祖又称天妃，相传是莆田湄洲东螺村一个姓林的姑娘，自幼有神异之功，常在梦中飞越大海救人于溺，至长不嫁。马祖列岛和澎湖列岛的马公（妈宫）岛，便是因妈祖（宫）得名的。在台湾和闽南沿海，许多地方都有妈祖宫，各地信众达数百万。改革开放后，台湾同胞每年都到莆田湄洲岛朝拜妈祖娘娘，场面之盛大热烈，难以想象。

在地方历史方面，我们也可以从地名中找到许多宝贵的信息。

建瓯旧称建安，是东汉设治时用献帝的年号命名的，政和则是南宋建置时用徽宗年号命名的。福州城内的人工运河晋安河，据载是西晋时代晋安太守严高发起开凿的。晋江一名相传是东晋南迁时，入闽士族因怀念故国而命名的。浦城县汉代称汉兴，东吴时称吴兴，唐代称唐兴。厦门是郑成功反清复明的基地，他在那里首建思明州，至今厦门市区还有思明路、思明区。

福州南街的黄巷，相传是唐代校书郎黄朴所居，黄巢起义军原来就传颂着"逢儒必辱师必覆"的谣谚，遵循这一信条，大军路过此巷，知有黄朴住处，又发出"儒者宅，即灭炬焉"的戒令。安民巷相传则是义军贴安民告示之处。

宋元期间，泉州港曾是世界驰名的贸易港口，至今还有好多地名记载着当时的史迹。白司库巷原写为舶司库巷，是当年官营国际贸易机构市舶司的仓库所在地。聚宝街则是当时的珠宝商场，打锡巷设过打锡的作坊。此外，泉州的涂山街相传是南宋兴建东西塔时为了运石上塔而筑成的土坡的起点。明代之后，漳州的月港取代了泉州港，如今龙海县石码镇还有漆巷、桶巷、米巷、豆腐巷、茶料巷、铸鼎巷、打银巷、打索巷、炮仔街、面灸街、糖街、棉子街，都是早年分行业设市的遗迹。

明代末叶，福建沿海长期受倭寇骚扰，当时各地人民自发联防，在许多海滨小山头上设立烽火台，每有倭寇来袭就点火报警，至今许多地方还有烟墩山、炎垱山、园敦山一类的地名，便是当年放烽烟的山头。

300 多年前，进行反清复明斗争的郑成功，率军驱逐荷兰殖民者收复台湾，他是第一个大规模开发台湾宝岛的领导人。在其 39 年的短暂一生中，他的足迹遍及闽台。闽台人民为了纪念这位民族英雄，世代传颂着他的勋业，保存着他活动过的遗址，也用他的名字命地名。清兵入关后，南明唐王朱聿键于 1645 年在福州称帝，郑芝龙向唐王引见其子成功，唐王赐成功姓朱，后来民间即称郑成功为国姓爷。后来，南明桂王朱由榔在广东肇庆称帝，封郑成功为延平郡王，人们又尊称他为延平王。在郑成功的根据地厦门，至今还有演武亭路（在厦门大学操场附近），那里曾是郑成功的练兵场，洪本部（街名）则是郑氏部将洪旭办公处，此外，鼓浪屿日光岩有郑成功水操台，万石岩水库有延平郡王祠，集美有延平故垒。在同安县的大轮山和小盈岭都有国姓寨，晋江白沙有国姓城，漳州紫芝山下有国姓沟，东山大澳有万军井、军藏局，还有许多地方都有国姓井。在台湾省，每一个城市都有成功路；许多大、中、小学都用"成功"命名；在乡间，台东有成功镇、成功溪，南投县、云林县有延平里，花莲县有延平乡，南投县有国姓乡、国姓桥、国姓村，台中县有两个成功村，台南市则有延平郡王祠。

在台湾阿里山区有个吴凤乡。吴凤是福建平和人，康熙年间到诸罗县高山族聚居地当商务翻译。为了汉人和高山人的友好相处，吴凤辛勤劳作四十八年，最后为了革除高山族用外族人人头供奉祭祀的野蛮风俗，他毅然以身殉职。后来，革除了杀人祭祀的风俗，汉人和高山人从此和睦相处。后人为了纪念他，在社口村建立吴凤庙，祭祀的香火经久不绝。

在台湾省的地名中还有一小部分是日本占领期间按照日本的习惯改过的地名。例如新竹县关西镇原称咸菜棚，"关西"是日本大阪的古名；台中县丰原镇原称葫芦墩，"丰原"也是日本名，台中县的清水镇原称牛嫲头，"清水"是日本京都的寺庙名。不过这些地名是日本人借用的汉字构成的，汉字回了娘家，台湾人也按汉语读音去读它，已经没有日本味了，所以这些地名至今还在沿用。然而它们记录的是日本帝国主义侵台的历史，这一点我们是不能忘却的。

三、闽台地名常见的雅俗异名

人名中有乳名和学名的并行，地名中则有俗名和雅名的并用，它们之间有许多特点是相同的。第一，从通行范围说，乳名和俗名只用于家人和本地人之间，学名和雅名则用于与外人交往；第二，从时间先后说，总是先有乳名和俗名，而后才有学名和雅名；第三，从语言形式说，乳名和俗名多是用方言命名、用口语白读音称说，学名和雅名则往往采用普通话的书面语命名，用方言文读音称说；第四，从命名依据说，乳名和俗名常常从人地的自然特征就近取譬（如人名中的大头、毛毛、老六，地名中的山前、岭后、水北），学名和雅名则经过深思，寄托着人们的理想和愿望（如人名中的辉煌、进才、成龙，地名中的兴隆、太平、福安）；第五，乳名和俗名是民间自发形成的，学名和雅名则要经过官方认定或文人学士的手作。

在方言复杂地区的小地名中，地名中的雅俗异名比较常见，这是因为它们都要经过从方言到普通话、从口语到书面语、从本地呼叫到外地交往的转化，雅俗异名就是在这些转化中产生的。1979 年，国家地名委员会组织南方十二省区在福建省龙海县进行地名普查试点，我们在全县 2000 条地名中发现了雅俗异名近二百条（占9%），后来的普查，经过周密调查的地方，雅俗异名的比例都在7%～8%。本节是就多年来所积累的这方面材料所作的调查报告。

闽台两省所通行的主要方言是闽南话和客家话，这两种方言和普通话的差别都比较大，但历史上却又比较重视推广普通话，地名的雅俗异名的大量存在正是反映了这种情况。

地名中的雅俗异名最常见的是俗名雅化，即先有俗名而后雅化。这种俗名雅化又有两种情况。一种是俗名用方言命名，词义比较粗俗，雅名则换成外地人容易理解，也便于书写的，内容也较为文雅、吉利或反映传统思想观念的字眼，这种雅俗异名成了闽台两省地名的一条独特的风景线，如表10-1所示：

表10-1　俗名雅化示例（一）

县（市）	乡（镇街）	村名（俗名）	村名（雅名）
龙海	榜山	搭河	福河
		南坂	南宛
		塘北	崇福
		卢沈（村中两姓）	罗锦
	九湖	六隙湖	鹿跳湖
		塘北	长福
	步文	壁炉	碧湖
		南坪	兰田
		树兜（兜：边）	书都
		林尾	龙美
		埔尾	孚美
		牛路	御路
		陈店	丹店
	角美	角尾	角美
		沈宅	锦宅
	郭坑	盍窑（盍：瓷）	扶摇
	东园	鹅卵仔	峨浪山
	颜厝	陈庄	兰庄
	东泗	上村	常春
		大帽山	玳瑁山
		斗米	岛美
	莲花	树兜	仕兜
		庵兜	安郊
		吴边	月边
	港尾	林背	流会

（续上表）

县（市）	乡（镇街）	村名（俗名）	村名（雅名）
南安	蓬华	下尾	华美
	康美	坑尾桥	康美
		下湖	玉湖
	水头	潘垄	康龙
	罗东	后洋	厚洋
	梅山	洋山寨	凤山寨
		山尾	山美
	洪濑	洋尾	扬美
泉州	鲤中	街下巷	奎霞巷
		南店巷	南俊巷
		斡惆巷（斡：转）	轧榜巷
厦门	集美	尽尾	集美
	前线	庵兜	安兜
		刘坂	莲坂
		店前	殿前
	杏林	马栏	马銮
安溪	尚卿	上坑	尚卿
平和	安厚	涵后	安厚
	霞寨	下寨	霞寨
永春	蓬壶	肥湖	蓬壶
		圹里（圹：窟）	孔里
		牛林边	儒林
	岵山	龙窟	龙阁
	仙夹	乞磜	夹际
	锦斗	九斗（斗：亩）	锦斗
	曲斗	七斗	曲斗
	玉斗	五斗	玉斗
	城关	大坪	大鹏
福清	阳下	屿边	仕边
		崎岭下	玉岭
		鸡笼埔	奎垄埔
	音西	窑兜	瑶峰
		仓下	苍霞
	宏路	横路	宏路
	城头	猪囝楼	竹子楼
	三山	下桥	嘉儒
		牛头	鳌头
	龙田	牛田	龙田

（续上表）

县（市）	乡（镇街）	村名（俗名）	村名（雅名）
长乐	首占	酒店	首占
	鹤上	澳上	鹤上
	古槐	古县	古槐
	金峰	甘棠街	金峰
莆田	城郊	枋尾	丰美
		下村	霞村
	西天尾	西墩尾	西天尾
	梧塘	下刘	霞楼
	黄石	窑兜	瑶台
	常太	庵口	安口
	白沙	马洋头	宝阳头
	笏石	倚石（倚：立）	笏石
	新县	薛洋	泗洋
	忠门	下塘	霞塘
大田	太华	罗坑	罗丰
		苏坑	仕坑
	湖美	洋尾	仁美
	桃源	杜林	武陵
	上京	樟根	上京
		龟坑	桂坑
	早兴	草坑	早兴
	石牌	牙坑	鳌江
	屏山	牛坪	玉屏
	谢洋	白箬（箬：叶子）	白玉
	吴山	黄村	阳春
	均溪	下洋	霞洋
	文江	吴山	玉山
	梅山	蔴坑	旺村
尤溪	洋中	刘溪	龙溪
	汤川	冬瓜洋	东华洋
	台溪	坑尾	坑美
	新桥	网坑	文山
	坂面	小垄	秀垄
	中仙	中村	中仙
		下落坑	安乐坑
		下洋	华阳

（续上表）

县（市）	乡（镇街）	村名（俗名）	村名（雅名）
沙县	凤岗	瓜篮	官南
		水尾	水美
	夏茂	下墓	夏茂
		牛亭	儒元
	富口	瓠口	富口
	高砂	鸬鹚	龙慈
	南坑子	下村	霞村
	大洛	菖蒲坑	昌荣坑
明溪	城关	罗地（地：坟地）	罗翠
		盖竹洋	翠竹洋
	夏坊	鹅坑	鳌坑
	枫溪	下村	霞村
		小瓦	小雅
	夏阳	下杨	夏阳
		下村	杏村
	沙溪	窑沙	瑶奢
	胡坊	牛牯岭	牛福岭
		畬婆坑（畬婆：畬箕）	奋发坑
		上陂洋	上丰洋
		北坑	北亨
		铜钱坂	长仁坂
		石鼓喙（喙：口）	石古翠
邵武	水北	新庵	新安
	拿口	马蹄坑	马兰坑
	卫闽	盆墩	洪墩
	张厝	庵前寨	安全
	和平	禾坪	和平
泰宁	杉城	洋心	洋川
	新桥	分水	汾水
	上青	嵊前	胜前
	大田	鱼仓	鱼川
		庵下	谙下
		鸡笼山	金龙山
	大布	近溪	涓溪

（续上表）

县（市）	乡（镇街）	村名（俗名）	村名（雅名）
上杭	城郊	韭菜湾	九畹
		烂泥坑	万宜坑
	庐丰	湖洋	富洋
		枫山下	丰山
	太拔	薯莨寨	珠良寨
		崇下	崇夏
		帽子窠	慕梓科
	溪口	白石窟	白玉笏
		牛轭岭	峨益
	白沙	坰里	厚里
		扶竹岭	扶福
		凉伞坑	良善坑
	蛟洋	塘下	塘厦
	古田	松峰岩	龙峰岩
	旧县	迳里	迳美
	通贤	小坑	秀坑
	中都	獠猪坑	荷珠坑
		庵子背	安祖背
		隔里	吉里
		河坑	豪康
以下台湾省			
基隆	基隆	鸡笼	基隆
彰化	永靖	苍仔尾（苍：山脊）	苍美
	埔盐	浸水	新水
	坤头	牛朝仔（牛朝：牛栏）	芙朝
南投	草屯	瓠仔寮	富寮里
	名间	湳仔（湳：陷入）	南雅
		下新厝	厦新
云林	大埤	埔羌仑（埔羌：一种杂草）	褒忠
	土库	奋箕湖	奋起湖
	水林	涂间厝	土盾村

（续上表）

县（市）	乡（镇街）	村名（俗名）	村名（雅名）
台北	板桥	枋桥（枋：厚木板）	板桥
	中和	庙仔尾	庙美
	内湖	洲尾	遇美
	士林	旧街	旧佳
	坪林	金瓜寮	金溪
新竹	新竹	苓子庄（苓：山脊）	文雅里
苗栗	苗栗	猫哩	苗栗
	南庄	田尾	田美
台中	潭子	大埔厝	大富村
	大安	松仔骹	松雅村
高雄	林园	林仔边	林园
	阿莲	土库	玉库
	甲仙	瓠仔寮	宝隆村
	茂林	蜢仔社（蜢：蚊）	玛雅社
屏东	万峦	万蛮	万峦村
	万丹	下蚶	厦南
	三地	山猪毛	三地
澎湖	马公	妈官	马公
	望安	网垵	望安

另一种是把字面意思粗鄙或者是带有侮辱性或不吉利的语词改为高雅、吉利或中性的语词，如表 10-2 所示：

表 10-2 俗名雅化示例（二）

县（市）	乡（镇街）	村（巷）名（俗名）	村（巷）名（雅名）
台北	石碇	崩山	彭山
	三峡	三角涌（恶浪）	三峡
新竹	新竹	隙仔庄	客雅
	宝山	草山	宝山
苗栗	头屋	崁头厝	头屋村
	头份	番婆庄	蟠桃里
台中	大里	番仔寮	仁化村

（续上表）

县（市）	乡（镇街）	村（巷）名（俗名）	村（巷）名（雅名）
彰化	和美	番仔沟	雅沟
	埤头	番仔埔	元埔
	三林	火烧厝	广兴里
南投	墓屯	牛屎崎	御史里
	埔里	刣牛坑（刣：杀）	一新里
澎湖	马公	火烧坪	光明里
以下福建省			
龙海	九湖	狗母窟	九宝窟
南安	水头	覆船山	朴船山
	罗东	崩岭	帮岭
泉州	开元	狗屎岭	九史巷
厦门	思明	上山路（上山：出丧）	靖山路
永春	曲斗	大横	大荣
	一都	覆鼎	福鼎
福清	城关	骸带巷（骸带：裹脚）	佳带巷
	东张	倒桥	道桥
	渔溪	崩溪	丰溪
	高山	牛屎坑	五指坑
福州	鼓楼	粪扫山（粪扫：垃圾）	文藻山
	郊区	灰岐	魁岐
莆田	白沙	虎井	湖井
大田	武陵	乌鸦垄	富家
沙县	夏茂	旱坑	旺坑
明溪	瀚仙	旱溪	瀚仙
	枫溪	空溪	枫溪
		掩地（掩：埋）	翁地
	胡坊	黄屎坪	黄土坪
泰宁	彬城	牛屎岭	牛树岭
	新桥	破石	宝石
	上青	烧树下	初树下
	朱口	厄村	益村

（续上表）

县（市）	乡（镇街）	村（巷）名（俗名）	村（巷）名（雅名）
长汀	河田	狐狸岗	禾里岗
上杭	太拔	乱崃背	銮崃背
	白砂	老虎坑	老富坑
	步云	苦坑	富坑
	旧县	牛屎坪	牛市坪
	才溪	衰坑	发坑
	通贤	旱溪	汉溪
	中都	老虎坑	老富坑
	城郊	马屎滩	马势滩
		癫痢塘	腊梨塘
		船空里	船丰
永安	上坪	崩盂头	丰盂头

从语言形式说，地名的雅化多数采取"谐音"改字的办法，就是选取同音或近音的"雅"字眼、"好"字眼去代替原来的"俗"字眼、"坏"字眼。真正同音的字少（例如莆田庵口—安口［ˌɑŋ ˈkʻɑu］，邵武新庵—新安［ˌsen ˌɑn］），多数只是读音相近而已。福建方言多有文白异读，取谐音字时有时从白读音找，有时从文读音找，从下列各例可以看出雅俗异名在读音上的各种关系：

龙海 塘北［ˌtŋ pak˲］　　长福［ˌtioŋ hɔk˲］（"长"白读ˌtŋ，"幅"白读pak）
上杭 湖洋［ˌfu ˌŋɔi］　　富洋［fuˀ ˌŋɔi］
安溪 上坑［tsiũˀ ˌkʻĩ］　　尚卿［sioŋˀ ˌkʻiŋ］（"上坑"文读sioŋˀ ˌkʻiŋ）
莆田 下刘［ɔˀ ˌlau］　　霞楼［hoˀ ˌlau］（"下"文读haˀ）
沙县 瓠口［ˌpu ˈkʻau］　　富口［puˀ ˈkʻau］
明溪 鹅头［ˌɤ ˌɤˀtʻay］　　鳌头［ˌŋau ˌtʻay］
邵武 禾坪［ˌvɔ ˌpʻiaŋ］　　和平［ˌfɔ ˌpʻiŋ］（"平"白读ˌpʻiŋ）
台北 崩山［ˌpaŋ ˌsuã］　　彭山［ˌpʻĩ ˌsuã］（"崩"文读ˌpʻiŋ，"彭"文读ˌpʻiŋ）
苗栗 番婆［ˌhuan ˌpo］　　蟠桃［ˌpʻuan ˌtʻo］

还有些雅化地名完全从意义出发换字，这类雅俗异名就没有语音的对应了。例如上文所举的一些例子：

福清	下桥［a꜄ ꜁kiu］	嘉儒［꜀ka ꜁y］
大田	草坑［꜀ts‘o ꜀k‘ĩ］	早兴［꜂tsa ꜀heŋ］
上杭	衰坑［꜀sua ꜀k‘aŋ,］	发坑［faʔ꜆ ꜀k‘aŋ］
沙县	牛亭［꜀ŋy ꜁tɔ̃i］	儒元［꜁y ꜁yĩ］
明溪	畚婆坑［pəŋ꜄ ꜀p‘ɔ ꜀k‘aŋ］	奋发坑［fəŋ꜆ fa꜆ ꜀k‘aŋ］
高雄	土库［꜂t‘ɔ k‘ɔ꜄］	玉库［giɔk꜆ k‘ɔ꜄］
彰化	火烧厝［꜂he ꜀sio ts‘u꜄］	广兴里［꜂kɔŋ ꜀hiŋ ꜂li］
云林	埔羌仑［꜀pɔ ꜀kiũ lun꜄］	丰岗［꜀hɔŋ ꜀kaŋ］

从文字形式说，还有些雅化地名为了字面优雅，把常用字改成了生僻字。例如龙海县南坂写南宛，埔尾写孚美，树兜写仕兜，东厝写东泗；明溪县旱溪写瀚仙，坵地写衢地，鹅坑写鳌坑，下棚写下汴，罗地写罗翠；泰宁县分水写汾水，庵下写谙下，近溪写涓溪。这些地名，本来口语中的俗名都能反映当地的自然面貌或人文特征的，一经雅化之后，命名意义反而模糊了。也有少数地名，口语中的俗名是方言词，一般人都不知道它的本字（这种本字往往是古书上的生僻字），于是按音写字或另造别字。例如莆田的“徛石”，意为“立着的石头”，“徛”字生僻，喻为笏石，上杭有“治牛坪”，意为杀牛坪，因不了解“治”有“杀”义，于是写同音字“池牛坪”，又如沙县꜀pua 后，꜀pua 应是“一座山”的座，本字未明，于是写近音字作“坡后”。由于字音上的联系和一般人趋雅祈吉的心理相通，在闽台两省，地名字雅化具有一定普遍性。例如通名之中，村作春，庵作安，窑作瑶，洋作阳，屿作仕，方位词的下作霞、夏，尾作美。

看来，地名的雅化是近代以来才有的。在古代社会，由于经济文化落后，小地名不见经传，不通外郡，只在本地的口语中世代通行而已，本地和外地交流多了，社会生活中有了公路、铁路、邮电、书报、地图，普通话也推广了，书面语的使用频繁了，于是这批小地名才有书面定型的必要，雅化地名就是在近现代因社会需要产生的。许多雅化地名还反映了当时的时代风尚和当地的地方习俗，我们可以通过它来研究雅化地名的产生年代，也可以从这些地名来研究民俗。例如铜钱坂→长仁坂，洋尾→仁美，牛亭→儒元，下桥→嘉儒，牛林边→儒林，屿边→仕边，苏坑→仕坑，矿里→孔里等雅化地名显然是中华人民共和国成立前定名的。在闽东、闽南，牛有愚笨的象征义，因此福清县的

"牛田"雅化为龙田，"牛头"雅化为鳌头，"牛屎坑"雅化为五指坑，永春县"牛林边"雅化为儒林，大田县"牛坪"雅化为玉屏，龙海县"牛路"雅化为御路；而在闽北牛是劳苦功高的形象，每年四月初八还为牛做生日，停止劳役并给加餐，所以明溪县"牛牯岭"雅化为牛福岭，泰宁县"牛屎岭"雅化为牛树岭。台湾省地名中的一些"番仔""番婆"之类的字眼是闽粤人初到台湾时对荷兰侵略者和当地高山族同胞的称谓，反映了当时的民族关系比较紧张，荷兰人退走了，汉族人民和高山族同胞共同开发自己的宝岛，后来民族关系和睦了，这类地名也就相应地改过来了。

　　和俗名雅化相反的是雅名俗化，这种现象在福建省比较少见，通常只见于城镇的街巷名。例如，漳州市新华东路附近有御史巷，俗称牛屎巷；据说那里曾有御史府，也许是个贪官，百姓故意另造谐音的俗称。泉州市有旧馆驿，俗称牛仔疫，那是旧时设过驿馆的地方，后来的人不甚了了，以谐音俗称，又有待礼巷、礼让巷，俗称刣马巷（刣：杀也）、马娘巷，这是文言词谐音俗称的例子。还有些雅俗异名，眼下很难断定是先有俗名而后雅化还是先有雅名而后俗化。例如厦门市有康泰路，俗称蚬玳路（蚬玳是一种小贝类，醃盐后做小菜）；泉州市有甲茅巷俗称鸭卵巷，敷仁巷俗称夫人巷，福州市有化仁里俗称花亭里，化民营俗称画眉营。

　　不论是雅名俗化或是俗名雅化，在地图上，在书面语中，雅名都已经定型了，本地人在书写和与外人交往时也都习惯这种说法，认定雅名作为标准地名有利于书面称说的稳定性，也适应人们趋雅就吉的社会心理，在考虑地名规范化的时候，看来并没有必要用俗名去代替雅名。然而俗名也确实还在本地人的口语中流通，并且往往更能表达本来的含义，为了如实地反映这种异名现象，为了考察地名的流变，全面地了解地名中的雅俗异名，把口语中的俗称记录在地方志、地名档案或地名辞典中，还是十分必要的。当然，这种调查是有一定难度的，因为口语的俗名往往通行面不广，只有本地人知道，了解雅俗异音异写非到实地作调查不可；俗名又都是用方言形式称说的，不了解当地方言就弄不清楚俗名的实际音义，所以雅俗异名的调查必须把地名调查和方言调查结合起来。

附 闽台地名通名考

　　闽台两省自然环境相似，语言相通，历史相关，地名中的通名也有许多共同点。本文列举一些常见的闽台共有的通名。这些材料是从许多地名资料中归纳出来的，多数都做过实地调查。从这些材料也可以看到闽台两省文化上的深刻的亲缘关系。

　　通名是人们对地名的归类。古往今来，不同地方的人对地形、地貌、地物以及各种聚落有不同的理解，新旧混杂、南北并存、山海各异、用语不同，因此通名愈积愈多。然而为了社会生活的沟通和国家管理的通畅，每个时代的地名都必须进行规范。通名的规范就是一项重要的内容。

　　闽台两省通行的方言主要是闽方言和客方言，由于这两种方言和普通话差别较大，因此通名的读音、含义和文字形体常常比较特殊，求证其本源就会存在困难，但从中可以得到考释方言地名通名的一些启发。

　　收在这里的闽台通名用字共有66组，126字。除了为数不多的方位词外，都是各种地形、地物的名称。在所举的地名词例中，这些字未必都是通名部分，但都具有通名意义。

　　有时同一个字有几种不同的含义，兼用于不同的地名类别，因此没有把所考的通名用字按山地、丘陵、水域、海域、聚落等分类；所取的词例大都是坊里、村落名，所以也没有按山名、水名、村名等分类，不同方言区之间的通名用字虽然有明显的差异，但也有不少交叉的现象，因而也没有按方言区分类。本文的通名用字的排列按汉字偏旁归类，在词义上适当以类相从。

　　考释字源时主要查阅了三部古代字书：东汉的《说文解字》、唐宋间的《广韵》和《集韵》。闽方言的韵书上收过的字也适当予以介绍。

　　为这些地名用字标音只选取若干有代表性的方言点标音。标音时一律采用国际音标，声调只标调类。在闽台地区，各地方言的读音又有很多差异，即使一个县内，城关音也和乡下音有别，要如实地标出各条地名的当地音，那是一个巨大的工程。

　　本文所例举地名词取材于如下几种资料：

　　（1）《中华人民共和国分省地图集》（1974年版，北京）

　　（2）《福建省地图集》（1962年版，内部发行）

　　（3）《福建省地图册》（1982年版，福州）

（4）《台湾省通志》（1970 年版，台北）

（5）陈正祥：《中国文化地理》（1983 年版，生活·读书·新知三联书店）

（6）福建省有关县市近年所编地名录

坪　闽台两省常用乡村通名，福州音［ₛpaŋ］，厦门音［ₛpʻiã］，上杭音［ₛpʻiaŋ］，意为平地，范围比埔小。闽东方言还说"草坪"、"溪坪"（河滩）。《说文》卷 13："坪，地平也。"在《福建省地图集》，有"大坪"村名 37 处（不包括大坪圩、大坪山、大坪坑等），"上坪"24 处，还有许多"坪边、坪上、西坪"等村名。在台湾省，台北县有坪林乡，万里乡有苦苓坪，新竹县新埔镇有大坪里，桃园县观音乡有苍坪村等。

坂　闽方言地区常用乡村通名。福州音［ˊpaŋ］，厦门音［ˊpuã］，意指坡度不大的坡地。坂是后起字，见于《广韵》府远切："坂，同阪，大陂不平"，另《说文》："阪，坡者曰阪。"《福建省地图集》收了"坂头"15 处，"坂尾"8 处，"上坂"见于惠安、龙海、龙岩、漳平、周宁各县市，"沙坂"见于莆田、龙海、罗源等县市。在台湾省，台东县达仁乡就有上坂村、台坂村。

垅、垄　闽方言区常用的村落和地形通名。福州音［ˊløyŋ］，厦门音［ₛlaŋ］。方言中"山垅"指不高的坡地，垦殖后的梯田称为"山垅田"。"垄"是本字，"垅"是异体，闽台地区常写为"垅"。《说文》卷 13："垄，丘垄也。"《广韵》力踵切，福州读上声合此；《集韵》又作卢东切，厦门读阳平合此。据《福建省地图集》，同安、永春、漳浦、漳平、仙游、尤溪、闽清、柘荣、周宁、沙县等县有"后垅"12 处，安溪县有垅头，永春县有垅内，德化县有垅边，仙游县有垅墘，建阳县有垅下，闽清县有墓垅，金门县有垅口。在台湾省，高雄县六龟乡有土垅村，台东县关山镇有里垅里，台南县佳里镇有萧垅街。

坵、丘　闽台各地方言用作田的量词，说"一坵田""田坵"，福州、厦门音［ₛkʻu］，上杭音［ₛtɕʻiu］。坵是后起的丘的异体字，原指土丘。《集韵》祛尤切："丘：《说文》土之高也，非人所为也……书作'坵'。"福建各地都有带坵字的地名，多指"田地"，也有指丘陵的。《福建省地图集》大田、永春县有大坵头，莆田市有大坵，安溪、云霄县有湖坵（安溪雅化为虎丘），南平市有葫芦坵，仙游、武平县有坵坑，霞浦县有坵里，建瓯县有坵园、坵墩，光泽县有沙坵。

垵　多见于沿海的闽方言区，尤其闽南地区为多。福州音［ₛaŋ］，厦门音［ₛuã］。垵未见于古字书，意指丘陵地带为的两山之间的鞍部，可能是"鞍"的俗写。在《福建省地图集》，厦门市及金门、同安、福清、安溪等县都有后垵，东山、惠安县有下垵，同安县还有垵边、垵炉、垵柄，晋江县有垵内、垵底，永春县有刘垵，南安县有东垵、侯垵。在台湾省，仅澎湖县就有马公镇的井垵里、西屿乡的内垵村、外垵村，望安乡则是"网垵"的雅化。

坑 闽台各地山区常见通名。福州音 [ˌk'aŋ]，厦门音 [ˌk'ĩ]，长汀音 [ˌhaŋ]。方言里说的"山坑""坑沟"指的是山间的沟壑、谷地。坑是"阬"的后起字，《广韵》客庚切："阬《尔雅》'虚也'，郭璞云，阬，堑也。"闽方言的"坑"与此音义相合。《福建省地图集》收有东坑 36 处，坑头 29 处，坑口 17 处。在安溪、永春、大田、长泰、连城、古田、福清、柘荣等县都有长坑，金门县有古坑村。在台湾省，据陈正祥统计，带坑字地名有 262 处，例如台北县寿山乡有大窠杭，本栅乡有密婆坑，南投县埔里镇有刣牛坑，名间乡有虎坑。

堀、窟 散见于闽方言地区。福州音 [k'ouʔˌ]，厦门音 [k'utˌ]，建瓯音 [k'uˌ]，意为洞穴，有时也指沟壑。《说文》卷 13："堀，兔堀也"，苦骨切，原指较小的洞穴，在闽方言义有引申。例如闽南话水塘可说"潭窟"，山间凹地可说"山窟"。福建省的南安县有深堀，建瓯县有后堀，台湾省的台南市有牛媪堀，台北县的板桥乡有樟树堀，万里乡有冷水堀，坪林乡有鲻鱼窟，桃园县的观音乡和嘉义县水上乡都有大堀村。

坜、壢、历 多见于闽北方言地区，崇安音 [liaˌ]，口语已不单说，表示大片微凹地形。《集韵》狼狄切："壢，坑也"，应是本字。福建省崇安县有铜坜、松坜、麻坜、李西坜、下坜坑，建阳县有杉坜、外历、东历、新历，建瓯县有东坜、朱坜、高坜、宝坜，顺昌县有何坜、宇坜、小黄坜，沙县有黄坜。台湾省桃园县有中坜市，市内有内坜里、中坜里，新竹县宝山乡有大坜村。

塝 多见于闽北地区，方言中可说"田塝"，指山间梯田的外壁，建瓯音 [pɔŋˀ]。《集韵》蒲浪切，"塝，地畔"。建瓯县有大塝，崇安县岚谷乡有田塝下，兴田乡有刘家塝，武夷乡有塝边。

塅、段 多见于闽西、闽北的客赣方言地区。长汀音 [t'uɔˀ]，泰宁音 [t'uanˀ]。方言中不单说，含义不明。有时说"田塅"，一般的理解指较为开阔，但未必很平的田片，有时也写为段。长汀县濯田乡有塆墓塅、塆塅头，连城县有石头塅、王家塅，将乐县有段上，泰宁县有黄家塅，光泽县有毛家塅。

墰 仅见于闽北方言地区，建瓯音 [pyˀ]，建瓯县有东墰、官墰、黄墰、新墰、前墰、墩墰，顺昌县有沙墰。墰未见于古字书，闽北方言韵书《建州八音》鱼韵边声第二调（阴去）有"墰，地名"，未注字义。按其音韵地位，本字可能是"墢"，《集韵》放吠切："墢，坡也，坡也。"

坋、坌 见于闽方言地区。漳州音 [puĩˀ]，沙县音 [puĩˀ]，方言中不单说，无明确含义。龙海县有崎坋，顺昌县有洋坋，沙县、崇安县有上坋，大田、德化、尤溪、沙县有大坋。台北县八里乡旧名就是八里坌。见于《说文》卷13："坋，尘也……一曰大防也"，房吻切。大防就是大堤。

埒 见于闽南方言区，厦门音［luaʔ₈］，意为不高的围墙。乡间园田为防牲畜糟蹋庄稼，常筑小土墙围着，俗称"墙埒"。《说文》卷13："埒，卑垣也"，力辍切，音义均合，正是本字。福建省龙海县步文乡有园埒村，台湾岛南端的屏东县恒春镇有大坂埒里，云林县虎尾镇有埒内里。

埂 见于闽北方盲区，崇安音［ʿkaŋ］，就是田埂的埂。《广韵》古杏切："埂，堤封，吴人云。"崇安县有崩埂，南平市郊有埂埕、埂尾，建阳县有长埂。

地 多见于客赣方言区，意指坟地。长汀音［tʻi²］。闽方言区西部也有带地字的地名。多用于姓氏之后，例如长汀县有上温地，连城县有上魏地，连城、南平、尤溪有上地，南平、漳平、将乐、德化有谢地，浦城有尚家地。

埭 多见于沿海的闽方言地区。厦门音［te²］，泉州音［ta²］。意为海滩上为围垦而用海泥堆成的不高的堤。厦门市有后江埭，晋江县有陈埭，惠安县有埭村，龙海县有古埭头，漳浦有洋埭，莆田县有下埭，罗源县有横埭。《广韵》徒耐切："埭，以土堨水"，音义均合。有些地方写为"岱"，可能是"埭"的异写，例如漳浦县有陈岱乡，东山县有岱南，嘉义市有翠岱里，布袋镇有岱江里。

塗 在闽方言地区，塗有时指海边的滩涂，有时指泥土。厦门音［ₔtʻɔ］，福州音［ₔtʻu］。厦门市集美镇有"潘塗"两处，惠安县有秀塗，台北市新店乡有塗潭，石碇乡有乌塗窟，指的都是"海塗"。惠安县的塗岭、塗寨，漳浦县的塗楼，永泰县的塗山，云林县水林乡的塗间厝，指的则是泥土。塗今简化为涂，有些地方的涂是指未经简化的涂姓，例如长汀县的涂坊。

坊 通行于客赣方言地区，一般都读为古音［ₔpiɔŋ］，是自然村落常用的通名，多用于姓氏之后。《说文》卷13："坊，邑里之名。"可见这是古来就通行的通名。在福建省三明市及上杭、永安、宁化等县有张坊，明溪、长汀、光泽等县有胡坊，顺昌、将乐、清流等县有余坊，长汀、顺昌、将乐、连城等县有洋坊。在闽南话地区，有些坊取义于"牌坊"厦门音［ₔhŋ］，例如台湾省新竹市有石坊里，和前述的坊含义不同。

圳、凹、坳 多见于客赣方言地区，也向闽中闽北方言地区扩散。长汀音［ₔau］，崇安音［au²］，意为坳地。例如长汀县有打铁圳、伯公圳、大沙圳、姨婆圳、南山圳，长汀、泰宁、崇安县和永安、三明市都有圳头。同是坳上，武平县写凹上，泰宁县写圳上，邵武县写坳上。圳、凹是俗写，本字应是坳。

《广韵》於交切："坳，地不平也。"《集韵》又作於教切。

芸、坛、园 坛不是壇的简化。带芸、坛字地名见于闽南方言地区，厦门音 [ˌun]，意指较平的成片水田。"溪芸"是河滩地，"沙芸"是沙滩地。福建省同安县有芸头，南安、安溪县有芸尾，龙海县港尾乡有沙芸，台湾省高雄县林园乡有中芸村、风芸村。本字应是园。《集韵》王分切："园，回也，田十有二顷谓之园。"音义相合。

窠、科 多见于客赣方言地区及闽方言西部地区。邵武音 [ˌkʻu]，明溪音 [ˌkʻo]，意指山间小盆地，有时写为同音字科。在福建省，邵武市有危家窠、下丈窠，光泽县有江家窠、蛟龙窠，泰宁县有许窠，明溪县有黄窠、长窠，沙县有池窠，南平市有井窠，建阳县有蔡窠，崇安县有燕子窠，永安县有老虎窠，大田和诏安县有科里。台湾省台北县泰山乡有大窠坑。《集韵》苦禾切："窠，《说文》：'空也'，穴中曰窠"，正是本字。

厝、朱、处 闽方言地区最常见的通名用字之一，带厝字的地名在福建省55县市就有3643处；在台湾省，据陈正祥统计，2.5万分之一地图上鹿港街一带100平方千米范围内带厝字地名有35处，占全部地名的26.5%。福州音 [tsʻuoˬ]，厦门音 [tsʻuˬ]，建瓯音 [tsʻiɔˬ]。厝在方言中有两种含义：房子、家，用作通名也有这两种含义。例如台南市有竹篙厝，高雄县林园乡有顶厝、中厝，屏东县有六块厝，仙游、莆田、宁德、安溪、龙海等县有石厝，这是指房子。"家"的含义往往用于姓氏地名中，例如厦门、莆田市和大田、福安县均有何厝村，闽侯、福清、晋江、大田、崇安、福安有陈厝村，漳浦、仙游县有欧厝，莆田市、南安县有卓厝。在闽东地区，由于轻读和连音变读，有的地方写为"朱"，例如福州市郊就有柯朱、林朱、萧朱、李朱等村。在闽北浦城县，有的写同音字"处"（可能是和浙西南吴语区相同写法），例如官路乡有毛处、李处，九牧乡有汪处，莲塘乡有吕处坞。厝是闽方言最具特色、最常用的方言词，它的本字至今学术界还有争议，"厝"在《说文》指的是"厉石"，即磨刀石，《诗经》："他山之石，可以为厝"也是这个意思，看来并非本字。

屋 客赣方言地区的屋是和闽方言地区的厝相应的通名用字，有"房子"和"家"两种含义，也很常用。上杭音 [vəkˬ]，长汀音 [ˌvu]。福建省连城县的李屋，长汀县的周屋、大屋背，上杭县的大屋场、罗屋坑；台湾省桃园县的新屋乡，中坜市的宋屋村，苗栗县的头屋乡，铜锣乡的彭屋村，都是客家村落。

宅、垞 多见于闽方言地区，福州音 [tʻaʔˬ]，厦门音 [tʻeʔˬ]，口语中可说"厝宅"（房舍）。《说文》卷7："宅，所以托也"，场伯切。在福建省，福州郊区有郭宅、冯宅、杨宅、高宅、秀宅等数十处，福安、福鼎县有外宅，厦门市和同安县有钟宅，古田、福安县有宅里。在台湾省，嘉义县白河镇有甘宅里，盐水镇有后宅里。有时也写为"垞"，例如福建省龙岩县有上垞，莆田市有顶垞、杨垞、蔡垞、大洋垞、后垞、刘垞。垞是宅的俗写，《集韵》直加切："垞，同隯，小丘名"，与此无关。

窑、瑶、遥、磘、摇 多见于闽方言地区，福州音［ˌiu］，厦门音［ˌio］。瓦窑、灰窑、瓷窑、窑上、窑里之类地名随处可见。有时雅化为瑶或另写异体。同是"瓷窑"的意思，由于方音的不同，在福清县写为海瑶，周宁县写为硋遥，建阳县写为坰瑶，永安市写为回瑶，三明市写为珢瑶，云霄县写为磁磘，龙海县写为扶摇，台湾省的南投县竹山镇写为硐磘。

廍 常见于闽南方言地区，泉州音［ˌpˈɔ］，厦门音［pˈɔ²］。旧时手工业作坊称为廍，如说"糖廍、蔗廍、油廍"。廍未见于古字书，应是本地所造俗字，可能就是部。据陈正详的《中国文化地理》，1890年前后，盛产甘蔗的台湾省有"糖廍"1275个，现台湾地名中带廍字的有25处。例如台南县新营镇有旧廍里，后壁乡有后廍村，宜兰县壮围乡有廍后村，台中县外埔乡有廍子村，大肚乡有蔗廍村，屏东县东港镇有下廍里；在福建省，龙海县步文乡有廍前洋，南安县梅山镇有下廍。

铺 闽方言区和客赣方言区都有用铺作通名的，福州音［pˈuo²］，长汀音［pˈuˈ］。方言中十华里称为一铺，铺就是旧时的驿站。例如福州、永春、将乐有铺下，闽侯、同安、建宁、邵武有铺前，长汀、光泽则有十里铺。

焙 见于闽北方言地区，建瓯音［po²］，《建州八音》梅字母韵："焙，火焙"，火焙就是焙物的坑床，焙茶的作坊称为茶焙。闽北地区宋元时代有许多官办和百姓经营的制茶作坊，今带焙字地名多为当年茶焙的故址。例如建瓯县有焙前、官焙，邵武市有焙上，屏南县有上焙，崇安县有焙后。

笕、枧 多见于闽西、闽北山区，建阳音［ˌaiŋ］，连城音［ˌkieŋ］，方言把山间引水用的竹管或木槽称为笕，有时写为枧。《新华字典》所收的"枧"是粤方言地区俗字（肥皂），与此无关。福建省崇安、建宁县有笕头，连城县有上枧，古田县有水枧头，建阳县有长枧；台湾省台北县淡水镇有水枧头，澎湖县望安乡有船后枧、笼枧、南枧。

寨 散见福建各地。福州音［tsai²］，厦门音［tse²］，长汀音［tʃˈaiˈ］。山顶有围垣可居，称为"山寨"。平和县有高寨、下寨，永定县有下寨、中寨，南靖县有上寨，南安县有洋山寨，上杭、长汀、诏安县有寨背，厦门市、闽侯县有寨上，仙游、平和、永定、福安等县有寨下。《广韵》犲夬切："寨，羊楼宿处"，又"砦，山居以木栅"。福建各地通用的寨含义和"砦"相当。

社 多见于闽南、闽西地区。厦门音 [sia²]，闽南话乡村称为"乡社"，带社字地名不少。例如龙海县有社头，长泰县有中央社，漳浦县有中社，仙游、惠安县有下社，台湾省台中县神岗乡有大社村，云林县二仑乡有番社，南投县的雾社更是著名的地方。在闽西客家方言地区，社指土地庙，一般读为 [ṣa]，如永定县有社前，武平县有社公排，宁化、武平县有社背。《集韵》常者切："社，《说文》：'地主也'……一曰周礼二十五家为社，各树其土。"闽台地区通名社正是这两种含义。

仑 多见于闽南方言地区。厦门音 [lun²]，指坡度较小的长形山岗。据福建省55县市地名资料统计，全省带仑字地名有459处。据陈正祥统计，台湾省带仑字地名至少有110处。这个仑与昆仑的仑不同调，是民间俗字，本字未明。福建省晋江、龙海、云霄、长乐等县都有大仑村，龙岩市有大埔仑，惠安县有上仑，台湾省台北县板桥镇有沙仑里，嘉义县水上乡有大仑村，云林县大埤乡有埔羌仑。

嵌、崁、坎 闽台两省常见通名。在闽南方言地区一般读为去声：如厦门音 [k'am²]，"山嵌"就是山间层差较大的阶地。《集韵》苦滥切："嵌，岸歆峻"，合此音义。在台湾省多写为崁，也有写本字嵌的，例如：台北县淡水镇有崁顶里，南投县水里乡有丁崁，嘉义县朴子镇有崁后、崁前里，高雄县梓官乡有赤崁。据陈正祥统计，全省嵌字领头的地名就有49处。在福建省通常写为坎，例如云霄县有坎顶，南靖县有坎下，南安县有坎脚。在客赣方言地区读为上声，如永定音 [ᶜk'aŋ]，合于《广韵》苦感切："坎，险也，陷也。"如永定县有坎市、坎街，上杭县有坎头，邵武市有坎下、坎头。尤溪县的坎兜也读为上声。

岩 福建省较为多见，福州音 [ṣŋaŋ]，厦门音 [ṣŋiam]，意指山上岩石。有些山名、寺名也用岩作通名。厦门市的日光岩、万石岩、云顶岩都是著名风景区。《福建省地图集》有15个岩前（分别在南安、安溪、长泰、南靖、莆田、仙游、三明、武平、宁化、邵武、建瓯、福鼎、霞浦等县市），连江、永泰县有岩下，仙游、宁德、寿宁县有白岩。台湾省彰化县花坛乡有岩竹村。《说文》卷9："岩，岸也"，《广韵》鱼衔切："岩，峰也，险也，峻廊也。"闽台通名岩合于《广韵》音义。

岫 偶见于闽方言地区。福州音 [sieu²]，厦门音 [siu²]，指山间小坳地或洞穴。福建省福安县有山岫宅，安溪、同安县有鸡母岫，南安县九都乡有虎岫、埔只岫；台湾省嘉义市的下埤里旧名岛岫子。岫见于《说文》卷9："岫，山穴也。"音义俱合。

嵩　散见于闽台各地。福州音 [ₑsyŋ]，厦门音 [ₑsiŋ]，清流音 [ₑsoŋ]。方言口语不单说，原义不明。《说文》卷9："嵩，中岳嵩，高山也"，应是本义。福建省永泰县有嵩口镇，厦门市有嵩屿，清流县有嵩口坪、嵩岽背、嵩溪，永春县有嵩山，台湾省台中县丰原镇有南嵩里。

岚　散见于闽东、闽北地区。崇安音 [ₑlaŋ]，口语不单说，字义未明。《说文》卷9："岚，山名。"《广韵》卢含切："岚，州名……亦山气地。"连江、建瓯县有岚下，崇安县有岚谷、中岚、岚头，建阳县有马岚，南平、邵武市有下岚。

岽、崬、栋　客家方言地区常见通名，更多地用作山名，通常写为岽，有时也写为崬、栋，长汀音 [toŋˀ]。据福建省55县市地名资料统计，全省带岽字的地名有618处，据《长汀县地名录》，单是山名就有122处，例如鸡公岽、古楼岽、半天岽，又有村名120处，例如黄泥岽、杉子岽、许屋岽。上杭县有山名插旗岽、峦隆岽、凉伞岽、仙家岽，武平县有村名岽下，古岽，平和县有村名岽头，岽后。在台湾省，新竹县尖石乡有李栋山，竹东乡有员岽里，台中县东势镇有大岽里。

嶂　客家方言地区常见山名用字。长汀音 [tʃoŋˀ]。方言口语中岽、嶂都可单说，嶂比岽陡，岽比嶂大。在闽西山名中，长汀县有赤峰嶂、畲山嶂，永定县有万山嶂、圭姆嶂，武平县有龙嶂，上杭县有铁嶂寨。作村名用的在泰宁县有嶂上、嶂干，建宁县有岩嶂，上杭县有石门嶂。《广韵》之亮切："嶂，峰嶂"，是为本字。

岌　客家方言地区常见通名，也向闽中地区扩展。一般读为 [ieŋˀ]。据福建省55县市地名资料统计，全省带岌字地名有117处。口语不单说，一般的理解表示陡峭的峰峦。长汀县有东桃岌、猴子岌、马头岌、洋背岌、新田岌、大岌里，上杭县有古岌、马岌坰，永安县有白石岌、松林岌、茶子岌、岌头等。岌是训读字，《集韵》逆及切："岌，高过也"，义同音异。在广东省有不少地方同样音义写为屼或峖，则是俗造的形声字。

硎、岈、珩、荇　闽方言地区通名，多见于闽南和闽中。厦门音 [ₑkiã]，莆田音 [ₑkia]，口语不单说，意为山脊。仙游县有横硎、白硎，安溪、永春县有白荇，南靖县有珩坑，三明市有石珩，平和县有大坡岈、岈背，将乐县有长岈。《集韵》"硎，砥石"，音合意异，不像是本字，同是户经切，还有"岍，山名"，"陉，《说文》：山绝坎也"，字义相近。岈、珩、荇都是俗字。

磜、漈、壚　多见于福建省，据福建省55县市地名资料统计，全省带磜、漷、墋（还有简体字砾、泲、坛等）的地名有 648 处。泉州音［tsia²］，上杭音［tsai²］，意为石崖，有水时则成小瀑布。漷见于《集韵》子例切："漷，水涯"，应是本字，其余为俗字。云霄、尤溪、永定、上杭等县均有白水漷，《福建省地图集》共收漷下 15 处，将乐、光泽县有上墋。

兜 闽方言方位词，"旁边"的意思。福州、厦门均音［ₔtau］。据福建省55 县市地名资料统计，全省带兜字地名有 579 处，《福建省地图集》收有山兜10 处，岭兜 23 处，另有汤兜、树兜、庵兜、屿兜等。

墓、墲、坊 见于闽方言地区。福州音［muo²］，厦门音［bɔŋ²］，泉州音［bɔ²］。今口语用作坟墓，但带墓字的地名未必因坟墓而得名。永春县有墓后、墓前拢，南安县有空壳墓、舍人墓，指的是"坟"，沙县有下墓（雅化为夏茂，镇名），晋江县有许墓，闽清县有墓垅，平潭县的墓屿则未必与坟有关。永安市一带可能由于避讳多写为墲、坊，例如大湖乡有金银坊，曹远乡有叶舍坊，安砂乡有铜锣坊、坊塘，城郊有坊墩。墲是墓的异体字，《说文》卷13："墓，丘也"，可见墓的本义应是小丘。

背、堡 客家方言的方位词，也常用于地名。一般读音为［pue²］。"上背、下背"就是上面、下面，"岭背"是山后。例如长汀县有塘背、洋背、凹背，武平县有漷背、碧漷背，永定县有小山背、园墩背，上杭县有寨背、大溪背，清流县有田背、庵背，建宁县有嵊背、庙背，泰宁县有山背。有时背写为堡，可能是雅化，例如上杭县有堂堡、朱堡，口语都说背。台湾省客家聚居的新竹县横山乡有大山背，云林县有苓背乡，嘉义县大林镇有沟背里。

湖 也是闽台地区从水域通名引申兼用为陆地通名的。水面也有称湖的地名，例如福州市有西湖，平潭县有三十六脚湖，晋江县有龙湖。更多的带湖字的地名不是水域而是指河谷地带的低洼地形或山间的小盆地。例如福建省的安溪、永春、闽清、德化、连城、宁化、建瓯、罗源等县和南平市都有湖头，永春、上杭、永定等县和龙岩市都有湖洋，东山、云霄、武平、南安等县有下湖，台湾省屏东市有大湖里，高雄县有湖内乡，该乡有大湖村，嘉义县竹崎乡有石奋起湖，云林县古坑乡有大湖口、樟湖村、内湖村。

源 高山地区江河源头常有带源字的地名。《福建省地图集》收有溪源 16处（永安市 2 处，长汀、建瓯、建阳、浦城、崇安、建宁、将乐、沙县、顺昌、屏南、宁德、周宁、寿宁、闽侯等县各 1 处）。另有源头 12 处，上源 4 处。

潭 散见于闽台各地。福州音［ₔt'aŋ］，厦门音［ₔt'am］，凡深水处，方言都可称潭。福建省平潭县是海岛县，这个潭指的是深海处。台湾省日月潭是深的淡水湖，福建省诏安县的西潭乡，将乐县的黄潭乡，以及永泰、漳平、上杭、福安福鼎、霞浦等县的潭头则是溪流的深水处。台湾省台北县石碇乡有潭边村，桃园县观音乡有大潭村，屏东县新埤乡有饷潭村，嘉义县中埔乡有湾潭村，鹿草乡有碧潭村，都是这类地名。《广韵》徒含切："潭，水名……又深水貌。"闽台地区的通名潭与"深水貌"相合。

濑　多见于闽方言地区。福州音［lai²］，厦门音［lua²］，意指溪流的浅滩，闽南话还可说"船落濑"。福建省南安县有洪濑镇，永泰县有濑头、濑下，周宁县有西坑濑，尤溪县有大濑坂；台湾省台北县坪林乡有周濑村，嘉义县东石乡有副濑村，台南县大内乡有石子濑。《说文》卷11："濑，水流沙上也"，洛带切，音义俱合。

湳、沺、垄　见于闽南方言地区。厦门音［lam²］，漳州音［lɔŋ²］［lɔm²］。这三个同音同义的俗字均见于漳州话韵书《十五音》，方言口语说的"深田沺、沺田"指的是烂泥田。在福建省，龙海县有加沺坑村、沺山底水库，云霄县有沺坪村，平和县有沺里村，南靖县有后沺底村、沺仔底山、沺顶水库。在台湾省多写为湳，也有写垄的。例如云林县有湳仔村、丁湳里、下湳里，彰化县有湳底里、湳港、湳垄，高雄市有垄埔村。这几个俗字未见诸古籍，其音义和壮侗语诸语言有对应关系，很可能是古越语在闽南方言里留存的"底层"成分。

（原载《地名学研究文集》辽宁人民出版社，1989年）

附记：原文中还有"埔，埕、庭、呈，墩、埮、坨，圳，圩、墟、圹、仰，墘、墟、坺，寮、橑、橑、寮，步、埠、垧、布，厂，岐、崎，隔、格，陂、坡、埤，礁、硞、哆，洋、垟，澳、岙、添、沃"等16组同名的考释，因上文有关章节已经罗列，为避重复，已删弃。

第十一章　汉语地名学的应用研究

一、地名学必须为现实生活服务

1. 现实生活中有不少地名学急需解决的问题

语言文字就像阳光和空气一样，人们生活在社会上，无论何时何地都离不开它。然而最为习闻常见的事情往往没有引起人们的密切注意，没有认真地进行精密的研究。采取的治理措施也往往不甚得力。例如关于大气的污染、噪音的干扰、植被的削减等环境保护问题，直到近些年才引起人们的关注。关于语言文字的问题、地名的问题，在 20 世纪 80 年代全国地名普查时引起了一些注意，后来的大发展一来又有点忘乎所以了。

中国现行的汉字已经有数千年的历史，有人打比方说，汉字不设户籍，出生不用报户口，死亡也不注销，大家都可以随时造字，加以汉语方言复杂，语音差异大，因而长期以来字无定写，音无定读。这种情况反映在诸多小地域的地名中也十分严重。圪垯、旮旯等异读异写就是十分典型的现象。

除了语言文字的共同性问题之外，地名的语词系统还有自身的问题。由于未能做到标准化——一名一地、字有定写、音有定读，在日常生活中还是造成了许多不便，甚至出了事故。单就铁路的站名举例，张家界站离张家界森林公园还有 22 千米。据最近统计，全国铁路站名同音异写的还有 67 对、135 个站，例如陇海线有沙塘，浙赣线则有砂塘；京沪线有马厂，贵昆线则有马场；京广线则有衡山，湘桂线则有横山。这一对对，写出字来是不同的，读音却完全一样。还有许多带"子、村、庄"与不带"子、村、庄"的半重名：京广线则有石桥站，沈丹线则有石桥子站，浙赣线有大阵站，京广线则有大阵庄站。①

又如吉林省、吉林市重名，至今还更改不了，在邮政交通上就常常造成麻烦。

旧名的问题尚未处理完毕，新名的问题又涌现出来了，北京新村、上海新村在许多中小城市都有，明明是小巷里的居民小区却又要称为"广场"或"花园"。为新地命名，在多数地方并没有实行严格的管理。有些城镇在整建新街区时打通小巷成大街，结果一条街旧时的三段有三种街名。凡此种种都是有关地名的在实际工作中亟待解决的问题。

有些纯属技术性的实际问题，只要有人管，并不难解决。有些问题只涉及某一个行业或部门，事情也比较好办。有些问题牵涉到诸多地区或诸多行业，不但要经过周密的调查和深入的研究，还得有关部门坐下来商量，问题才能得到解决。关于通名的整治和定型，曾有专家提出，全国的通名应该一致，山只叫山，河只叫河，街、村也不能叫别的，这恐怕是办不到的，也是不必要的。让北京人改口说弄堂或叫上海人改口说胡同都是难以办到的。然而完全维持现状，各行其是，五花八门，显然也是不合适的，一个"堡"字读成三个音：bǔ、bǎo、pù 表示三种意思，恐怕字形应该加以分化；"圪垯、疙瘩、垎塔"等种种异写则完全没有必要保留，不加处理也显然不行。

关于各地通名的识别和认可，专通名的区分，也有诸多问题。作为行政村，沙家浜村、何厝村似乎比较合适，邓家庄村、前村村就显然不妥当；黑龙江省、唐山市、石家庄市、郴州市已叫习惯了，口语里省略后一个通名，似乎也没有什么不妥，但是万县市、沙市市就好像有点不顺。如果说闽语区的厝、埔用得太多只好认可，那么"垵、坜、廍、岽"这些出现频率较低的方言通名能否加以适当精简呢？像粤语区的"滘"又作"窖、滘、漖、教"，"氹"又作"凼"，是不是也应该合并？这就必须要有详细的方言调查资料作基础，而且关于地名的专通名结构规律，要在深入研究的基础上提出一套完整的办法来。

2. 地名学必须在应用中得到发展

古往今来，任何一门学科都是为了应用而产生，并且在应用之中得到发展的。中国现代地名学就是在 20 世纪 80 年代全国规模的地名普查中得到蓬勃的发展，许多问题才逐渐明朗起来的。例如农村里的片村，城镇里的地段（街

---

① 这是作者 20 世纪 90 年代写作时统计结果。

区），因为不算一级行政区划，以往常被忽略，但是实际生活中却十分常用，而且含义也大体明确；经过普查，大家觉得必须重视这类地名。在讨论《中华人民共和国地名词典》的收词原则时就把这一项提出来了。又如为了编好词典，反复讨论了各词条注释应该包括哪些内容，这就迫使人们认真地思考：究竟什么是地名词的基本词义？经过一番讨论，对"基本词义"界定得比较清楚，编起词典来也就比较容易掌握释文的内容和顺序，乃至推敲合适的用语。

在地名普查中，认真的学者还发现了许多前所未闻的新材料，解决了许多未曾解决的问题。地理学者对各种地形、地貌的地区差异有了新理解。历史学者对历来就有的官方、民间的异名也有了新的发现。方言学者则对各地的方言地理通名作了一次全面调查。正是几个学科的学者介入了这项工作，努力解决实际工作中提出的问题，才为中国现代地名学打下了较为坚实的理论基础。然而也应该看到，地名的实际工作者和有关学科的专业工作者之间的紧密配合还是未能尽如人意，也可以说，事实上还存在着一定程度的脱节。对实际工作者来说，他们接触到的实际问题多，只有努力掌握有关的理论知识才能尖锐地提出问题；必须有极其认真的科学精神才能锲而不舍，不解决问题就不放弃思考和讨论。地名工作是一项崭新的工作，要求每个刚上岗的实际工作者都做到这两点是不可能的。于是有些问题就悬而未决，煮夹生饭，临时凑合着处理了。地名普查时设计的地名卡片都有一栏"地名的来历和含义"，有的工作干部就认真些，多方查询，反复核对，因而得到准确的材料，有的人则马虎应付，凭自己的想当然或问问个别当地人，有个答案就写下了，结果所登录的内容往往经不起推敲。

对于专业工作者来说，要掌握大量的实际材料，获得真正的发言权，并不容易。因为地名现象本来就是关系到地理学、历史学和语言学的多面体，单靠原来某行的专业知识，一定不可能对各种地名现象都能有真切的理解。以往的学术研究又不大注意学科的交叉研究，使不同学科的理论和方法相互为用，专业工作者如果不是长时间地在第一线参加实际工作、接触实际材料，又善于总结经验、提高理论修养，也很难发挥其专长，为解决实际的地名问题、为地名学的理论建设作出真正的贡献。

俗话说，隔行如隔山，在短时间内要掌握别的专业的整套理论知识和研究方法并不容易。因而最好的方法是把几个不同专业的专家组织起来，共同讨论地名工作中的实际问题，各人发挥所长，协同攻关，往往可以收到很好的效果。中国地名学研究会成立之后，各省也建立了一些地名学研究团体，当时的文字改革委员会和几家地名学刊物也很好地配合了研究，那些年的地名研究曾经形成了一个小高潮，可是后来出于种种原因，这股研究热潮没有得到持续的发展。

二、地名学必须以实现地名的标准化为目标

1. 地名标准化是现代化社会的需要

在"老死不相往来"的古代社会，人们过着自给自足的田园生活，一辈子都可以不走出家乡，因而只要知道方圆百八十里不多的地名也就够用了。在现代社会，情况就大不相同了，一切生产商品化，社会分工越来越细，各种商品生产都需要外地的原料、配件、资金、人才及市场的各种信息。人们每天都在四处奔走，即使不走出门，你也必须知道各种地名，否则数量庞大的书籍、报刊、影视、广播的信息你都难以使用。在紧张的工作之余，人们还要到处旅游和休息，这也离不开地图和地名。

就整个社会、整个国家来说，要组织经济建设，保证社会治安和加强国防，高效率地实施行政管理，没有一个标准化的地名系统是寸步难行的。试想，进行各地自然资源的调查，制定城乡建设和国土开发规划，考察生态环境的种种变化，寻求整治方案以保持合理的生态平衡，没有详尽地标着地名的地图，将如何着手？邮电通信要划分邮区、确定邮电代号，交通运输部门要设计公路、铁路、航道的线路，为车站码头选址和命名，完善合理的地名标志网络，没有标准化的地名，就难以进行。以往，由于地名混乱，造成军事行动指挥失灵，消防救火、追捕罪犯时贻误时机，开车走错道的种种事故，不时都可以听到。

今日世界已经发展到"地球村"的时代，国家之间、地区之间的交往越来越频繁。眼下全世界有 200 多个国家，所通行的语言保守地估计有 2000 多种，有人估计有七八千种，所使用的文字恐怕不下百种，如果没有一套各国自己规范过的标准地名，并且用全世界通用的拼写法拼写出来，国际间的各种交流将会遇到重重障碍。为此，联合国于 1960 年组成了"地名专家组"，1967年召开了第一届地名标准化会议。这次会议作出了决定，各国地名要做到国际标准化，采用单一的罗马化拼写，也就是由各国提供一份用统一的罗马字母拼写的标准地名供大家使用。这个要求不但是合理的，而且是非常及时的。经过多年的准备，我国于 1975 年首次出席了联合国的地名专家组第六次会议。1977 年，在雅典举行的联合国第三届地名标准化会议，通过了我国代表团提

出的用汉语拼音字母拼写中国地名作为罗马字母拼写的国际标准的提案。从此之后，整理出一套我国的标准地名并且用汉语拼音和统一的拼写法拼写出来，就成了摆在我们面前的紧迫任务。

在这个国际标准化任务的推动下，我国于 1977 年成立了有史以来第一个地名机构——中国地名委员会。同年，地图出版社出版了《中华人民共和国分省地图集》（汉语拼音版）。1979 年召开了第一次全国地名工作会议，1981年起开展了全国性的地名普查工作。1987 年出版了《中国地名录》，中国地名委员会办公室组织各省编辑的《中华人民共和国地名词典》的各省分卷，也从这一年开始陆续出版。中国终于有了一套通行的按国际标准拼写的标准地名。这是我国行政管理和社会生活运作的一大成就，也是完善国际交往的大事。中国现代地名学就是在 20 年间紧张的调查研究中建立起来的。

2. 地名学必须研究地名标准化的要求

实现地名的标准化应该有三方面的要求。总的说来我们已经有了一个大体上标准化的地名系统，但是用严格的要求来衡量，我们在某些方面还有待作进一步研究和处理。以下分别加以说明：

第一，地名系统的标准化。

这包括重名地名的分化和通名系统的规范化。

20 世纪 80 年代的地名普查和标准化处理，对于重名已经作了比较全面的清理，大体上做到了：全国县以上行政区划和著名的自然地理实体不重名，同一县市之内的乡、镇不重名，同一城镇之内街道不重名，同一乡镇之内村庄不重名，全国铁路站名和邮电局名不重名。

还有一些邻近县市之间重名的乡镇，在实际应用中也常常发生误会，例如福建省的南安市和安溪县相邻，各有个"官桥镇"，南安市和晋江市也相邻，也各有个"梅山"，相距都不到百里，全国这类情况实属不少，不过处理起来往往难度很大，因为谁都想保留旧名而不想改用新名。

从更严格的要求说，同音不同字的地名，至少应该说是准重名，因为用汉语拼音拼写之后就看不出汉字不同的差别了。例如：

Lǐ Xiàn 礼县、理县、蠡县、澧县

Yìyáng Xiàn 弋阳县、益阳县

Xīkǒu 西口、溪口   Hóng Shān 洪山、红山、鸿山

Gǔchéng 古城、谷城   Héxī 河西、合溪、河溪、鹤溪、和溪

如果连同声同韵不同调的部分重名也算在内，问题就更多了。据《中华人民共和国分省地图集》（汉语拼音版）统计，单是县以上的地名中，同声同韵的地名就有 148 组，其中 24 组还是有 3 个以上的地名同音的。看来要完全避免这类同音地名是很难的，但至少在重新命名的时候应该努力做到完全不同音，这是不难办到的。

还有通名不同等级、专名相同的地名，如：上海市/上海县、吉林省/吉林市、铜山县（徐州市）/铜山镇（南京市）、南安市（福建）/南安镇（江西大余县）。这类问题至今还没有完全处理，要完全回避也难，但是必须定出合理的原则，比如先处理同一个地区的重名。

关于通名系统的规范化，这是近几年来提出的新问题。就是不同等级的"市"的设置问题。现今的行政区划，不但有中央直辖的省级市（北京、上海、天津、重庆），还有省辖的地级市、地区（市）管辖的县级市，不久前又有所谓的"单列市"，有的享受副省级待遇，属省和中央双重管辖（如深圳市），有的享受县级市待遇，直属省政府管理（如福建省的石狮市）。这样，同一种通名"市"就包含着五种不同的内容，成了完全同形同音分属五种不同等级和类别的通名。这在行政管理上要完全理顺是有困难的。

至于方言通名的整理，基本上还没有进行。关于这一点下文还要讨论。

第二，地名用字和读音的规范化。

经过地名普查的规范化处理，这方面的工作只能说取得了初步的进展，各地的情况有很大差异，很有必要进行深入研究和统一处理。

中华人民共和国成立以来，关于汉字的字形和读音，中央有关部门曾经作过多次的规范化整理，除了简化字之外，淘汰了一批异体字，大规模地整理了一次汉字字形，对于异读字也经过多次的审音。这些规范化成果已经体现在《现代汉语词典》和《新华字典》之中。地名普查中一般都以此"二典"作为地名用字定形定音的基本依据。然而，经过这次实践，又发现了不少新问题，若简单地说"以'二典'作为地名用字定形注音的依据"，还是远远不能解决问题的。

关于地名用字的异读，"二典"只是反映了一部分，有些用作地名时的异读音，字典并没有收录在内，有的则所注的音折合得不对，因为过去就没有调查过，所以很难责怪编者。例如"埔"有 pǔ、bù 两音。其实广东的"黄埔"的"埔"应折合为 bù，"大埔"的"埔"应折合成 pū，还有福建闽方言地区所说的"埔"则应折合为 bū。也有些原来有异读的，近年来已经趋向于放弃异读了。例如广西"百色"连本地人也读为 bǎisè 了，山东姓"盖"的人自已也读为 gài，盖家庄也自然不再读 gě 了。

更加严重的问题是方言地区的小地名中，还有大量生僻字、方言字、异体字。1984 年，由曾世英先生提议，中国文字改革委员会汉字处组织力量到闽、粤、桂三省搜集地名普查中发现的生僻字和生僻音。结果发现，在福建省，有 277 个生僻字，其中未见于各种已有的字书的达 215 字。在广东、广西两省区，字典未收的怪字则达 462 字（其中广东省占 410 字），单是这三个省区，未见于字书的怪字就有 600 多个。见到这个材料之后，年近九旬的曾世英老先生专门写了《地名用字标准化初探》一文，郑重地"建议国家语言文字工作委员会组织语言文字学者、专家进行审音、正字、定义的探索"。对审音、定形的原则也提了一些意见。① 在和曾先生接触的过程中，他就曾多次同我讨论这些问题，可惜这项工作至今还没有摆上议事日程，语言学专业工作者有计划、有步骤地进行具体调查研究的非常少，非专门组织培训队伍进行不可。

为方言地区的地名用字定音比较容易，一般按照方音和普通话语音的对应关系折合就是了，选定字形则很不容易。这里试举几个例子，对福建省在地名普查时的做法作个简略的介绍。

确定方言地名用字应该兼顾几个原则：

（1）高频字从宽，低频字从严。凡是出现频度很高的俗字，在民间已经用惯，不论字典是否已经收入，都应该沿用。出现频度低的，虽有方言特色也不保留怪字，而用同音字等代用。例如：

墘　qián，意为边缘，通行全省（951，文改会汉字处统计资料出现次数，下同）

厝　cuò 房子、家，通行于全省（3643）

苍　lùn 不高的山脊，通行于闽南（459）

岐　qí 水边岩岸，通行于闽东（413）

埔　bū 大片平地，通行全省（1115）

嵊　shèng 山峰，通行于闽西（66）

以上宜沿用，以下宜更改：

乖　音拿，水田的意思，古越语"底层"写作"拿"ná，通行于闽北（3）

---

① 曾世英：《曾世英论文选》，北京：中国地图出版社，1989 年，第 270 页。

峚 音排，山坡的意思，古越语"底层"写作"排"pái，通行于闽西、闽北（33）

（2）方言词用字从宽，地方异体字从严。

廍 bù 手工业作坊，通行于闽南（16）

垏 bù 泥浆，通行于闽北（23）

崎 qí（按方音与普通话语音的对应规律折合应是［ji²］，因普通话已有qí音，沿用之）山坡，通行于闽南（257）

畓 làn 烂泥，古越语"底层"，无恰当字可写，通行于闽南（22）

以上宜沿用，以下宜更改定形：

槤 为"树"的白读，仍应写作树，通行于闽东（74）

塅、垱 为"墩"的异写，仍应写为墩，通行于闽北、闽东（433）

塆 为"弯"的异写，仍应写为弯，通行于闽北（209）

镋 为"鼎"的异写，仍应写为鼎，通行于闽东（11）

呑、沃、添 为"澳"的异写，仍应写为澳，通行于东部沿海

墢、磘 为"窑"的异写，仍应写为窑，通行于闽东、闽北（6）

（3）音义相符的，宜选用一字，淘汰其他异体。

崠、垰、峒 dòng，山峰，通行于闽西，取峒为佳（355）

橑、簝 为"寮"的异写，仍写作寮，通行于闽西（8）

荇、硎、岇 xíng，较高的山脊，本字可能是陉，取荇，通行于闽南（65）

岆、岌 yìng，较陡的山坡，取岆，见于闽西（117）

（4）通名从宽，专名从严。

见于专名部分的方言词用字一般不予保留，采取同音代替或训读字，如鮘鱼嘴，鮘鱼即鲤鱼，用"代鱼"；蚵壳堆，"蚵"又写为蚝、蠔，按已有普遍写法作"蠔"；緷澳，緷即网，作网澳。

再举一个处理的实例。

福建古时有许多瓷窑，后则以"瓷窑"为地名。"瓷"闽东音［hɑi²］，写为砇；闽北音［ho²］，写为垌、硐；闽南音［hui²］，或写"磁"（训读），或写"扶"（音近），权宜之后闽东仍写砇，闽北写垌，闽南维持现状，窑则一概写本字，瑶、磘、瑶、磘等皆淘汰，只保留龙海县"扶摇"（雅化，音近）的写法。

第三，地名汉语拼音拼写法的规范化。

汉语拼音在国内目前还是注音工具，不作文字流通，但在国际上则作为拼写汉语汉字的通用规范，这是为了适应国际社会的需要。大多数国家已经采用拼音文字，而罗马字母又流传最广，用汉语拼音拼写便于外国人读出音来。因此，确立汉语地名的汉语拼音规范就是建立汉语地名的国际标准，必须坚决维护和推行联合国有关部门所通过的这个方案。

《汉语拼音方案》自从 1958 年公布以来，在拼写普通话的实践中已经积累了大量的经验。从中国文字改革委员会到国家语言文字工作委员会，先后都组织了专家专门对汉语拼音字母拼写规则进行研究，到 1984 年，中国地名委员会、中国文字改革委员会和国家测绘局公布了《中国地名汉语拼音字母拼写规则（汉语地名部分）》。这个拼写规则应是比较成熟的。其主要内容有：

（1）专名与通名一般分写。如：松花/江、黑龙江/省、赵登禹/路、通/县、友谊/乡、横/街。

（2）专名或通名的修饰成分，单音节的连写，双音节的分写。如：西辽/河、小金门/岛、景山/后街、朝阳门内/南小街、广安门/北、滨河/路。

（3）自然村镇不分专通名，连写。如：王村、文家市、龙王集。

（4）数词一般用拼音书写，代码和序数则用阿拉伯数字书写。如：

三门峡　Sānmén Xiá　五一广场　Wǔyī Guǎngchǎng

第二松花江　Dì'èr Sōnghuā Jiāng　925 高地　925 Gāodì

三环路　3 Huánlù　东四十二条　Dōng sì 12 Tiáo

（5）地名的首字母大写，分段书写的各段首字母也大写（例见上）。

1988 年，国家教育委员会和国家语言文字工作委员会公布了更加全面的《汉语拼音正词法基本规则》，对其他方面的拼音规则都作了全面的规定。

至此，汉语地名的罗马字母拼写有了明确的国际标准。今后必须注意的是在实践中检验、总结，发现问题，解决问题，使规定更加合理，以不断完善。

由此可见，关于实现地名标准化，还有大量的课题摆在地名学工作者的面前。

三、地名学必须研究地名管理工作的制度和原则

1. 地名管理工作的必要性

地名既是国家、社会和个人日常生活中经常使用的信息符号，又是一个不断处于变化中的系统，作为国家行政管理的一部分内容，这就需要有经常性的管理工作制度。

我国过去对于地名管理不够重视，加上历史长、地域广、地名多，地名中存在着大量的混乱现象。一名多地（重名）、一地多名（异名）、有地无名（命名不及时）、一名多音（异读）、一音多写（异体）、字无定形、音无定读的现象等，都是屡见不鲜的。

20 世纪 80 年代，全国经过地名普查和初步的地名标准化处理之后，普遍建立了地名机构，这是十分必要的。有了机构，哪怕人手不多，总算是把地名管理工作纳入了国家机关的职权范围，实现了政府行政管理的运作，地名的混乱现象就可以克服，地名的标准化就能逐渐落实。

有了机构之后，重要的是建立一定的工作制度。应该建立什么样的工作制度，也应该是地名学研究的内容之一。

2. 地名管理工作的内容

从多年实际工作情况来看，地名管理工作的主要内容应该包括以下四项：

第一，地名的标准化处理。

地名的标准化既然是地名工作所追求的目标，它就应该是地名研究工作的首要内容。已经经过标准化处理的旧地名往往有些遗留的课题需要继续研究和处理，新产生的地名也必须及时地进行调查、考核并进行标准化处理。

地名又是处在不断地演变之中的，尤其是在改革开放的年代，社会生活节奏加快，过了三年五年、十年八年，整个地名系统的变动就相当可观。每过一段时间，地名的标准化系统都必须作一次检查和调整。有了经常性的检查和调整，就不致造成严重的混乱，等到造成严重混乱之后再作处理，工作量就更多了，工作的难度也更大了。

第二，管理地名档案和提供咨询。

地名机构的另一项经常性工作是收集、整理和保存有关地名的档案，并向有关部门或个人提供咨询。

我国的地名资料真是浩如烟海，首先必须从中提取最重要的、具有凭证和依据作用的材料，按照一定的分类编成系统的地名档案。其具体类别如：各级政府部门的文件规定，命名更名的报告和批件，地名调查的原始凭证——地名卡片，历来编印出版的地名图书（包括地名图、地名录、地名词典、地名志等），还有考证和研究地名的著作和论文，等等。

地名档案的管理和其他档案的管理一样，要注意掌握其密级控制，落实防腐、防盗措施，并努力建成数据库，数字化、网络化，实现编辑、储存、查检的自动化控制。

国家机关有好多部门经常与地名打交道，例如军事、测绘、公安、交通、邮电、旅游、文教等等。地名机构应该随时为有关部门迅速地提供准确的地名咨询。有的时候，地名咨询服务还可以为人们排忧解难。例如，追寻失散的家人的下落、海外华人寻根认祖，东南沿海的侨乡和港澳台同胞的祖居地已经处理了许多此类来信咨询，起到了很好的社会效果。

第三，新区命名和旧地名的管理。

旧地名需要更名的情况不多，除了分化重名可以优先考虑之外，不论是俗名雅化或确定为名人纪念地名，都必须从严掌握，以维持地名的稳定性。

新地的命名必须按规定分级管理，省、直辖市、自治区的命名、更名要报请全国人民代表大会审议决定，县、市、自治县、市辖区则须报请国务院审批，乡、民族乡镇则须由省、自治区、直辖市政府审批。地名管理机构在命名、更名工作中必须首先进行调查研究，然后协同申报单位研究和拟定合理的更名、命名方案，并且向有关部门和广大人民群众作介绍和说明，以便在社会生活中普及和推行。

第四，地名标志的设置。

在实现地名标准化之后，地名管理机构必须着手设计和装置各类地名的标志。道路标牌、城镇街巷门牌、旅游景点名牌以及有地名方位意义的厂矿单位牌匾的设计，既可方便群众，也是地名标准化的标志和宣传品。地名机构和地名研究工作者都应该给予关心、计划和指导协助。目前在这方面常见的问题是零敲碎打，缺乏统一的设施和规格，所制作的牌匾文字不合规范，特别是滥用繁体字、汉语拼音不合拼写法规范等现象，依然随处可见。既然用汉语拼音拼写的地名已经具有法定的国际标准化的性质，即使在国际友人经常到访的风景区，地名牌也只要用汉语拼音规范地拼写就行了，完全没有必要用英文拼写地名。如果再翻出已经被取代了的旧时的"威妥玛式"拼写法（如广州 Canton，厦门 Amoy，福州 Foochaw），就犯了历史性的错误。

无论是哪一项实际工作，都有一些原则问题和业务问题需要研究。这也应该成为汉语地名学所应该关心的课题。

3. 地名管理工作的原则

地名管理工作既然是政府职能部门的行政工作，为了走上正轨，建立一定权威，就必须逐步做到法制化，制定有关的法规或条例。中国地名委员会成立以来，对于地名工作的法制化建设是十分重视的。早在 1980 年初，国务院就发布了《关于地名命名、更名的暂行规定》，1986 年又发布了《地名管理条例》，对于地名的命名、更名，地名的译写、拼写，地名档案的管理等都有明确的规定。既然有了统一的规章，就必须做到有法必依。

由于地名涉及地理、历史、语言文字等多方面的内容和要素，制定规章、施行地名管理都必须努力做到符合科学的要求。只有建立在科学化的基础上，地名工作才能经得起历史的考验，也才能受到群众的欢迎。就汉字的发展规律来说，应该走精简字数的路线，倘若在地名用字规范化处理中大量动用方言俗字，是有违历史规律的，难免造成日后的返工清理。

地名管理是政府的行政工作，但也必须多作宣传教育，使各有关部门都能协同配合，而不至于相互抵触，使社会各界人士都来共同遵守有关的规定，完成有关的计划，使主管部门和其他行政部门协调一致，也使政府的要求和计划与人民群众的行动协调一致。只有这样，地名工作才能落到实处。例如，关于地名标志的设置，如果不能得到交通部门、公安部门的配合，一个部门用简化字规范地名用字，另一部门制作的地名牌、门牌使用繁体字，或者乡村农户各行其是，就会造成政出多门，上下不能贯通，整个工作就会造成梗阻和故障。

法制化、科学化、社会化是地名工作顺利开展所必须遵循的原则，也是地名学必须研究的课题。

四、地名的调查和考证

1. 地名调查和考证的意义

地名调查是获得第一手地名资料的根本来源，是各项地名工作的基础，也是地名学研究的前提条件。研究地名、做好地名工作都必须从地名调查入手。

地名调查是一项艰巨的工程，需要多学科的协调动作，如何进行科学的地名调查是地名学必须研究的课题。

单科性的地名调查往往是失败的。因为地名是多面体，只从一个角度看不到它的全貌，也不可能了解它的本质。

测绘、地图工作者为了给地图标注地名，也必须调查地名。地名是地图的眼睛，没有最起码的地名注记，地图的功能就发挥不出来。但是由于他们把注意力集中在地形、地物、经纬度上，缺乏语言学、历史学的知识，往往无法进行验证和考核，因而难以提供准确的地名资料。我国 20 世纪 60 年代绘制的五万分之一的地图上的地名，经过 20 世纪 80 年代的地名普查，就发现了不少差错，有的县份由于方言的隔阂，差错率竟然达到 10%。葡萄牙人登上澳门半岛，问当地人这是什么地方？当地人说是"妈阁"，在现在一号码头附近就是妈阁庙，从此他们就把这里叫作 Macau，之后还成了整个澳门的代称。福建有个小方言区叫闽中方言，只通行于三个县，其中有个永安县。抗战时期福州沦陷，省政府迁往那里，顿时来了许多外地人。问本地人这是什么地方，你们说的是什么话，都答曰："安达地"（唔得知），有的外地人就把这种话叫"安达地"话。测绘人员由于语言不通，就把"不知道"的读音误认为地名。

以往研究历史地理的人往往只凭史料而忽略实地调查，古时的史料许多并未附地图，即使有图也不甚准确，所以有时也难免张冠李戴，出现差误。

调查方言的人也调查地名，他们记音可能比较准确，但是由于缺乏地理知识，对通名的理解不透，对地形地貌知之甚少，也很难把专名和通名做准确的记录并表达清楚。

地名调查至少必须进行地理、语言和历史三方面的调查，并且和考证工作结合起来。所谓考证，主要是语源的考证和史料的查证。

记录方言时记下了音，但究竟是何种语源、何种构词法，如果不进行考证，而凭想象作结论，或者听外行人胡诌，有时难免闹笑话。福建有多处地名或叫"古田"或叫"姑田"，有的写作"古田"，读作"苦田"（古田县），其实那并非指古时传下来的田，也不是哪位姑妈开出来的田，而是古越语的"这个田"的意思，这个"古、姑、苦"和古吴越地区的"勾吴""勾越"的"勾"是同一个语根。又如许多地方称为"霞美"的地名，其实说的是"下尾"，大约是小河下游的末尾的小村落，并非都有美丽的霞霓。

有时访问当地群众，这地名是什么意思，当地人未必说得出来，说出来的故事也未必符合历史事实。合乎史实的传说和不合史实的传说当然不能相提并论，前者是历史的证据，后者是文学的想象。客家地区有好几处"国母寨""天子园"，传说皇帝逃难过此，饥饿难忍，是农妇的乳汁或农夫所种的红薯叶使他们得救。这些地方大多并未有皇帝路过的史实。各地许多"正德游江南""乾隆游江南"的奇遇故事和地名来历挂上钩的，大多也是编造出来的。

只有做到实地调查和必要的考证相结合，才能保证所得到的材料是真实可靠的。

2. 地名调查和考证的内容

地名的调查和考证有三个方面的内容：

第一，是地理状况的调查。这是地名的背景材料的调查。具体内容又包括两个方面，一是自然地理状况，一是人文地理状况。

自然地理状况对于不同类别的地名又有不同的内容，例如山体要了解其高度、范围、植被、土壤、矿藏开发状况，水域要知道其水流长度、流量、流速、河岸地质、河床宽度、桥梁、交通、航运及发电、灌溉等开发状况。若是聚落，主要是查清其相关位置、范围、地形和历来的名称的改易。

人文地理的状况对于城乡聚落来说是相当重要的，具体地说，又包括人口、民族、行政属辖、经济、交通、文化发展情况以及本地有关历史上发生过的重大事件及重要历史人物的传说故事。

第二，是语言的调查，即地名形音义的调查。这是地名调查的主要内容，也是别的社会调查无法提供的内容，一定要作为调查重点。具体地说：

名称，要注意有没有异名，官方名称和民间名称有无差别，雅名和俗名有无区别，自称和他称有无不同，有无简称、别称、雅称。

字形，要注意有没有异体字、简体字。

字音，既要知道当地人说当地话时地名的发音是什么，最好能用国际音标或汉语拼音加上必要的附加符号记下方言读音，至少也要用同音字记下"直音"；同时还应该问出当地人说普通话时怎么称说当地地名。当地人对自己的地名都有折合出来的普通话读音。例如福建东山的县城，你问当地人如何用普通话称说当地地名，他就会告诉你要读"西埔"为 Xībū，他说的音和词典上标的音不相对应。要把地名的方言读音记准确，必须对方言音系作全面调查，调查工作者必须经过正规化的方言调查训练。缺乏这种条件的可以把地名的实际读音录下来，制成音档，保存起来，以备日后请专业工作者分析研究。

含义，指的是地名的命名意义，为什么叫这个名称，在本地听到过几种说法，是众所周知的或少数人传闻的，是于古有稽的或纯粹是口头传说的，各种解释是否为外地人所知晓，这些方面都要查问清楚，以便提供对所得调查材料作分析判断的依据。

为了更加准确地理解本地地名，还需要了解本地有几种方言，属于什么方言区，其流通范围有多大，周边方言有几种，那里的居民与本地联系多不多（包括赶集、婚娶等），有没有兼通两种方言的现象。此外，还必须了解本地普通话普及的情况，特别是本地地名折合成普通话读音是否有当，这与普通话的普及程度是直接相关的。

第三，是历史的调查。首先是地名的历史沿革：先前有过什么名字，后来发生过什么变化，最近一次变化发生于何时，属辖关系有过什么变动。

其次是本地的社会历史情况。例如，人口情况：居民姓氏是单一的或混杂的，人口的增减有无突出的变动（例如大规模移民、严重天灾人祸）；民族情况：有无其他民族居住过，关系如何，有无双语现象；经济史：本地传统的谋生之道是什么，经济发展情况如何，何时通公路、铁路，何时停止赶集；文化史：何时创办学校，文化事业发展情况如何，有无本地剧种曲艺或其他文艺形式，本地人喜欢听什么戏；其他：历史上发生过什么重大事件，有过什么样的历史人物，关于本地的乡土历史有过什么记载，有无族谱保存下来，等等。

3. 地名调查和考证的方法

调查考证地名资料的主要方法有三个方面：

第一，实地的地理勘察。简略的勘察只要目测，大体就可以与高比例尺地图上的标记材料作一番核对，如村舍、街道的位置、距离，山的高度及山上的植被，水的长度、深浅、颜色、温度，土壤类型、耕作情况等等。详细的勘察就要由专业人员运用仪器进行测量和计算。

第二，口头调查访问。关于人文地理、地名的形音义、历史状况都必须进行调查访问。要达到较好的访问效果就必须找知情者：在本地生长、年纪较大又有一定文化和见识的人。如果作全面的调查，只找一个调查对象是不够的，因为不可能有什么都知道的人。有时访问了不同的人会有不同的说法，这就不能草率地作出判断，而必须用多方面材料互相论证，或召开座谈会讨论比较各种不同的说法。口头调查既要有甘当小学生、不耻下问的精神和尊重调查对象的态度，也要有审慎的眼光和分析的头脑，把所得到的说法拿来和别的材料作比较分析。如果有几个人共同工作，调查时应该有所分工，各人访问都有所侧重，调查之后再一起讨论分析，比较鉴别，共同作出结论。

第三，书面资料的搜集。书面资料有现实的材料，如各地自编的村史、乡镇史，有关的基本情况的表格、户口档案、生产年度报表等等。有时也有某些史料，例如族姓所修的谱牒，旧时的地方志中也会有一些相关的记载。如果是对重要的地名作深入的研究，就一定要把可能搜集到的资料找齐。通过不同方式调查所得的资料，有时是一致的，可以相互论证；有时则可能是矛盾的，必须辨别真伪。族谱、乡土史料可能拔高人物，厚古薄今，趋附权贵；现实报表可能隐瞒收入，也可能浮夸虚报。各方面所得资料互相参证，就是最好的考证，经过认真的分析，必能去伪存真、由表及里地了解到真相。

地名词的特点和规范

地名词在语言的词汇里只是一个小类——专有名词中的一类，但是它的数量却十分庞大，现代汉语的地名词估计有数百万之多。科学技术的现代化正在缩短着空间的距离，超越地方、民族和国家的界线，社会生活各方面的实践迫切地要求对数量庞大的地名词进行规范。这里试就现代汉语地名词的特点和规范原则作一些探讨。

地名词是地理事物的名称。它和语言里的其他词汇一样，都有一定的意义，一定的语音形式，在书面上则有一定的字形。考察地名词的特点，研究地名词的规范也可以从词义、语音和字形三方面入手。现依次讨论如下。

一

现代汉语的词多数是合成词，地名词全是合成词。合成词的词义往往不能就字面意义去理解。地名词字面上一般具有人们赋予地理事物的某种描述意义，这主要是反映着人们对地形、地貌和相关地物以及其地理位置的具体认识或该地历史上发生过的某种事实。例如河北、山东、巢湖、马鞍山、海南岛是人们对自然地理（方位、形状等）的认识；白石桥、石灰窑、田心、庙前、石家庄是关于人文地理（人工地物、居民族姓等）的反映；杉岭、竹园、铜山、舟山渔场是有关经济地理的记录；校场口、岳坟、宣德群岛、志丹县、八一七路①，是就社会历史上某个事件、人物、年代、遗迹而命名的。但是，也有些地名词并没有具体的描述意义，例如"无名高地""第五生产队"；有的描述意义随着地理条件和人文情况的变迁已经名不副实，如"石灰窑"早已不烧石灰；"石家庄"姓石的人家并不多；许多反映历史陈迹的地名也早被人们遗忘。可见地名词具体的描述意义在时过境迁之后往往无从稽考，只有它的基本意义——表示地理位置和主要社会特征的概括意义最为稳定，因而成为地名词义最重要的依据。地名词在词义方面的规范主要就是要使它的基本意义准确化。至于它的描述意义是否符合实际，在历史上有过什么变迁，这是历史地理研究的对象，而不是地名词义规范的范围。

有关地名词义的规范，曾流行过一种提法："含义不好的地名必须更改。"

---

① 福州市于 1949 年 8 月 17 日解放，后来把福州市最长的一条马路，命名为八一七路。

所谓"含义不好"，通常有三种情况：历史上的统治阶级通过行政命令颁布的用来为自己歌功颂德、树碑立传或宣扬自己的观点的地名，反映落后社会现象或思想意识（如封建迷信等）的地名，带有侮辱性或粗鄙不雅的地名。其实，这也是值得讨论的。

正如斯大林所说，"阶级影响到语言，把自己专门的词和语加进语言中去"，这种情况在地名词里也有，但是数量并不多①，有的使用一段时间后又被抛弃，恢复了旧名，有的具体描述意义经过时间的荡涤，已经淡漠、模糊了。福建的闽侯县曾改称国民党元老"林森"之名，现在已经很少人知道；长安、永定、恩施、承德、武威、抚顺等命名时可能都是为了宣扬某个王朝的威武；在三十万分之一的地图上，全国以"太平"命名的就有 56 处，可能也是为了某个朝代粉饰太平的，在几经沧桑之后，只有历史考证家才能知道它们歌颂的是谁家朝廷，此类地名并无更改的必要。至于仁化、人和、孝义、忠信、平等、博爱之类的地名也大可不必作为"封建主义""资本主义"的东西加以取缔，语言中"仁政""义举""取信于民""平等待人"等还在使用，而且并没有贬义。观音、龙门、神泉、佛山看来也无须当成"迷信思想"加以清除，且不论保存古迹、宗教信仰自由的政策还允许它们存在，俗语中还在说"观音脸""菩萨心肠"，在著名诗句中还有"神女""玉龙"等字样呢！像许墓、狗街、狐狸洞、裹脚巷一类地名似乎很不雅，其实本地人叫惯了并不感到不吉利或觉得不光彩，又何必去改它呢？有些小地方的充满旧意识的官用地名，在社会上早就受到抵制。在福建省地名普查中我们发现不少这种情形。福清的"嘉儒"、永春的"儒林"，在群众中一直称为"下桥""牛林边"；泉州和南安因为出过状元，他们的出生地命名过"台魁巷""仁宅"的名，在群众中，有当地俗名的照呼俗名"上宅"，有的则已经用方言音改称"刣鸡巷"（刣，俗字，意为杀）；漳州的"御史巷"，先前的确有过御史府，百姓称之为"牛屎巷"。这类情况已经成为"一地多名"，应该另作清理。

在所谓"含义不好"的地名中，真正需要更改的其实只有用某些人的名字命名的，例如中正路、立夫岛；带有侮辱、歧视少数民族或大国沙文主义含义的，例如猺山、迪化、安东、镇南。这类地名 20 世纪 50 年代已经改过一批，可能在小地方还有一些，数量肯定是不多的。我们不必过分强调地名词的具体描述意义好不好，可改可不改的地名应该尽量不改。

---

① 据统计，全国县、市级专名历史上，各朝代更改面一般是 1%～2%，隋朝更改最多，也只有 3%～4%。

二

从词义的角度规范地名词，主要任务在于解决一地多名的问题，因为这会妨碍地名的明确和流通。

一地多名是地名词中的同义现象，也称"重名"。地名词因为是地理实体的专有名称，为了确切，应该避免同义现象，做到一地一名。常见的一地多名有四种。现将它们的特点和规范要求分述如下：

1. 简称

大地方的地名常常有简称。按照历史的习惯，保留国名、省市名的简称是必要的，如中、美、京、沪、闽、粤等，这对于航线、铁路的命名及其他必要的简称可提供方便。（如"中美建交""京沪线""闽粤边界"。）但是，简称是否有必要作为标准地名和全称并行尚值得研究。至少，一个城市有几种简称，或县城以下的小地名的简称显然是必须加以精简和清理的。像上海简称为沪、申，广州简称为穗、广，如果要给简称以法定性质则宜取其一种、淘汰另一种，以免造成混乱。

2. 别名

各地流行的别名是很多的，例如广州又称花城、羊城、五羊城，泉州又称鲤城、温陵、泉山、刺桐城，在非正式场合和文学作品中使用，无关大局，地名词典里也应该给予收录和注明，但不能让它们都取得法定的规范地位。

3. 雅俗两名

地名词中的雅俗异名类似人名中的大名和乳名。这种情况在方言地区的中小地名中比较常见。除了上文提过的类型（嘉儒—下桥、御史巷—牛屎巷）之外，还有的是本来用方言词命名，大概文人学士们觉得俗气，换成了语音相近的雅名，福建省乡镇一级地名中这种雅俗两名就有数十处（详见本书第十章"闽台地名与闽台历史文化"）。这种雅名往往用于书面语、行政单位名称；俗名则在本地口语中通行。确定标准地名要处理这种异名现象，处理的办法可照顾本地大多数人的习惯，注意新旧说法的更替趋势，提出方案让本地人讨论通过。确定一种为规范，另一种说法可收在地名词典或地名档案中备查。

4. 行政单位名称和驻地名称不一致

由于行政编制的变动或驻地的迁移，各地都有一批行政单位名和驻地名不一致的。例如甘肃省庆阳地区不在庆阳县而在西峰镇，福建省晋江地区不在晋江县而在泉州市，东山县不驻城关而驻西埔镇。据统计，全国地区名称和驻地县名不一致的二十余处，县市名与驻地名不一致的达三百余处，占县市数的15%以上。乡镇以下这种情况就更多了。在地名普查的基础上，应该作必要的调整，至少在县以上地名中消除这种异名，以免造成混乱。

地名词的另一种同义异名现象是汉语地名和兄弟民族语言地名或外国语地名的并存。前者存在于多民族杂居地区，根据当地居民的民族成分比例，参照历史习惯协商解决并不难；后者则属于另一种性质，应该另行处理。本国地名词和外国语译音地名词的并存是殖民主义、帝国主义侵略造成的，这种有损我国国家主权和民族尊严的外来地名无疑是必须清除的，从老沙皇到新沙皇，他们不但把侵占我国的领土（如海参崴、伯力）换上俄语地名，而且在我国青、藏、蒙、新地区把"莫斯科""克里姆林峰""解放者沙皇山""俄罗斯人湖"等地名强加于我国，蓄谋侵吞我国边界领土。一些别有用心的人至今还把我台湾省称为"福摩莎"。近年来越南当局则荒谬地捏造了一些越语地名强加给我国西沙群岛。在沿海和内陆，百年来殖民主义者足迹所到之处也还有一些用外国人名字或外国语命名的地名在某些地图上沿用着。这都是应该引起我们严重注意的。

三

从语音方面考察地名词的特点，研究它的规范原则，必须讨论三个问题；同音现象、异读现象和方音现象。

我国幅员广大，地名词数量很多，和其他语词一样，现代汉语地名词大多是双音词，有限的语音组合要表示大量的地名，难免造成语音上的同音现象。例如：

Lǐxiàn 礼县、理县、蠡县、澧县

Zhènyuán Xiàn 镇原县、镇沅县

Yìyáng Xiàn 弋阳县、益阳县

据《中华人民共和国分省地图集（汉语拼音版）》统计，县级以上地名同声同韵的就有一百四十八组，其中有二十四组是三个以上地名同音的，县以下地名的同音现象当然更多，它们在同级地名中都占有不小的比例。在拼音未通用之前，作为主要标准的汉字还可以把这些同音地名词区别开来，但是，我国在参加联合国地名标准化组织之后，必须按照国际规定，提供一套以汉语拼音

方案为统一规范的我国地名罗马字母拼写法，怎样减少以至避免我国拼音地名同音问题已经提到议事日程上来了。声调本来就是汉语的重要特征，为了减少同音地名，汉语拼音还是应该标注声调的，至少在同音混淆的范围内标调加以分化，其余只在地名词典上标，一般情况下允许省略。

地名的同音现象中还有另一种情形：由于地理条件或历史背景相同或相近，命名方法相同，不少地名词不但同音，而且连字形也相同，具体的描述意义也相同，只是抽象的概括意义不同，这便是"一名多地"的重名现象。例如"海门"在江苏省是海门县，在浙江省是黄岩县的海门镇，在广东省潮阳县有海门乡、海门湾。如果大小地名连着说，或带着通名称说，可能问题不大。但是，通名常常省略，大小地名也不一定连用，这就有可能造成误解。至于在邻近地区的同类型、同等级的重名，在交际中必定会造成许多不便和混乱。

经过几次官方的调整，目前全国范围内县以上的重名只是个别现象了，如吉林省、吉林市、上海市、上海县，江西、江苏的清江市，江西、甘肃的东乡县；但是一个省内乡镇一级的重名现象就不少。据不完整的资料，广西有"太平"六处，山东有"张庄"五处，云南有"板桥"五处，四川有四个"太平"、五个"太平场"、六个"兴隆"、十个"观音"、七个"双河"或"双河场"、四个"双河口"。如果包括行政村和自然村在内的重名，以福建为例，就有"岭头"五十七处，"东山"四十五处，"南山"四十三处，"半岭"四十处，"东坑""下洋""漈头"各三十八处，"笔架山"二十四处。大量重名现象在"老死不相往来"的落后社会无关紧要，但在国家统一、交通发达、文化繁荣的现代社会就很不适应了。在地名标准化的过程中，我们必须经过调查和协商，分化这种同音同形的重名，尽量做到全国县以上不重名，一个地区（市）内乡镇不重名，一个县内行政村不重名。

地名词的异读现象有两种，应作不同处理。

一种异读是表示不同意义的，在其他词语里也同时存在着，这是"音随义转"。例如：

乐 lè：快~，~山县（四川）　　yuè：音乐，~清县（浙江）

华 huá：中~，~容县（河南）　　huà：姓~，~县（陕西）

大 dà：~人，~关县（云南）　　dài：~夫，~城县（河北）

对于这类异读，根据本地习惯及其所表示的意义分别确定其标准音就是了，无须进行调整。

另一种异读并不表示不同的意义，在其他语词也并不存在，只是地名词的习惯异读，例如：

蚌 bàng：河~　　bèng：~埠（安徽）　《集韵》：白猛切

泌 mì：分~　　　bì：~阳（河南）　《广韵》：毗必切

台 tái：平~　　　tāi：天~县（浙江）　《唐韵》：土来切

番 fān：~茄　　　pān：~禺（广东）

六 liù：~十　　　lù：~安（安徽）~合（江苏）

枞 cōng：~树　　zōng：~阳（安徽）

侯 hóu：姓~　　　hòu：闽~（福建）

上例中注有反切的说明地名词的异读是保存古音的读法，其余或者是文白异读，或者是习惯异读。保留这类异读当然符合本地习惯，但是对于大多数外地人来说却是陌生的，认记很困难。根据精简异读字的精神，对于只见于个别地名的异读，尤其是县级以上的大地名，只要本地同时可有两读便可以考虑加以整理，改读常见的音。如"闽侯"按字标音为 mǐnhóu，或改字就音写成"闽候"。

方言地区的地名都有本地的方音，作为规范形式的现代汉语地名词，当然只能标注普通话标准音。按照一定的对应规律，把方言读音折合成普通话读音，这对于大多数方言地区并不存在困难。但是，有一部分用方言词命名的地名（往往是些小地方的名称）因为用字生僻，或字源未明，或者本来就有音无字，当地写法往往很混乱，这种地名定字困难，标音也就跟着成了难题。以闽方言区为例，"溪墘、田墘、山墘、海墘"是常见的村名，"墘"是闽方言通行的俗字，意思是"边沿""旁"，如果沿用这个方言字，按方言读音（福州：[ₑkieŋ]，厦门：[ₑkĩ]）折合成普通话标作"墘 qián"，应该是合适的；福建陶瓷业早就发达，各地常有旧时设有瓷窑的村庄即以"瓷窑"命名，在闽南地区读为 [ₑhui ₑio]，（厦门音），写训读字"磁窑"；在闽东地区读为 [ₑxai ₑiu]（福州音），写方言字"硋窑"；在闽北地区读为 [xoˀ iauˀ]（建瓯音），写形声字垳摇，前者依训读字应注 cí，不合方言音；后者依方音折合注为 hái 或 huí，用字不合普通话习惯，这就很费权衡了。再如闽方言方位词 [ₑkʻa]（"下"的意思），也是地名中的常用字，从各地读音的对应看应是《广韵》的"骹"（口交切，胫骨近足细处），是写本字标为 qiāo，还是按闽南的办法写训读字"脚"，标为 jiǎo，还是按闽东的办法写近音字"跤、胶"，标为 jiāo？此外，像闽南的［ₑka ˚le ₑnã］，意思是"傀儡林"，是取意作"傀儡林 kuǐlěilín"还是取音作"加礼林 jiālǐlín"？闽东的［ₑlaŋ aˀ］，意思是"林下"，通常写作"兰下"，是就义改字，标作 línxià，还是就音留字标作 lánxià？这就应该把用字和标音联系起来加以研究解决。

<h2 style="text-align:center">四</h2>

在用字方面，地名词也有许多不符合规范化要求的复杂情况。这主要是异体字多，方言字多，生僻字多。

异体字是汉字的赘瘤，在文字规范化的过程中无疑是应该淘汰的。文化部和文改会 1955 年公布了《第一批异体字整理表》，1965 年公布了《印刷通用汉字字形表》，有些地名词常用字的异体现象已经得到解决，例如峰（峯）、溪（谿）、村（邨）、坳（垇）、岳（嶽）、晋（晉）、昆仑（崑崙）、吴（吳），等等。但是，还有不少地名词的异体字尚待进一步精简。

现存的地名词异体字有一类是因地而异的，即同样的音、义，在不同地区写法不同。例如"十里铺""二十里铺"的铺是旧时的驿站，读音是 pù，不少地方又写作"堡"。同是"山间平地"的意思，各地也都读为 ào，有的写成"坳"，有的写成"垇"，有的写成"呑"。在福建闽东、闽北，常见的"墩"又写成"敦、垱、当"，"窑"又写成"瑶、墙"；闽中、闽南的"陉"又写作"行、岋、硎"。这类异体字有时似乎可以起到分化同音地名的积极作用，其实反而造成了音、义不明及字形难懂，有的又是未见于各种字书的俗字，只能徒然增加汉字的总量，最好还是加以整理淘汰。

另一类地名词的异体字是因人而异的，即在本地人中也有不同的写法（上列例子中也有在同一个地方存在着异写的）。这类异体字，有的是因为原字繁难，本地人随手写成同音字、近音字或简体字，如闽南把"澳"写成"沃"，"潭"写成"沄"，甚至把"澄"写成"汀"。在方言连读音变很普遍的闽东地区还可以发现许多因音变造成的异体字。如福清县"西浦头"又写成"西埔流"［ₑtʻau→lau］，"花生台"又写成"花莲台"［ₑseiŋ→ₑleiŋ］，"卓坂"又写"卓满"［˚puaŋ→˚muaŋ］，"东峤"又写"东佑"［kieuˀ→ieuˀ］，东峤村的两枚公章竟分别刻了两种字样，这类异体字平常流传于民间，有时也出现于正式文字，甚至已经上了地图，在地名词规范化过程中当然是必须清理的。

方言字是在方言地区通行的俗字。在方言地区，方言字也用于其他场合，但更常见的是用于人名地名，因为人名地名通常是用方言词命名或用方言音称说的，有的方言音有异读，有的方言词字源不明，人们便借用别字或另造新字来表示。例如：

圳：通用于广东、福建等地，如"深圳""圳上"。广州音［tsœn²］，厦门音［tsun²］，意为田间水渠。《字汇补》："市流切，江楚间田畔水沟谓之圳。"闽粤用法与此义合音不合。

塯：通行于闽北，如"塯前""塯垅""官塯"，建瓯音［p'y²］，意指泥浆。《集韵》："拍逼切，出也"，"出"即土块。方言用法音义均不完全符合。

埕：通行于闽东、闽南，如"埕边""南埕"，福州音［ₛtiaŋ］，厦门音［ₛtiã］，意指庭院，应是"庭"［ₛtiŋ］的文白异读。

垾：通行于闽南。如"刘垾""东垾"。厦门音［ₒuã］，意指小山谷。字书未见此字。

在福建，这类和字书音义不合或未见于字书的方言字还有不少。

方言字使用范围有宽有狭，使用频率有高有低，在本地人当中普及程度也有不同，外地人当然都很难理解，因此，加以整理是必要的，整理时既不能全盘接受，也不能一概淘汰。一般说来，通名宜于从宽（适当保留一些），专名应该从严（基本上淘汰）；通行面广、使用频率高、群众中普及的从宽，通行面窄、使用频率低、群众中不普及的从严。

方言字就是一种生僻字，但除了方言字之外，各地地名词还有一大批和字书上音、义相符，但很生僻的字。这些字有的音符不准，难读，有的笔画繁多，难写，有的形体易混，难认，新中国成立后为了群众使用方便，县级以上地名中的生僻字已经更换了一批，受到群众的欢迎。

目前，全国县级以上的地名中，难读、难写、难认的生僻字为数还不少，以安徽省为例，蚌（bèng）埠、六（lù）安，涡（guō）阳是读音生僻的异读字；毫（bó）县、颍（yǐng）上分别含有形近易混字毫、颖；歙（shè）县、黟（yī）县是专用于地名的生僻字。不少地名专用字笔画还很繁，今后如果继续简化，这些字是首当其冲的。

至于县以下的地名用字中生僻字就更多了，《现代汉语词典》所收的专用于地名的生僻字粗略统计约有四百个。词典还没有收进的生僻的地名专用字还有多少？全国范围内搜集起来一定是相当可观的。

地名词中的生僻字具有浓厚的方言色彩，这对我们理解地名的具体描述意义，研究地方的地理、历史和语言是很有价值的材料。我们在普查时无疑地应该把这些用字全部调查出来，记下来，存入地名档案。但是，大量的生僻字绝不能原封不动地采用，而必须经过一番分析研究，权衡利弊，区别对待，分别予以保留、选择或更换。一般说来，反映地理特征，符合字书上的音义的字应该适当放宽采用，反映历史背景和方言特点的可以从严，用同音或同义的常用字给予更换；流行广泛、使用频繁、群众熟知的适当采用，群众生疏的罕用字则从严淘汰。普查之后应该全国汇总，分类站队，统一调整，按照一定原则核定各省地名用字表，经过一定法定手续，予以发布并建立新的规范。处理上述问题，必须综合考虑几个原则，这就是：①体现简化汉字的精神，既要注意简化笔画，又要注意精简字数；②照顾群众习惯，保持地名的稳定性；③有利于地名的分化，做到科学化、准确化。

（原载《中国语文》1980 年第 3 期，有改动）

地名工作的标准化、科学化和社会化

——在华东地区地名工作研讨会上的发言

断断续续地参加地名工作已经10年了，我考虑较多的是基础理论的问题，参加华东地区地名工作研讨会，这是头一次。这几天听了许多同志发言，读了不少论文，深受启发。也体会到理论工作者和实际工作者应该更好地联合起来。实际工作可以发现问题，也可以总结出解决问题的办法，实践是理论的源泉，也是检验理论的标准。许多同志是十几年的"老地名"了，地名学中的许多理论问题，你们最有发言权，我主张就叫一门地名学，它应该研究理论，又能指导实际工作，不要分什么理论地名学、实用地名学，还有什么地名管理学、地名档案学……这些年来这个学那个学太多了，我看这不一定妥当。一门独立的学科应该有特殊的研究对象和系统的研究方法，创建这样的学科，需要有雄厚的基础研究的积累，建立完整的理论，具备解决实际问题的能力，这是很不容易的。我国的大百科全书，地名学条目还附在《地理学卷》呢！我们应该致力于解决理论和实践的问题，不要在概念上、在"学"的分类上花功夫。这两天受大家启发，对地名工作有些思考，形成了一些认识，作一个发言，请同志们指正。

首先，谈谈我对地名标准化的理解。我们的地名工作应该认定一个总目标，这就是地名标准化。所谓标准化包括两方面的工作，一是要形成明确的标准，一是要使这个标准在社会生活中起规范作用。这个明确的标准就是当代通用的地名系统，就其内容说，又包括两个方面，一是个体地名的标准化——定形、定音、定义。关于地名的定义（地名的"要素"）讨论了好几年，我想还是叫形、音、义"三要素"好。有的同志主张要"五要素"，加上"位"和"类"。其实，地名所标志的相关位置和类别，这就是地名的词义（词典学含义），地名标准化在"义"上就管这两项：定位、定类。例如说，福州市位于闽江口，是福建省的省会。地名还有另一层"字面意义"。也就是命名之由，例如，福州命名于唐代，因福山而得名，这是地名的词源学含义，是地名历史研究的内容而不是地名标准化所必须确定的"义"。《中华人民共和国地名词典》作为一本当代的地名词典最重要的就是要为每一条地名定位和定类，至于地名的来历，可说可不说，宁缺毋滥，就是这个道理。现在大家编地名词典，江浙老大哥已经出版发行。为地名定义（定位、定类）好像比较好办，定音、定形就会碰到不少问题。因为汉语方言复杂（民族地区先不去说它），地名中有古音的残存，有方音的变异，要把各种方音合理地折合成标准音就不无问题。汉字使用了几千年，有古字、俗字、已简化的繁体字和不合规范的简体字，目前在地名的使用上还有些混乱。把音和形联系起来又有同音异形、同形异音等问题，什么样的古字、古音需要保留，哪些异读、异写可以允许存在，至今咱们还没有认真地讨论过，各省、市，甚至一省之内的不同地、县都有各行其是、宽严不一的现象。

就地名群体说，地名的标准化要求的是理清地名的共时的层次关系。居民点名称就有不同的层次，大地名套小地名。城市和农村都有大小不同的地片名，北京的"东四"，上海的"江湾"，浙江的"杭嘉湖"，福建的"漳泉厦"都是地片名，这类地名在实际生活中很常用，其存在是有客观依据的，我们主张词典里也要收，要标准化。自然地理实体也有层次，如山脉—山—岭—峰，群岛（列岛）—岛—礁，等等。我国数量庞大的通名系列由于没有很好地加以整理，没有分级分层并加以定型化，常常造成混乱。当然完全做到通名含义单一化是不可能的，同义词、多义词必然会有，但经过规范处理和不经过处理显然是有差别的。行政区划名直接与国家管理有关，历来受到重视，规范化、系列化也做得较好，但是也存在着混乱现象。例如"市、区"这两个通名含义就太多了，至少各包含四种层次。

那么，有了标准之后怎样才算标准化？我想，从社会情况和我们的工作关系说，有三个方面。第一是官方使用的标准化，这是首要的，政府机关的牌匾，红头文件中的文字，使用地名不规范的比比皆是，这种情况当然影响很不好，政府发文要别人标准化，自己却没做到标准化，说不过去。第二是半官方的，这是最广泛最复杂的环节。厂、矿、企业事业、交通运输、邮电银行的招牌、路标广告、布告、公告，书写地名不规范的，更是家常便饭，报社、出版社的各种书刊上，使用地名不标准的也时有所见。各种地图册、导游图，或无人把关、粗制滥造，或过时陈货硬要推销，和标准地名相抵触的也很不少。对这些部门，地名机构有责任实行监督。第三是民间的，只能靠说服教育，前二者做到标准化，后者的混乱现象也会随着改变的。

其次，谈谈地名工作的科学化。地名的标准化不是人们主观制定的，而是在调查整理现有地名之后，经过研究、探讨其中规律，较其优劣，然后予以确认或改定。标准化处理的过程就是一个科学研究的过程。这个工作做到科学化，所形成的地名标准系统就容易符合科学原理并被群众接受，在社会生活中也就容易推行。第一次地名普查所作的地名标准化处理已经过了十年，应该结合现在所进行的补充调查和资料更新工作检验一下，当时处理的原则对不对？群众是否接受？十年来的实践又出现了些什么新问题？这次会议上的论文有的已经接触到一些这类问题，很值得讨论。

地名标准化必须从俗从众，但也不能认为存在就是合理，群众习惯都是科学的。客观存在只能说有所依据，群众习惯则总有优劣。约定俗成的过程中必定有甄别，有选择，也有淘汰。有的地方群众中至今还流行着序号地名（第一组、十二队），了解这种习惯形成的原因是必要的，但必须经过引导改变它。还有城市里的移用地名（上海的南京路、福州路，福州的上海新村），除非有什么历史上的渊源（如台湾的许多泉州里，居民祖先来自泉州），我想并不是好经验。当然，历史上形成的既成事实，是不能随意更改的。新命名时，除了个别配套需要外，就不宜作为一种系列化方案大面积地推广。

对于历史现象也必须加以分析研究。地名标准化是必须尊重历史的，但也应该总结历史的经验和教训，取其精华、弃其糟粕，而不能盲目崇拜、以古正今。例如通名专名化，这是历史变迁中常见的现象，潍坊市、枣庄市、南京市等地名使人一眼看出这些城市历史上的兴衰升降。但是有些新名却人为地叠床架屋，堆砌通名，其实并不合理，像沙市市、黄山市、武夷山市的命名就有不少人提出过意见。

随着四化建设的发展，各地新地名大量涌现，地名工作者也有引导的责任。不少同志提出在新区命名上必须做到超前计划，有预见性，才能做到主动有效，这是非常正确的。做好新居民点、街区的命名也需要科学化。例如什么都叫新村，若干年后处处是新村，怎么办？这就是缺乏历史观点。总拿新村来命名，看来并不合适。我建议，大家先做好已有的命名法的调查，再加以比较，权衡优劣。从道理上说，应注重显示和区别特征，原有的旧名应该充分利用；地形地物的特征，聚落结构的形式，楼舍数量及高度、密度等不同也可加以分类，有时居民的行业等特征也可资参考。

最后，谈谈地名工作的社会化。如果说，标准化是地名工作的目标，科学化便是地名工作的基础，社会化则是地名工作的必要手段。

地名是社会生活中广泛运用的信号，地名要标准化，牵连到各行各业、千家万户，只有引起全社会的重视，大家一起动手才能办好。靠地名机构"独家经营"只能是路子越走越窄，障碍越来越多。这次会议上，许多同志在这方面总结了许多好经验，很值得推广。我想强调两点，一是地名标志的制作一定要下功夫花大钱来抓。我上半年又到香港访问，看到那里到处都有详尽的地名标志，印象很深，大的地铁站有五六个出口，每个出口都标明可通往什么大街或大厦，一目了然，确实能给外来客人提供极大方便。昨天大家看了厦门特区的地名牌，也觉得很好。闽南有许多自然村，或独资或集资树了石碑、石门，打上本村村名。一块块地名牌，日日夜夜站在那里给千千万万的人做宣传：地名必须标准化。这是比年年下达公文、发表公告、制定法规更为重要的措施。再一个是要敢于干预广告公司和制造各类牌匾的厂家的工作，采取有效的措施使他们执行地名标准化的法规。那里往往是地名混乱的重要"风源"，不堵不行。地名机构软弱无力，这些营业者各行其是的状态必须迅速纠正。

（原载《地名知识》1991 年第 2 期，有改动）

第十二章　地名图书的编纂

一、编纂各类地名图书的意义

全国地名普查之后，各地出版了大量面向社会的地名图书。归纳起来大概有以下几类：

（1）地名录、地名手册，以罗列标准化地名为主要内容，有的省区各县市编印一本，有的全省汇为一册。

（2）地名图，多数是当代的标准地名图，以省（直辖市、自治区）、地（市）、县（市）为单位出版，少量省区另编有历史图集。

（3）地名词典，选择比较重要的地名，提供有关该地较为全面的重要的信息。《中华人民共和国地名词典》是中央统一组织的由商务印书馆按省分卷出版的大型辞书，有些省区也有本省范围内的地名词典问世。

（4）地名志，以常用地名立目，提供有关该地地名和社会情况的较为详细的材料。条目和内容往往比地名词典具备更大的规模。有的省区每县编一本，有的按地区编印。

（5）地名故事传说，是地名普查的副产品，属于通俗读物，实际上是民间文学作品。

各类地名图书的编纂出版，是当代中国地名工作和地名学研究成果的总结，是时代前进的标志。在一些基本的地名资料上起到纠正以往陈旧资料、提供系统崭新事实的作用。尤其是《中华人民共和国地名词典》的出版，统一体例，展现了全国重要地名的标准化形式，也反映了四十多年来中华人民共和国的建设成就，确是一部划时代的著作。

有了十几年来各类地名图书的编纂、出版经验，有了地名学理论研究的基础，就已经出版的这些图书进一步分析比较，总结成绩，发现问题，探讨如何编好这类图书，是十分必要的、适时的工作。

二、各类地名图书的共同要求和不同特点

对各类地名图书提出一些基本要求是必要的。

首先，地名图书应该充分体现最新的地名标准化、规范化处理的成果，这样才能使新编图书具有权威性，反映时代气息。在地名的分类、编排方面必须有统一的规格，中国地名委员会颁布过《中国地名信息系统技术规范》，这是应该遵行的根据。旅游业兴起后，各地印了不少导游图，不合标准化要求的相当普遍，应该引起人们的注意，值得拿这个规范作一番检验。

其次，材料要翔实，叙述要客观。作为工具书来说，这是生命线。所引用的材料必须经过严格的核对，尽量用数字和基本事实说明状况，忌用描写性词句。例如，不说"高楼林立"，而说"多高层建筑"，不说"交通便利"，而说"有机场、火车站、汽车运输中心及内海、外洋航运"。总之，用事实和数字说明情况而不用带感情的描述。地名录、地名词典、地名志大多是本地人编的，总有些乡土之情，但是作为这类工具书的编纂者，应该采取客观的态度，而不能借这种机会来抒发乡土之情。

最后，要突出有关地名的内容。有的地名志为了反映"建设成就"，提高"思想性"，追求"广告效应"，关于地名本身的信息反映得不多，对于该地经济文化等的"概况"则大量堆砌，成了"年鉴"之类的资料书，这也是不合适的。什么是地名本身的信息呢？读音、字形、方位、类别、范围，这是共同的基本要求。此外，行政区划还应有属辖关系，山体有高度、植被，水域应有流量、流速、含沙量等。另外，是否有异名，名称的来历如何，命名意义是什么，这些方面也应当有所介绍。

关于地名的命名意义，由于普查时大多没有经过深究，常常可以发现一些想当然的或就字面解释的说法。编地名志的时候能把命名的由来说清楚固然好，如无把握，宁缺毋滥为佳；如有不同说法，不妨几说并存。总之，对此应持超然、客观的态度。

作为工具书，不论是图、录、典、志，都应该统一体例，版面清晰，便于查检，采用现代书面用语，力求明确、简练、客观地叙述。

对于不同类型的工具书，还应该注意有所分工。以下分别说说各类工具书的基本特点：

地名录的特点是简而全，重在提供标准化的全部地名，要分清类别，理清

层次，详尽地罗列，加注汉语拼音和经纬度。关于该地的现状和历史，基本上不反映或只交代最重要的项目。一般的地名录都应该附有若干幅地名图，如县地名录至少应该附有县地名图，最好还附上各乡镇地名图，使各地名所处的方位更加直观，地名的整体系统一目了然。

地名图集的重点在图上，文字说明只能十分简要。行政区划图是地名图集最重要的部分，可以单独出版行政区划的地名图专集。如广东省地名委员会和国土厅就编印过《广东省县图集》。这种图集可以在地图上尽可能地展示各种地名的方位。更大规模的可以出版综合图集，包括水文、气候、山脉、植被、经济类型区、交通、环保、旅游点分布等各种专题的图集。地名图集的设计既要用线条和颜色表示明确的疆界或地形的高度和深度，又要保证图上地名的清晰度，在设计上特别需要讲求技术质量。

地名词典必须具备典范性，除了地名的形、音、义、位、类的表述必须合乎标准化要求之外，关于该地的背景材料也应该尽量反映重要的、稳定的内容，关于命名之由，则应该选取稳妥可靠的说法。编写地名词典的释文最难掌握的是既要符合统一的条目释文规格要求，又要切合实际、反映本地特点。过分强调统一的释文内容，成了填表式的叙述，千人一面，难免枯燥无味；过分强调反映本地特点，让编写人员各抒所好，各行其是，就难以保持统一的规格。在这一点上，主编应该发挥应有的作用，根据不同地区的特点提出什么该详，什么该略。山区或沿海、沙漠或草原、单一民族或多民族杂居、官话区或多种复杂方言区，还有对于侨乡、特区、风景点，释文的内容都应该有不同的要求。

地名志应该是最详尽的地名工具书。在一定范围内（最好以县为单位）所收的地名应该相当齐全，例如居民点收到自然村。有关地名的释文，也应该面面俱到，既有当代的标准化形式、命名意义的说解，也有历史沿革的交代。至于社会背景，则不必贪多求全，还是多取与地名有关的部分为妥。既然收词要齐全，释文又要详尽，就应该区分不同等级的地名，有详有略，才不致篇幅过大。此外，作为比较详尽的地名工具书，地名志也应该附有一些准确标注地名的地图。

编写地名故事、传说，作为反映乡土风物的通俗读物，还是很受本地群众欢迎的，大多数地名故事总是表现了扬善惩恶、尊老敬贤的主题，也洋溢着热爱乡梓的感情，读者可以从中得到一定的思想教育和艺术享受，这类读物的编写和出版也是值得肯定的。从科学化的要求上说，最好对有史可稽的传说、故事和纯属虚构的艺术创作加以区别，分别用不同的口气和语言来表述。这样做，对于思想教育和艺术欣赏都只有好处，没有坏处。[①] 地域文化既体现了民族文化的共性，也表现了本地特有的个性，让下一代青少年了解本地的文化，唤起他们的乡愁、乡情，既有益于家乡的建设，也有益于年青一代的成长。编得好的地名图、地名志和地方故事可以选出一些精彩的篇目供普及教育用作乡土教材以便使本地青少年了解本地的历史和现状。

三、各类地名图书的分工和协调

全国开展地名普查以来，地名图书越出越多，越编越好，及时地反映了地名调查研究的成果，出现一派可喜的丰收局面。我国地名学虽然起步较迟，却一起手就表现了强劲的实力和深蕴的潜力。

大量的地名图书的出版和地名普查、地名标准化工作是同时进展、相互促进的。这些图书让更多的人知道地名和地名工作的重要性，知道地名学是一门富有理论价值和实用意义的学科，引起越来越多的人对地名研究的关注和兴趣，并且提供了广泛的社会应用，发挥了巨大的社会效益。应该说，各类地名图书的出版不但巩固了地名工作的成果，还成了促进地名工作健康发展的重要推动力。

我国幅员广大，人口众多，历史悠久，民族纷繁，语言复杂，因而地名的数量特别浩大，结构特别多样，地名工作和地名研究也都存在着特殊的难度。虽然对地名的有关研究，我国历史上早有悠久的传统，但地名标准化和地名研究真正走上科学的道路还是近半世纪的事。由于四个现代化的迅猛发展，地名工作和地名研究的社会需求也更加迫切，任务更加繁重。为了切合社会生活的需要，更好地开展地名工作和地名研究，我们有必要对十余年来的成果进行一番分析和总结，本节试就各类地名图书的分工和协调谈点想法，但是所见到的图书有限，只能提供十年成果用于分析总结时参考。

1. 地名录

地名录是地名普查的直接成果，也是十年间地名图书的第一批收获。第一次地名普查自上而下层层发动，经过试点逐步推开，参加工作的是一支庞大而年轻的队伍，都能大胆工作，在实践中总结提高，总的说来是成功的。绝大多数县市都编印了地名录，从无到有，建立了全国性完整的地名资料

---

① 李如龙：《关于各类地名图书的分工和协调》，见邢国志主编：《地名图录典志编纂论文集》，哈尔滨：哈尔滨地图出版社，1992年。

库。先出的筚路蓝缕，创造了可贵的经验，后出者往往更转精粹，各具特点。

地名录的主要特点在于收录的地名齐全。在特定的范围内，应该把本地区的各类地名无遗漏地收录其中，并且加以合理的分类，把大地名与小地名的层次关系区分清楚，如实地把现实的地名作系统性的展现。已出版的地名录大多还为地名标出经纬度，在地图上加以定位。有些地名录还附录了地名标准化处理方面（如分化同名、淘汰异名、定音、换字等）的材料，在罗列标准地名的同时对照了旧名、曾用名，这就把新建的地名系统和历来有过的名称联系起来，使标准地名更有立体感。这都是编写地名录的好经验。

地名录必须把地名收全，问题是哪些是地名，哪些不是地名，在初次实践中有时还不容易划清明确的界线。例如许多片状地名，包括农村里数个自然村连片的片村名，城市里几条街道间形成的地段名和街片名，在现实生活中使用频繁，也具有明确的方位意义，虽然有时边缘有些模糊，大体还是可以按实际情况加以划分的。这类地名普查时未列为明确要求，有的地方就未加调查或调查不周，上地名录时常有犹豫，各地或列或不列，处理不甚一致。反之，对于许多人工建筑、机关、企事业、学校、古迹、风景点的地名，本来应该只取独立的具有方位意义的列入地名录，许多地方吃不准什么才算有方位意义，往往用范围及影响的大小来决定取舍，把这类地名扩大化了，甚至不加区别——予以罗列。

已有的地名录中的"概况"介绍，严格地说并非地名录所应包含的内容，但是作为了解这些地名的背景材料还是有价值的。例如对一个县，知道它的年降水量、平均气温、无霜期，知道它的历史沿革、文物古迹以及现实的经济结构和文化设施等，对于该地就会增加许多感性认识。普遍存在的问题是这些叙述往往偏多偏长，特点不突出，而且常有拔高的倾向。

关于地名的来历和含义是地名学的重要研究内容，却未必是地名录所必备的项目。而且在初次普查时，由于史料不足，调查不够深入，未及进行缜密的考证和核查，许多关于地名的来历的解释都还不能做到确切可靠，有时难免包含着附会之说。许多文件中都再三指出，这类材料必须经过查考，宁缺毋滥，然而实践的结果往往是很难做得理想的。

地名录是本地人编的，编者对本地的特点都有充分的感性认识，多数地名录都能切合本地情况，编出体现特点的内容。例如民族地区对于各地人口中的民族成分往往有较为确实的具体说明，对于民族语地名用字也作了一些考释；山区和沿海对自然地理实体的名称收集较详；方言复杂地区（如福建、广东）

对方言地名用字、审音都比较重视。又如江西省是历史上移民最为频繁、复杂的地区之一，那里的地名普查普遍都查清了许多自然村所定居的各姓氏居民是何时自何地迁来的。这些都是很可贵的创造。

随着地名调查研究的深入，地名图书的花色品种多了起来，如实地、全面地编写地名录，为各级地名定性（分类）、定位、定形、定音，是十分重要的。开放改革之后，商品经济快速发展，不同地区之间的交往日益频繁，经过标准化处理，对原有材料补充、复查、核定、考释之后，重新编成简明的地名录（把一些不必要的内容删去），附上必要的地名图，一定会受到广泛的欢迎，充分发挥其社会效益。凡是这样做的，效果都很好。

2. 地名图

从第一次地名普查开始，新的地名图的绘制和地名录的编制是同步进行的。普查过程中，各地都更正了先前外地人绘制的地图上的许多错误的地名注记，这也是地名普查的重要成果之一。各地地名录所附的地名图大体都经过专业人员的设计和绘制，是符合正规化的要求的。有的还绘制得相当精美，在见过的地名图中，如《江苏省常熟市地名录》中的地名图就设计得相当好。那里人口密集，居民点多，不少地名字形较长（三个字的如赵家桥、庄子巷，四个字的如屈家宅基、西高墩泾、周塘泥泾），设计地名图时适当放大比例尺，不同等级和不同类别的地名采用不同字号和形体，层次分明，眉目清楚；线状地名（铁路、公路、沟渠等）在浅淡的底色中显得十分醒目。又如东莞市地名志中的地名图还能加上重要的等高线和高程标码，更加具备立体感。这些精心的设计都很值得学习和推广。

地名图方面存在的问题主要是从非地名机构印制的大量地图中发现的。地图的出版，技术上困难较多，印制周期也较长，许多地图册还来不及按照普查的标准进行标准化处理，用标准地名作正确的注记，不少旧版地图还在继续发行，解决这些问题需要一个过程。有些新编的旅游图、城市交通图册则置地名标准化于不顾，自行设计、印制和发行。未经地名管理机构审核，这就是不应该的了。据江西省地名办的调查，市面上出售的许多此类地图在标准地名的注记、实际地理方位的确认，以及比例尺上都存在大量问题。地名工作者通过适当途径和方法对现行的各类地图进行检查审核，干预其中不合规范和粗制滥造的现象，不但是十分必要的，而且是职权范围之内的责任。

3. 地名词典

在地名普查的基础上，全国又组织了《中华人民共和国地名词典》的编写和出版。这也是中华人民共和国建国以来的第一次，也是行政管理上的一项重要的基本建设项目。几年来，这项工作进展得很好，由于中央有总编委领导，各省区地名机构具体组织了不少专家参加工作，又由商务印书馆统一把关终审，陆续出版的省区分卷质量大多是很高的。

顾名思义，地名词典应该要求具备典范性。所谓典范性，除了地名要具备标准化的字形、拼音、类别、方位之外，所提供的有关信息都必须经过严格审核，做到数据准确、分寸恰当；关于地名的来历和含义的叙述，也应该从严掌握，宁缺毋滥。所取的内容应该在本地是基本事实，和外地相比又具有特色。此外，释文还应该要求合乎普通话规范和书面语的要求，并力求明白而简练。

在已经出版的地名词典中，值得讨论研究的问题主要有三。

第一，是条目的取舍问题，《中华人民共和国地名词典》是一部中型的断代地名词典，选目不宜过多，大体上必须是较大的聚落或设施，或者体现本省的政治、经济、文化特点的地名。一般来说，本地人总想多上一些条目，有时还会和其他地区攀比，上一级的编审人员必须从全局出发综合平衡，加以控制。江苏省卷有些已收入的非乡政府所在地的自然村条目，除了地理位置、命名之由、人口数等项各条共有的释文之外，确实没有其他特点，只说"设有商店和学校"。这类仅有几家小商店和小学校的村落在西藏可能是很突出的了，而在长江下游两岸就太平常了，未必需要列词目。

第二，是释文的取材问题。看来，除了共同必备的内容之外，不同的起稿人和审稿人常常有不同的爱好，有的着重于历史的追寻，有的希望对得名之由尽量获得某种解释，有的重视商品经济事实，多列举办有什么厂，种植什么作物，有的则偏爱文化景观的介绍。事实上大家都应该遵循共同的原则——反映当地最重要的事实，体现与外地不同的特点。据了解，浙江东南部的方言特别复杂，除了与北部吴语截然不同的南部吴语外，还有闽东方言（蛮讲、蛮话）、闽南方言（平阳话）和官话方言岛。这些不同的方言的存在和移民的历史直接相关，也常常和命名之由，以及地名的特殊用字和读音相关联。像这样的地区，有的就应该把使用何种方言作为释文的内容加以反映。关于这方面内容浙江卷尚未引起应有的注意，偶尔见到"操金乡语"的说明，因与一般方言分类脱节而显得很费解，说得不明确。

第三，是用词的风格问题。词典体语言贵在具体、平实和准确。抽象的描述，什么"屋舍密集""鳞次栉比""水陆交通四通八达"之类自不适宜；"畅销海内外""名优特产"之类的形容语句也很不可取，"设有火车站""通木船""通客车""有传统的制茶工艺"之类的叙述则是较为恰当的说法，在这些方面，每一本书都需要有专人把关统一平衡，绝不能采取"尊重原稿""文责自负"的态度，让不同地区来稿的不同风格混在一起。

4. 地名志

多年来已经有不少地方出版了地名志。事实上，第一次地名普查的要求并不限于编写地名录，把所得调查材料都堆进地名录，地名录势必显得臃肿，在已有材料基础上经过适当加工，编成地名志出版是合适的。

和其他地名图书相比较，地名志的特点在于详尽，例如地名的沿革，必须把古往今来该地属辖的种种变动都罗列出来。不少地方经过深入考证才发现沿革材料曾有断线，有的甚至连中华人民共和国成立以来的变迁也没有完整的记录。有时说清楚一个县的沿革就要几千字。又如地名的来历和含义，原则上必须尽可能查到书面典籍的依据，注明该说法的出处，缺乏史料的用实地调查所得的口传材料，如有几种说法，都应兼收并提，而且比较其合理度和可信度。在形音义方面，同一地名曾经有过的写法（字形）、说法（读音）、异名、雅名、简称、别称，有无引申义、借代义也应该有详尽的介绍，为了说明聚落建立的年代，往往得借助族谱资料，说明何时有何地何姓人迁此，至今几代。在民族杂居地区和方言复杂地区则还必须致力于探讨地名的语源和命名意义（包括通名和专名的考订）。这对于了解当地的人文历史都是十分有益的。有的地名用字和读音不符，所谓"方言谐音"必须经过专业工作者考查认定，弄清楚是如何谐音，而不能作为对付外地人、外行人的搪塞之词。

当然，所谓详尽必须是与"地名"有关的内容，而不是与"地方"有关的全部资料。如前所述，与"地方"有关的概况资料例如，气候、土壤、植被、民族、人口，主要经济成分及重要生产设施、文物、古迹等只是了解地名的背景材料，未必与地名的含义直接相关。如果把这类材料全部堆积起来，就成了一本该地的"大全"，而不是"地名志"了。许多后出的地名录实际上是按地名志的架势去编的，但又未能完全符合地名志的要求，作为地名录，显得庞杂；作为地名志又嫌简略。我主张地名录与地名志"分道扬镳"，前者从简出小薄本，后者从详出厚册。从地名录到地名志，主要是要进行充分的史料考证，当然也离不开实际调查。近几年来各地都在编修地方志，有的地方地名办和方志办合署办公或合而为一，这对于加强地名的历史考证工作是有利的。有条件的地方，在现有材料的基础上编一本地名志，是值得提倡的。

5. 地名故事

几年来各地还编印了一批地名故事和地名史料的校注汇编，也都是有意义的工作。

地名故事各地都有，大体以命名之由为线索，以历史事件或历史人物为内容，编成具有一定情节的故事，有的则用寓托、想象的手法编成神话或传说。与地名有关的历史故事，有的是有史料可证的（例如"郑成功焚青衣处""国姓井"），有的则是民间编造的（例如黄巢试剑石、桃花源），总是寄托了当地人民对于某个历史事件或历史人物的某种态度和感情。与地名有关的神话传说则是口口相传的民间文学，例如巫山神女、武夷君治水，则往往反映了劳动人民惩恶扬善的愿望。整理地名故事是发掘乡土教材、进行思想教育、为人民提供文学欣赏的好事。做好这项工作，首先应认真调查，把民间流传的故事整理出来，而不是凭空虚构。对于与史料相符和用文学构思编造的故事最好要加以区别，作出恰当的评价。有了素材还得适当加工，体现健康的思想、生动的情节和艺术化的语言。总之，思想性和趣味性是整理地名故事的基本要求。近年来，此类书籍各省都有人编，地市县也有人编，有的一省之内就编了几十种之多，真是百花齐放、热闹非常。今后主要是提高质量的问题。

我国有关地名的史料十分丰富，不但有全国性的经（《山海经》《水经》）、记（《太平寰宇记》《读史方舆纪要》》《徐霞客游记》）、志（《元和郡县图志》《一统志》），也有许多地方上流传的通志、县志、乡土志、山志等。以现有的地区和地名为线索把历代这些有价值的史料汇辑起来，经过一定的校核，对于现代地名的考释、溯源、考察其流变都可以提供有益的参考，这是值得提倡的。福建省已印好的此类史料如《泉州方舆辑要》和《福州马尾港图志》，都是比较成功的，很值得推广。

各类地名图书因为内容是相关的，编起来难免要有所交叉或重复，但最好要注意适当地分工，明确各类作品的要求和特点，努力做到名副其实、符合科学性的要求，当然，最重要的还应该强调标准化的要求。地名工作的主要目标在于实现标准化，各类地名图书都应该体现标准化的地名，而不能有所偏离，甚至另搞一套，互相矛盾。做到这一点，各类图书就能形成一个统一、完整而标准化的体系，在社会生活中产生广泛而深远的影响。

在标准化这一点上，必须如实地指出，我国各地的地名标准化处理并未最终完成。地名普查中处理较好的是重名问题，至于统一用字，合理标音，整理不同地区、不同类别的通名等问题，还没有认真地研究和解决。特别是在民族杂居地区和方言复杂地区，这方面的问题依然是很突出。拿生僻字来说，各地做法就有很大不同，有的基本保留原状，有的大面积更换，有的换字就音，有的按字改音，究竟科学的原则是什么，汉语拼音如何按民族语言和方言语音科学地折合，至今还缺乏统一的意见和处理方法。近年来地名的补充核查中又发现了一些问题。为了早日实现地名标准化、使各类地名图书获得一个稳定的基础，这些方面的研究工作，现在应该及时地跟上去了。

关于编写地名词典的几个问题

中央决定编纂出版《中华人民共和国地名词典》，咱们这次会议也将商议编写词典《福建分卷》的事。这两天学习了中央颁发试行的编纂出版方案和工作细则，现在结合本省的情况谈谈个人的理解和意见，供大家讨论时参考。不妥之处，请同志们指正。

（1）编纂出版地名词典是我国文化事业的一项基本建设，也是四个现代化建设的迫切需要。它对于各方面的工作和人民生活都有十分重要的意义。这一点，同志们在地名普查中已经有很多体会。在历史上，我们的前人曾经做过许多地名工作。一千多年前的《汉书·地理志》就汇编过全国的大量地名，后来的地方志也很重视地名沿革的研究，但是，科学的标准化地名和地名词典的编纂，严格地说，我们才刚刚开始。为了适应社会主义事业的需要，我们必须急起直追，完成这项前人没有完成而又十分重要的任务。经过地名普查，我们已经掌握了大量资料，培养了一批人才，积累了不少经验，有了这个基础，只要认真对待，努力实践，我们完全可以把地名词典编好。

（2）现在要编的地名词典定名为《中华人民共和国地名词典》，这是一部现代的中型地名词典。要正确理解这本书的性质，我们应该注意几点：第一，所谓"现代"，就应该着重反映建国以来的地名状况，详今略古，不能像过去的地方志那样用大量的篇幅去叙述地名的历史沿革。第二，所谓"中型"，就不能无所不包，而应该择要选目，释文也不宜过多。第三，编的是地名词典，就应该紧紧扣住地名的特征，确定地名的形、音、义规范，叙述与地名有关的内容。第四，词典是工具书，必须有翔实的材料、稳定的数据、科学的观点、简明的语言，只有这样才能使它具有典范性。地理的描述、历史的考证、文学的夸张，乃至广告式的渲染，对我们来说都不适用。第五，书名冠有中华人民共和国的全称，我们更应该注意政治倾向性，使它和"前清时代""民国年间"编的书有明确而合理的区别，和以前外国侵略者编的书则更有不同的立场。总之，按照我的理解，这本词典的要求，应该具备科学性：详今略古，择要概括，观点正确，材料翔实；具备典范性：形、音、义标准化，语言规范化，简明精练；还应该具备思想性：政治立场鲜明，维护国家主权和民族尊严，体现时代特征。

（3）为了达到上述"三性"的要求，首先要选词得当。古往今来大小地名浩如烟海，词典选词怎样才能得当？

从面上说，应该选取重要地名，舍去次要地名。重要地名是在社会交际中常用的、在大大小小的地名中有特点的地名。一般说来，管辖地域广的行政区划名，人口多的村镇名，高的山、长的河、大的水库总是引人注目，也是经常称说的，但是也不能单用这些数量标准来划线选词。"祥谦、才溪、赤石"这些地方的人口未必多，但具有革命纪念意义；昙石山不高，后渚港不深，日光岩不大，却是历史遗迹；九曲溪不长，玉华洞不显，但有旅游价值，它们都是重要地名。蔡坂产水仙花，刘五店产文昌鱼；麻沙曾是宋代出版中心，石井是郑成功家乡，集美有陈嘉庚故居，这些都很具特色，是应该选列的地名。

从点上说，同一个地方还常有正名和别名、现名和旧名、雅名和俗名、全称和简称等区别。选定条目之后，还有个取舍的问题。当然，正名、现名、雅名、全称是重要的，应首先予以反映，而别名、旧名、俗名和简称同样要按其重要性确定取舍。泉州的别称刺桐城，在《马可·波罗游记》中已有记载，产生过国际影响；九龙江的别称芗江可以说明芗剧流行于此，都应该收录，一些小城镇的别号就可以从略。晋江的姑嫂塔旧称关锁塔，前者有广泛流传的民间故事，后者则作为航标记录了宋元泉州港南端的繁荣，看来新旧名都得上。又如建瓯旧称建安、建州，是福建最早建置的州郡，也是重要的旧名；福清的龙田俗称牛田，是戚继光抗倭时的旧名，古田县俗称苦田，可与上杭古田相区别。还有些俗名则便于说明地名的来历和含义，例如"首占"实是"酒店"，"霞美"本地说"下尾"，这类俗名看来也应该有所反映。当然，别名、旧名、俗名、简称未必要专立词目，可以在释文中适当交代。

选词是否得当直接关系到地名词典的质量。为了合理选目，应该采取分头推荐、综合平衡的做法，按行业按地区征集条目，组织专人审议平衡，几上几下，才能定着。议论词目时应该提倡全局观点，不要以为本地条目上得越多越好而引起争执；又应该注意因地制宜，不要漏掉具有特色的重要条目。

（4）选好了词目，就要集中精力注释词义。地名的释文一般说来可以包括五方面内容：①类别和关系。属于自然地理实体或村镇、行政区划，或人工建筑物？和同类地名的上属、下辖关系如何？②自然地理特征。例如地理位置的有关情况：方位、距离、毗连地区、面积、海拔以及气候、水文等。③经济地理特征。包括植被、物产、人口以及经济建设方面的价值和意义等。④人文地理的特征。包括主要历史特点，民族、社会特点，在思想文化上的意义等。⑤词源意义，即地名的来历含义和命名法。

对于不同类别，不同等级的地名，释文内容上应该有不同的要求和表达方式。即使按照类别和等级确定了释文项目和规格，也不能把它作为固定模式套给每一条地名，面面俱到，千篇一律；而应该从实际情况出发，掌握详略的尺度，扼要地反映主要特点。关于地名的来历也不必条条考释，一般的说明性地名（如太平、顺昌、东升、勤俭）字义自明，如无重大变迁或特殊历史意义，都是无须解释词源的。需要注释地名来历的主要是因人因事得名的记叙性地名。例如王台是传说中闽越王筑台造宫之处；晋江是东晋南迁的移民思念故国而命名的；政和是宋代的年号，记述了建置的时代；舶司库巷是元代泉州港市舶司的仓库所在。此外，由于福建方言十分复杂，有些地名是用方言词命名的，因而字面意义很费解，这也需要适当地注释，例如堀瑶、硲瑶、扶摇在方言里都是瓷窑的意思；妈祖、马祖是沿海渔民供奉的护航的仙姑；覆鼎山的鼎是铁锅，缳奓的缳是鱼网，湖岐坑的湖岐是妈蟥。

在注释词义时，为了体现科学性和思想性，引用的数字要准确，史料要可靠，有些民间的传说也要经过考核和甄别。例如有的地方传说，本地先前烧制的瓷碗装食品过夜不馊，这就没有科学根据，不宜引述。牵涉到历史事件和历史人物的注释要掌握好褒贬的分寸。但是，对思想性的要求我们不能作简单化、庸俗化的理解。有些民间传说含有某种迷信色彩，有些雅名含有儒家思想，作为历史的陈迹并不需要加以批判。厦门市有思明路，来自郑成功所立思明州，郑氏有驱逐荷兰侵略者收复台湾的一面，也有反清复明的一面，这是历史事实，我们应该承认历史、尊重历史。

（5）作为词典，在语言表达上应该有特定要求。下面四个方面是必须充分注意的：

规范化：语言文字都要符合规范。要杜绝错别字，不用生造词、方言词，注意语法规范，专人把关，消灭病句。

科学化：用词要准确明白，切忌模棱两可。要用平实的语言去叙述，不要用华丽的辞藻来形容："可能""似乎""大约"以及"高楼林立""络绎不绝""风景优美令人神往"之类的用语都是不适用的。

通俗化：作为工具书应该让中等文化程度的读者都能读懂，所以应该尽量少用或不用深奥的科学术语。例如在自然地理方面，落差、枯水季、无霜期、针叶林之类术语是难以避免的，而径流切割、灯影灰岩等就是文化不高的读者不大好懂的了。

语体化：词典语言的语体风格应该是现代书面语，简练顺口，体例统一。现代书面语允许使用少量文言成分，不必完全平白如话。例如"隋代曾并入江州"不必说成"隋朝的时候曾经合并到江州去"；"辖五县一市"不必说

"管辖着五个县一个市";"现已修复"不必说成"现在已经修理恢复原样"。但是也不能尽量简古，故作艰深，如果说"海瑶者，瓷窑也"，"是"说成"系"，"到、至"说成"之"，那就不是现代汉语了。写初稿的人可能很多，定稿时要有人通读把关。

（6）从地名普查、编地名录转入编纂地名词典，工作上有些不同的特点，这是必须估计到的。普查阶段面儿广、工作量大，动员的人手多，有些材料难免参差不齐。编词典条目少，但质量要求高，必须有专业队伍落实任务、层层把关。为了给地名词典提供良好的材料基础，必须把地名普查的扫尾、总结工作做好。着手编写词典之后势必会发现普查中的问题，或材料缺漏不实，或规范化处理不当，这就必须回头补课，审核材料，作补充调查，分析存在的问题，研究处理方案。

必须指出，由于福建省方言复杂，也由于缺乏经验，不少地名的方言读音、方言词义和地方俗字的规范化处理在普查过程中还没有完全解决，有些问题在不同地区还有不同的处理方法。在编写地名词典时，我们应该进一步研究解决这些问题。例如"埔"在全省各地有三种不同来源的读音，各地在注音时究竟是求同还是存异？龙岩本地读龙林，宏路本地说横路，这种音字不符的现象要不要交代？有些常用的通名在各地写法不同，是按音写形声字，因地而异，还是按义写本字或训读字以求统一？地名的雅化字"美、霞"要不要按音义实际改写"尾、下"，像墩—垱、坜—历、漈—际的异写要不要统一，可能还有争论。现代字典查不到的生僻字、俗字，保留哪些，淘汰哪些，也要经过全面的考察，制定统一的原则，求得妥善的处理。对于这些问题，不论将来如何解决，目前最重要的是把原始材料（本地读音、写法、含义）过细地调查清楚，如实地记录下来。做好这项工作又只能依靠本地的同志，旁人是不能越俎代庖的。

保质保量编好《中华人民共和国地名词典·福建分卷》是我们义不容辞的光荣任务。我们应该群策群力、克服困难，切实地把这项工作做好。

（1990年10月在福建省地名词典编纂工作会议上的发言，收进本书时有改动）

第十三章 综论——地名与地名学研究

说明：以上各章内容刊印 20 年之后，有一次，应一家大学之邀，开了一次讲座，听到的同学都觉得很新鲜，也很有趣，得到不少启发。和本书前面章节相比较，内容上没有多少新材料，理解上却可能有些新的认识。把它整理成文，作为一章"综论"供读者参考。文中所引用的地名语料均未注明出处，大抵都可以从前文各章的有关内容处找到。

地名是人们在生活中经常接触和运用的语言现象，但是很少引起大家的注意和研究。语言虽然天天都在用，因为太寻常了，人们就以为语言的习得是天生的，自然获得的，后来在社会生活中也是自然增长的，多少人并没有重视它、琢磨它。地名只是语言中比较简单的组成部分，所以就更是不起眼的了。

其实，越是寻常的现象，越值得研究。语言好像谁都会听会说，转换成文字，也都会读写，但对于别人告诉你的话语，你就不一定都能理解得深，而对于你所需要表达的思想观念，你也同样未必能应用得好。因为，凡是寻常的现象，都有不寻常的地方，就说语言和文字吧，第一，它的历史很长，语言与原始人一起告别动物界，形成已有几十万年；文字帮助人类建立文明社会，也有几千年的历史了。第二，它的变化很多，不同时代、不同民族，不同地方的人说的话和写的字都各不相同。第三，它的内部有复杂的社会约定俗成的结构规律和应用的限制，不能由你任意理解和使用。武则天当了皇帝，以为权力无限，可以为所欲为，造了许多字，一个也没有留下；"文化大革命"中，为了"一片红"，到处更改地名，但这些地名不久便都退出了历史舞台。

我们应该善待语言文字（包括其中的地名）这些社会现象，研究它的系统，了解它的演变，以利于它在社会生活中的应用。

本章就汉语的地名谈谈如何考察它的系统和流变，掌控它的应用。

一、地名认知的景观系统

1. 地名记录了人类认识客观世界的历史过程

地名是人类在地表空间定居之后，为了区别各种不同的地理空间所约定的名称。最早的地名可能只是原始人对于地形（山体、水域、海湾）、地物（岩石、林木）、地貌（草地、平原、岛礁）等的认知和分类，和最早出现的语词并没有什么区别，后来随着人类社会的形成和改造自然的进展，这些地理事物的普通名词，逐渐成了指称特定地点或地域的代号，这便是作为专有名词的地名。

早期的地名是民间指称特定的地点、地形、地物、地域的简单代号。随着人口的繁衍、聚落的增多，生产发展了，社会生活也复杂化了，地名便大量产生，内容也多样了，结构也复杂了。山东、山西，河南、河北，衡山、衡阳，淮阴、淮阳是以山水来区分不同方位的地域名称；日月潭、五指山、九曲溪，长白山、戴云山、青海湖、冷水滩是以地形、地貌来区分山体和水域的；鸟岛、渡口、庙前、塔后，铁岭、铜陵、铅山、黟县是因地物和矿藏来命名的；榆林、梨树、樱桃沟、枣园，黄石、赤峰、鸭绿江、白云山记录的是当地的植被和景观；雷州、恒春、雾峰、老风口与气候有关；符离集、二十里铺、牛马市、聚宝街则以商业集市为名。用民族语言命名的呼和浩特意为"青色之城"，乌鲁木齐则是"优美的牧场"。在一些人迹罕至的林区、沙漠，或是突然批量开垦的新区，一时缺少地形地物的凭借，只好采用序号的排列来命名。例如黑龙江林区有"十五站、十六站"，贵州则有用十二生肖命名的"鼠街、羊场"，等等。

可见，地名记录了人类历来对于地理环境的各种科学的认知，为我们留下了丰厚的知识宝库和了解历史文化的重要线索。武夷山里关于武夷君的传说、朱熹关于架壑船的记录，以及"城村"的地名和"古粤"的牌坊，先后引导我们解开了武夷文化之谜：闽越人正是在那里筑的城，后来的发掘也证实了，现在已经建了可参观的"汉城"景点。广西、贵州发现的"架壑船"，也让我们了解了这种殉葬制度就是古代壮侗族的习俗，因此可以断定，闽越人就是古代壮侗人的一支。

地名是人类历史上认知客观世界的伟大成果，保存了各个民族在认知世界方面的历史过程，从而为我们了解人类形成思维和运用语言的过程提供了宝贵的依据。

2. 地名反映了漫长历史上的自然和社会的诸多变化

人类活动所及之处都留有地名的记录。据史书所载，神农居姜水、以姜为姓，黄帝姓姬，亦以其住地之名为姓。这是早期的部落与姓氏和地名三者合一的状况。后来的李各庄、张家界、朱仙镇、赵家堡、王庄、邢台、吴山、胡坊这类以居民姓氏为聚落命名的例子到处都有。

自然环境发生变化，早期所定的地名却未能反映这种变动的例子也不为少见。闽台两省有带"屿"字的地名数十处，厦门的鼓浪屿至今还是个小岛，浯屿、嵩屿早已不是"水中山"，成了"海滨村"了。由于河流改道，"水北村"如今已经分明地处水南，原来名为"汤坑、汤边、汤头城"，虽然温泉枯竭了，村名并没有改。穿过广州市区的珠江，曾有一片不小的沉沙堆积的江中洲，早先称为"中流沙"，后来成了陆地，清末民初改称"沙面"，后来在那里建成的街区曾经是繁华的十里洋场。

有些地名因某个历史事件而得名，河南的偃师据传是因武王伐纣得胜回师而得名；宋代好用王朝的年号为县治命名，浙江的庆元、绍兴，上海的嘉定、江西的兴国、福建的政和都是。还有为避皇帝讳而改名的，隋代为避杨广之讳就改县名 6 处（广安改为延安、广武改为雁门、广都改为双流）。后来则有为了缅怀先贤，用人名为地命名或更改地名的，全国各地都有大街称为"中山路"，台湾有许多"国姓村"，以及赵登禹路、志丹县、尚志县、左权县都是这类地名。福州市曾把一条最长的大街称为"八一七路"，就是用福州解放的日期八月十七日来命名的，还把最长的跨过闽江的桥称为"解放大桥"。

福建省曾是畲族的主要居住地，唐宋之后，畲族从广东来到闽南，又经过闽西、闽北搬迁到闽东，最后才进入浙南。在福建各地，带"畲"字地名就有 231 处，这是研究畲族迁徙史的重要依据。

3. 地名反映了不同时代、不同民族的文化习俗

进入文明时代之后，人类产生了复杂的思想意识，民族形成了各自的文化。地名作为人们生长的家园的指称，凝固着世代延续的乡愁，人们为它命名时就常常对这个新的居住地寄托了某种愿望和念想。经历过许多战乱和流离失所，在新地定居下来，就想有个安定和平的生活环境，这是人之常情。《中华人民共和国分省地图集》只收重要的乡镇以上的地名，其中就有 54 个"太

平"，24 个"兴隆"，125 处带"安"字的地名。福建省六七十个县市名中，带有"福、泰、安、宁、和、平、清、明"这些字眼的就有 31 个。福州、福安、福清、福鼎、南安、惠安、崇安、同安、永安、永泰、宁德、宁化、南平、漳平这些县市名，加上福宁、清宁、东安、晋安、闽安、永福等旧名，就更是难以数清了。

历代王朝征战扩土，平定少数民族和农民起义，用"镇远、平南、武威、睦南"等地名来宣扬武力，或者用"忠贞、孝义、仁德"之类的观念为新建的行政单位命名，也属于此类地名，有些伤害民族关系的旧名已经更改过了。

各地都有一些地名或先有神话、传说，后衍生为地名；或先有地名而后附会、编造出故事、传说。其内容大意主要是劝人为善或表彰先民的功业的。历代文人曾经收集记录过这些故事，20 世纪 80 年代编写地名志、地名词典时有的也收录了这些内容。例如广州关于"五羊城"的故事见于屈大均的《广东新语》。漳州市郊有座不高的"园山"，历来盛产水仙花，相传古时候曾有仙人在山上筑庙，卖汤丸，一分钱两个，两分钱任吃。有一天来了个老实农民，给了两分钱只吃了四个，仙人难得见到这样的厚道人，就让他住在那里，靠种水仙花发财致富。河北、山东临海处都有"千童城"之说，是附会秦始皇派遣千童下海求仙的。

有些传说是适应本地文化观念而造出来的。闽北山区历来人口不多，山林茂密、泉水不断，少有荒年，因而形成了留恋家山、崇尚故土的"青山文化"，乡民早有安居本地、不愿出远门、在外地定居的习俗，在将乐县南边出口处，就有一座不高的山名为"回头山"，相传乡人走到此地，见到此山郁郁葱葱，山花烂漫，鸟蝶飞舞，就止步不前，又往回走了。而在沿海的晋江县青阳镇，因为地狭人稠，缺乏水利，历来都愿意下海出洋，到外国打拼，数百年间过半乡民都到菲律宾一带谋生，演绎了许多背井离乡、家人不团圆的悲伤故事。宋代官方曾在此建了个"关锁塔"，其实是个为来往船只提供方向的航标，后来乡人就把它叫作"姑嫂塔"，附会了世世代代的姑嫂登上此山，盼望家人归来的伤心经历。

4. 地名作为语言词库中的重要部分，体现语言文字的特征和类型

地名是语言词库中的重要组成部分。居民点，行政区划，交通线，各种点状、线状或片状的地名，虽然都是简短的词或词组，很少联词造句，独立用为交际言语，但是在日常生活、行政管理、经济文化建设中都是不可或

缺、经常使用的信息。像我们这样幅员辽阔、人口众多、民族语言和方言都十分复杂多样的文明古国，古往今来，古籍中记录的地名可谓汗牛充栋，现实生活中称说的地名也不知凡几，文艺作品中虚构的地名也难以计数。从远古走来，不同时代、不同民族、不同方言用过的地名，发音不同，用字各异；组成词语的语音演变规律和语法结构规律也各不相同；就意义说，和其他词语一样，地名也有词义，有初始义、本义、引申义、比喻义。要如实地理解古往今来的地名的读音、字形及其复杂多样的含义，实在不是一件容易的事。研究中国古代史的学者、地下文物的考古专家，为了辨识古文字记录的地名，确认那些古地名所标记的地点及其和现代地名的关系，不知耗费了多少精力，有的至今还留下了说不清的悬案。难怪英国的语言学家帕默尔在他的《语言学概论》里说："地名的考查实在是令人神往的语言学研究工作之一，因为地名往往能够提供出重要的证据来补充并证实历史学家和考古学家的论点。"关于这一点，这里只举一个小小的例子。在武夷山区，邵武市的东南部，有一条小小的"拿口溪"，小溪的两旁有"拿口镇"，还有"拿上村、拿下村"。据我的调查，这个"拿"，在邵武话有三个读音，"拿取"义读中平调，"抓捕"义读高降调，而这里用作地名则读低降调，正好和广西壮语用作"田地"的"那"同音。可见这几个带"拿"字的地名，就是早年壮族先民居住的地方，"拿口"就是一片田园的路口，"拿上、拿下"这两个村子就是拿口溪边上的村子。

这就是地名的内容所展示的景观。地名的景观就是历史上记录的地名给我们留下的与当地有关的三种最重要的信息：地理环境的信息，历史文化的信息和语言类型的信息。地理环境是客观的自然界，历史文化是社会生活的创造，语言则是人们认知客观世界和创造文化的凭借。有学者说，客观世界、人文创造和语言能力是人类认知、适应自然环境，创造、发展社会文明和不断改善、提高自我的三位一体的互动。也有学者认为，自然世界、精神世界和语言世界是人类创造的"三维世界"，看来是有道理的。至少，古今中外所存在的浩瀚的地名就证明了这一点。

二、地名社会应用的类聚系统

1. 地理实体的地名系统

地名在社会生活中的应用有明显的历史过程。早期的社会是人类适应自然的时代，原始人只能穴居、狩猎，采集野生果蔬借以果腹，居无定点，因此，漫长的原始时代，最重要的是逐渐学会认知与生存相关的自然地理实体、适应各种生活的环境，最早的地名主要是地理实体的名称。开山洞而居就有山名；傍水而居则有水名；在林中采集野果就有洞石林木之名；造独木舟出海便有海湾、岛屿之名。两千年前汉代编成的字书就收入了大量早期记录地理通名的用字：东汉许慎编的《说文解字》所收地名专用字达 800 多字，占全书用字近十分之一。《释名》全书 27 章，"地、山、水、丘、道、州"就占了 6 章，近四分之一；北魏郦道元的《水经注》则记录了水道、水域 2596 条，山丘两千座，聚落分为 10 类，共一千处，牵连的地名近两万个。这都是我们早先的学者记录下来的老祖宗认知大自然的伟大成果，值得我们珍惜。

　　见诸早期字书的地理实体地名举例如下：

　　汉代的《说文》："澳，隈崖也，其内曰澳，其外曰隈"，这是对通名的说解；《释名》："天下大水四，谓之四渎：江、河、淮、济是也。渎，独也，各独出其所而入海也"，这是对四条大江大河的简要说解；"水中可居者曰洲……小洲曰渚……小渚曰沚……小沚曰沰……海中可居者曰岛"，这也是对河海水域的解释。到了汉代，关于山体、水域、岛礁、港湾等地理实体的通名就已经相当完备了。

　　后来修订的地理书籍，则有不少关于地名的得名之由的记录。例如北宋的《太平寰宇记》就有关于芜湖县的"得名之由"的记载："以其地卑畜水泞深而生芜藻，故曰芜湖，因此名县。"

2. 人工地物的地名系统

　　进入文明社会之后，人类在改造自然方面逐渐表现了非凡的创造力。在不同的地表建造的各种人工地物，改善了人们的居住、耕作及其他活动的条件，后来也就成了区别不同地点、地域的用名。例如：

　　有关治水灌溉的：沟、渠、塘、陂、圳、堤、坝、堰、池、窟、坎儿井。

　　有关战争防御的关隘的：关、口、塞、堡、峪、隘、台、隘口、峪口。

　　有关交通、商业的设施的：步、铺、道、驿、道、渡、店、街、墟、集。

　　有关各种人工建筑的：楼、阁、园、院、苑、馆、舍、亭、台。

　　有些地名是中华民族历史上的伟大创造，不但世界闻名，值得骄傲，而且应该让子孙后代永远铭记。例如：

　　万里长城，始建于西周，历经千年，从河北到新疆，横跨 15 个省市自治区，总长 2.1 万千米，是世界闻名的文化遗产。

都江堰，世界上最长的无坝引水工程，在成都西郊，由秦昭王时代李冰父子设计建造，巧分岷江水，导入成都平原，至今还在收取分洪、减灾与灌溉之利。

红旗渠，当代中国的奇迹，农民大军奋斗精神的集中体现。河南林县的30万人在太行山间，十年之间，用锤、铲修成了1500千米的水渠，从根本上改变了当地人民的生产、生活面貌。

3. 民间聚落的地名系统

长期的古代社会里，先后大量积聚的是民间自行创造的小范围的聚落名称。这类地名结构形式多样，多有同地异名或异地同名，多用于口语，甚至未见于书面记录，通行面不广（有的只用于小方言区），缺乏明确规范，而且变异快，有的甚至读无定音、字无定写。

通名花样繁多。农村的聚落有村、社、里、庄、家、厝、屯、屋、宅、地、窟、堀、坊、堡，等等。城镇则有胡同、街、巷、弄、弄堂、场、宫、殿、庙、馆，等等。有时也套用地形、地貌的用字作为通名，例如：坪、坂、阪、坊、岭、埔、坑、墩、峁、峪、屿、浜、径、泾、郊、窖、溶、堰、港、湾、浦、岭、塱、滩、涂、湾。

至于专名，更是无边无际，信手拈来都可用作专名。如：香蕉、龙眼、杨梅、红菊、荔枝、苹果、梨树、槐树、松树、古柏、白杨等植物，牛、羊、猪、狗、鸡、鸭等动物。这类专名可能是当地常见的果蔬、植被或多见的家养禽畜，也可能是一种描状或比况。后来，地域地点越分越细，在通名的前后又加上方位词（上、下、前、后、内、外、东、南、西、北）、常用的形容词（大、中、新、旧、白、红、赤、小、长）、基数词（一、二、三、四）的，也很常见。

4. 行政区划的地名系统

人类进入文明社会之后，有了农业生产、商业流通，语言也有了书写和传播的文字，并逐渐有了文化教育活动，社会生活复杂化了，不同的部落、家族之间，有了争执，为了争夺生存的空间，瓜分从自然索取的物产，有时甚至会发生战争。不同的部落之间亟须进行语言文字的沟通。于是，部落就有必要推举自己的首领集团，制定种种初级的管理社会的规约。最早的地名系列应该就是在这个时候整理出来的。部族国家初步形成之后，大大小小的聚落，初步建立的重要地物设施，应该都有了约定的名称。有了正规化的国家管理之后，社会上就会有一批分层次的地名系统，这就是行政区划的地名系统。

经过商周两个王朝的千年行政运作，语言上形成了大体统一的汉语和与其相适应的汉字，用汉语述说的"雅言"和用汉字书写的《论语》《诗经》《道德经》已经是相当成熟的经典文书了。其中就有不少最早的地名记载。到了秦始皇统一六国，分天下为 36 郡，管辖着 1000 个大小不同的县，这就第一次有了行政区划的地名系统。秦统一六国以前，天子治国，采取的是分封制，把土地和人口一起分赏给亲族和功臣管辖，史称"封邦建国"，即《左传》所说的"天子建国，诸侯立家"。诸侯国全面掌控经济、军事、行政、文化的各种大权，各为其政。这就造成了东周数百年诸侯纷争的动荡局面。秦始皇建立的中央集权的王朝，一开始就改分封制为郡县制，变"分土而治"为"分民而治"的中央集权制。郡县的设立是从春秋时期开始的，战国普遍推行，秦王朝分设的郡，各设守、尉、监三个管理机构实施对县的管辖，所有郡、县都由中央直接管辖。从秦到清的两千年间，虽有几个短暂时期恢复了分封制，但基本上延续了三级郡县制，郡以上有固定或流动的监察区、节度使或省、道、路，州、府这一级（或称为军），只有基层的县的名称最为稳定。在边疆民族地区另有"都尉、都督府"（汉代）、都司、卫所（明代）等行政区划的设置。①

县以下的城乡基层，也设计了一些行政单位，秦代有"乡、亭、里"，唐代有乡（百里为乡）、里（百户为里），宋代设保甲制，10 家为一保，30 家为甲，50 家为大保，10 大保为都保。元代设乡、都、里。明代设里甲制，110 户为里，百户为十甲。民国初年设区、坊、闾、邻，5 户 1 邻，5 邻 1 闾，20 邻 1 坊，10 坊 1 区；百户以上为村，20～25 村为区（1929 年改村为乡）。②

可见，两千多年间的行政区划大体是一脉相承的，随着版图的扩大和人口的增长，行政区划设置的总趋向是由粗到细，从少层到多层。

三、地名结构的历时衍生系统

1. 原生地名和派生地名

从历时的角度考察地名就可以发现，最早出现的地名都是结构简单的词，在汉语多半是单音词。

---

① 可参阅周振鹤：《中国历代行政区划的变迁》，北京：商务印书馆，1998 年。
② 详情可参阅戴均良主编：《行政区划与地名管理》，北京：中国社会出版社，2009 年。

例如先秦的著作中就很常见。《左传》："我执曹君，而分曹卫之田以赐宋人，楚爱曹卫，必不许也。"《史记》："秦地遍天下，威胁韩魏赵氏，北有甘泉谷口之固，南有泾渭之沃，擅巴汉之饶，右陇蜀之山，左关崤之险，民众而士厉，兵革有余。"其中的地名几乎都是单音的。先秦的上古汉语以单音词居多，也有少数联绵词，这在地名中也有反映，例如秦代的郡名就有"邯郸、琅琊、会稽"，西汉的郡国则有"弘农、扶风、婼羌、玄菟"。中华民族的母亲河——长江、黄河，原来也是单音词，《说文解字》："江，水出蜀湔氐徼外崏山入海"。"河，水出敦煌塞外昆仑山发源注海。"秦汉之后，双音词逐渐增多，"江、河"从专名变成通名，原来的单音词改称长江、黄河。通名和专名连用也是地名双音化的途径之一。"巴郡、沛县、益州、山西、河南、上党、五丈原、九江、皖南、塞北、四平街、云梦泽、胶州湾、海南岛、雷州半岛、台湾海峡、中山东路、北四川路、云贵高原、东四十一条"等多音复合词和多层叠用的词组先后涌现；闽浙赣边区、杭嘉湖平原、沪杭甬铁路、京津冀地区、皖南、塞北、三峡、三吴、五岭之类的简称和复合地名，上海的南京路、福州路，台北的归绥街等移用地名以及闽粤人移居台湾所立的"同安村、漳州里、饶平村"等故土地名，举不胜举，全国把杭州西子湖直接仿称为西湖的，据说有36处。从单音地名衍生出来的各种复合地名，多层叠用、移用地名，仿造地名都可以统称为派生地名。

2. 口语俗名和书面雅名

最先出现的地名往往是本地人所造、运用于口语交际之中，后来写成文字又用于书面，才通行到外地。有的小地名是用通行面狭窄的方言称说的，并无文字可写；一旦有机会用于书面，还得使用通行面更广的共同语来书写，如果通语和方言或另一种民族语言差别很大，就会无法沟通，经过译写也会走样。葡萄牙人来到澳门，在"妈祖阁"登上岸，问本地人，这是什么地方，回答：makaok，他们就写成 Macau；抗战中，福建省会迁往永安县，外地人到省政府办事，问这是什么地方，答曰：andadi，原意是"唔得知"（意为"不知你说什么"），听者以为是"安达地"，便一头雾水。更多的时候是原先用方言命名，后来转换成通语时觉得太土，文人雅士便把它写成优美的近音字。1979年，我在龙海县给南方12省区地名干部训练班上课，调查实习时就发现，全县两千条村名竟有近200条这类口语说的和书面写法不同的村名，例如：角尾/角美、搭河/福河、林尾/龙美、塘北/崇福、上村/常春、斗米/岛美、壁炉/碧湖、沈宅/锦宅。另外，由于闽方言和普通话特别悬殊，因此，此类雅化地名在闽台两省特别多。例如，厦门的尽尾（原意是大陆的尽头）/集美、店前/殿前，安溪的上坑/尚卿，平和的涵后/安厚，永春的肥湖/蓬壶，泰宁的破石/宝石，福州的粪扫山/文藻山，福清的崩溪/丰溪，台北的崩山/彭山、鸡笼/基隆，澎湖的妈宫/马公、火烧棚/光明里，新竹的草山/宝山，真是不胜枚举。

从另一个角度看，口语俗名和书面雅名也是民间地名和官方地名的区别。和语言里的口头语与书面语，通俗语与规范语的关系一样，这也是地名在历时演变中的两个方面的推动力。俗名和雅名有别，有对立的一面，有时也能互相补充、促进或转化。应该认真搜集整理这类地名，研究其对立、矛盾以及调整、转化的规律，总结经验，推动地名的规范化服务和健康发展。

3. 历史地名和现实地名

地名有稳定、保守的一面，也有变异、发展的另一面。稳定是为了方便社会交际，变异是为了适应社会生活的变迁，两方面都是社会的需求，研究地名都必须关注。中国的历史地名有深厚的积淀，反映了大量的历史事实，历史地理学历来十分注重历史地名的研究。现实生活中也经常要应用历史地名，因为历史不能切断。把湖南改称芙蓉国，南京改称金陵，广州称为五羊城，别有一番滋味。古今地名在使用的过程中表现了什么样的规律，这是地名学必须认真研究的内容。在地名使用和创造的过程中，尤其是新建的地名，由于种种原因，必定会出现某些偏差，或重名，或仿造译名。因此，一个时期之后，现实应用的地名应进行一番调查、整理，经过必要的审定，建立地名的规范，编制当代的地名录、地名词典是非常必要的，尤其是处在急剧演变的现代社会，这些工作更加重要。为此，地名研究者和管理者必须经常关注旧地名的使用和新地名的命名，加以必要的管控，定期对地名作普查，清理同地异名和异地同名，考察新生地名，建立现实地名的音、形、义的规范，建立标准地名数据库，这也是现代化信息社会的要求。

地名的应用与其他词汇一样，在社会生活中应用无边。除了历史地名、现实地名之外，文艺作品中还会有许多虚拟地名，诸如"未庄、鲁镇，火焰山、通天河、大观园、荣国府、祝家庄、梁山泊"之类的地名，由于文学名著的普及，已经家喻户晓了，种种虚拟地名是如何存活和扩散的，也值得考察。

四、地名学是语言学的分支学科，也应该吸收地理学和历史学成果作综合研究

1. 地名学为什么建立得晚

地名是与人类文明社会同时产生的，早在语言形成早期就出现了。因为原始社会就需要称说经过约定的地名，以便约定狩猎集合的地点，或指明与其他部落征战的路线。有了文字之后很早就需要记录地名，先秦的古籍中就有许多地名的记录，距今将近两千年的汉代的《说文解字》，收录的地名专用字就有800多个，占全书说解的字数的近十分之一。但是地名学的诞生，不论是中国、外国，恐怕都还是不到百年的事。这究竟是什么原因呢？

原因之一是，地名现象牵连到多方面的因素。如上文所说，地名的产生是人类对大自然认知活动的成果，也是社会交际活动的需要；地名又是为地表的位置和范围所约定的名称，和人类认识地形、地物的能力和水平相关；地名一旦出现，在生活中的应用就十分频繁，随着时间的推移和社会经济、文化活动的复杂化，地名的数量越来越多，结构越来越繁复，变化也越来越快。而认知、研究地理现象的地理学内容深广，包括自然地理：天象、水文、山体、地形、地质；经济地理：物产、植被、生产部门开发、聚落、交通；人文地理：大地规划、民族分布和管理、行政区划、文化建设等，各有各的复杂研究内容，最关注地名的是测绘学，为了绘制地图，必须采集、记录准确的地名作为反映各种地理信息的标记。研究历史学主要为了理清社会发展的过程和阶段，朝代、政权更替的原因，国家和民族的形成和兴衰，社会经济文化的演进和发展。中国因为历史长、民族多，地名的沿革复杂，早就有了历史地理学科的考察，各种历史地图、地理志，搜集了大量的历史地名，积累了宝贵的地名材料。至于语言的研究，早期的语文学的研究往往和哲学、文学、文献、考古资料相结合，有了现代语言学之后，又着重于语言的系统和结构的研究，"就语言研究语言"，并未将只有词语形式的地名列为重要的研究内容。地名现象成了地理学、历史学和语言学都管但又不认真管的自我存在。

这样的多种现象相交叉而存在的事物，并非没有自己的系统，也应该有自身研究的理论和方法。

但是要形成独立的交叉学科，建立特有的理论和方法，往往要有特定的社会需求来推动，并经过长期的研究积累才能实现。

中国的地名学是在 20 世纪 30 年代丁文江、曾世英等人为了绘制《中华民

国地图》，认真搜集整理并在地图上定位的过程中逐步积累材料，才开展研究的。1977 年，联合国通过了用汉语拼音作为标注中国地名的国家标准，要求中国政府提供世界通用的标准地名之后，国务院成立了中国地名委员会，1979年举行了首次地名工作会议，并立即开展全国地名普查，几年间，成立了中国地名学研究会，办起了《地名知识》《地名研究》《地名》等刊物，编辑、出版了各种地名录、地名词典、地名志和一批系统研究古今地名的专著，可以说，中国的地名学是经过半个世纪的积累才初步建立起来的。

2. 地名学应该是语言学的一个分支学科

这可能是一个新的提法，主要依据有如下几点：

第一，所有的地名都以某种语言的词和词组的形式存在，每个地名作为词语，都有自己的音、形、义：读音和拼音形式、文字形式，为地定位、定类的基本义、命名义、附加义和引申义。词语的构成也必须遵循该语言的语法规律。

第二，地名系统中也同样有异读、异形（字形异写）、同音、同义（同地异名）、重名（异地同名）等现象。

第三，地名和词汇一样也有古今之别、雅俗之分，有书面语与口头语之异，地名用字也有可能有文白异读。可见，地名词语和一般词语的结构规律是完全一致的。

第四，和语言一样，地名也有更替和变异，地名的演变也反映民族的迁徙、方言的分化和不同民族语言的借用，以及自然环境和文化内容的变迁。

第五，地名学和语言学一样应该进行共时系统和历时演变的研究，应该进行不同语言之间的比较研究和所有语言共有的理论研究。

总之，地名学的研究必须全面地运用现代语言学积累起来的理论和方法。只有全面引进语言学的理论和方法，地名的研究才能走上科学的道路。

3. 地名学也有独特的研究课题

由于地名是自然地理实体的名称和城乡聚落及行政区划的名称，又是不断演变发展的历史文化现象，因此，地名学研究也应该吸收地理学（尤其是地图学）和历史学（尤其是历史地理学）所积累的地名资料，借助其理论和方法进行综合研究。而作为语言学的一个分支学科，地名学也应该有自己特有的一些研究内容。以下试列举几项常见的项目：

第一，专名和通名的结构研究。从人类认知的历史进程说，认识客观世界总是从具体的个体开始，而后进行类别的概括和区分。最早的地名只有专名

（例如长江只称"江"），后来认知的事物多了，发现许多个体可以归纳为类别，这就有了通名。随着认知的进展和社会生活的复杂化，不同的通名越来越多，同样的地理实体在不同时代、不同地域也都有许多不同的通名。总的说来，完整的地名都是由专名和通名组成的，通名指类，专名定位，一般来说并无不妥，但是在口语中通名经常省略，有时就会混淆不清。例如只说"吉林"就不知道是指吉林省，还是吉林市。因此必须研究通名省略和不省略有什么原则。古今通名、方言通名积累多了，又是地理实体通名，又是聚落通名，又是行政区划通名，同地异名、异地同名接踵而来，不同地方的人相互理解就会发生困难。因此，应该研究有没有必要把多种多样的通名整理成简明易懂的系统，删除或调整古代残留和小方言所造的通行不广的通名。有些地方好用人名作为村名，例如湖北黄石、大冶一带用人名作为地名的村庄占了40%，还有些地名过于常见，如河口、山前、白沙、石桥，很容易引起重名，这都是值得研究的问题。

第二，有关历时演变的地名读音和用字的问题。有的地名世代相传保留了古代读音，如广东的"番禺"照方言的今读 punyu 折合为 panyu，长汀的"涂坊"，当地读 tubiong 却定为 tufang；山东省的费县当地已经不读 bixian，安徽的六安也已读成 liu′an，这些读音是不是应该有个统一的处理原则？生僻字和生僻音淘汰谁，也是个问题。例如，"镐京、亳县、浚县、黟县、盱眙、蚌埠、天台"这些地名，保留原来的生僻字和生僻的异读音，势必造成识字、正音的困难，也不符合精简汉字和减少异读音的语文规范化的要求，把前面的四个生僻字换成同音字（浩京、博县、迅县、仪县、徐宜），二者都能避免，把后面两个多音字"蚌、台"改变其异读音，也许是个好办法。有些地名常用字，同字异读，字意也不相同，例如广东的"黄埔"，当地的读音是 bòu，音同"布"，词典上注的是 pǔ，音同"浦"，是水边的镇，"大埔"读 bù，本地音也是去声，是丘陵地的县城；福建东山新县城"西埔"，本地音读 bū，普通话怎么拼写，都值得研究。又如，南北都有不少地方所用的"堡"，有 bǎo、bǔ、pù 三种读音，各表不同意思，是按音换字，还是留下多音字？最好也要加以处理。不少方言地名用字或是字形怪异，或是读音难于折合拼写，也很费思量，例如浜（读同邦）、涌（读同冲）、滘（读同教）、氹（读同荡）、塂（义为边沿，读同前），还有北方用得不少的"塬、墚、峁、垴、崮、坨"，在审定标准地名时也会遇到如何处理生僻字、异体字和异读音这类难断的问题。

第三，地名的命名法也是地名研究不可避免的、有意义的课题。最早出现的地名，和语言里造词最早的核心词一样，往往是最常用的单音词，那时语词的音义是偶然结合的、不可论证的，后来造出来的多音复合词则是用已有明确含义的语素结合起来的，语素义和词义大多有直接、间接的联系。因此，大量的地名都有某种"命名之由"，可称为命名法。

最早的地名可能只是指称个体地理事物的专名。法国人类学家列维－布留尔在《原始思维》一书列举了他所调查的许多大洋洲的地名，都是个体专用的地名，而没有表示类别的通名。这和早期的汉字表示一岁、三岁的猪有不同写法，作为猪的通称却是后来才有的，道理是一样的。地名的命名法反映了人类对自然的认识过程，在地名中不断加进了自己对大地的情感和愿望。透过地名命名法的研究不但可以看到这些现象，还可以看到命名之后的漫长岁月里该地的自然环境和人文生活所发生的种种变化。例如，沿海的一些称"屿"的地名，先前可能就是海域，龙海县是九龙江的冲积平原，莲花乡山后村有"仕兜"，步文乡有"书都"，读的都是"屿兜"的音，可能在海侵时期，那里还是个海域，附近的龙头山和东后山只是个"屿"，海底隆起了，就有了聚落，原先的"屿"成了"山"。又如，陕西是汉唐时代的经济文化中心，据史念海统计，全省古今 500 个县名中，因水命名的 108 个（如延川、白河、清涧、泾阳、礼泉），《史记·货殖列传》说："关中之地，于天下三分之一，而人众不过什三，然量其富，什居其六。"足见当年水利好、经济发达，咸阳古道、曲江柳不知有过多少诗词吟咏。后来由于战乱和生态的破坏，民不聊生，李自成不就是从那里造反起家的吗？洛阳古都附近有"五城岗"，因为有这个地名，1977 年在那里发掘过大批夏代文物。这都是地名提供了历史地理信息的好例子。

五、地名研究必须在调查基础上作认真的考释和分类

1. 地名的语言学调查

地名是语言中的词语，掌握准确的地名资料是地名学最重要的基础工作。地名的资料包括现实应用的记录材料和可以搜寻到的历史语料。后者包括地方志、乡土志和其他有关的记录文字，应该运用历史学、文献学的理论和方法，主要是鉴别真伪，区分主次、优劣而决定取舍，经过整理后加以录用。以下着重介绍运用语言学的方法调查现实应用的地名。

（1）记音。采集地名资料，如果是使用普通话的地区，可以用汉语拼音

直接拼注地名的音，如果是方言和普通话差别较大的地区，应该用国际音标记音，最好找当地的中老年人，发音比较稳定、准确，为避免差错，可以找几个人询问和比较。记音的人必须经过一定的训练，掌握国际音标和当地方言或民族语言的音系和标音法，如果当地方言没有人记录过，至少得找到附近同类方言已有的可靠材料作为参考。如果当地有不同读音（旧读与新读，老人读音或青年人读音）则必须加以注明。记完音必须录音，保留音档以便日后核对。而后还要找出方音和汉语拼音的对应关系，按照语音对应规律折合成汉语拼音的标准形式。例如台湾闽南话的"番社"［huan¹sia⁶］折合成 fānshè。方音和普通话标准音要理出对应关系，必须经过方言调查的训练。这方面应该用专门的汉语方言调查的教材进行训练，这里不再细说。

（2）注字。所注的字必须是当地当时通行的写法。如有不同写法应该同时记录备注，说明不同写法出于哪些人之手。至于究竟是本字、古字、同音字、俗字、方言字、训读字或错别字，可以先不作结论，待考察、研究后再确定。确认为本字或古字必须有字书或古籍的依据，例如《广韵》《集韵》的"反切"，《古今字音对照手册》的注音，或《说文解字》《康熙字典》的注释。方言字则可以查查有没有当地的韵书、方言词典或 19—20 世纪间教会罗马字词典的记录。例如"楑兜"是福州的方言字，意指"树下、树旁"。同音字指的是方言同音的字，例如吴方言的"崖浪"指的是"崖上"；"白相"是"玩耍"的意思。俗字则必须是当地人普遍认可的，例如广州话的 m（阳去，不）写为"唔"，湘方言的 mou（去声，没）写为"冇"。训读字是同义而不同音的字，例如闽方言称人为"侬"，但一般都拿"人"作训读，如"新人山"读的是"新侬山"的音。

2. 地名的源流考释

如果说地名的调查是共时研究的基础工作，那么，源流的考释便是历时的研究。上文说过，大多数地名都有久远的历史，是不同年代由不同的人群命名的，有的地名源于古代汉语或早期的方言，历时久远之后，命名时的用字虽然并不生僻，但旧时的音义现在就难以了解了。例如：塘，在多数地方都指的是池塘，但在吴方言地区，可以用来表"挡水的堤防"。范寅的《越谚》说："塘，捍海堤防也。越都南山北海东西皆江，潮咸不粒，筑土卫之，潴淡水隔咸水以保良田庐舍。非如别县田中储水处曰塘也。"找到这个语源的解释，疑难就解开了。

另外，因为中国有很多民族语言，不同民族曾居住过同样的地方，所以同个地区的地名就可能有不同的民族语言的来源；汉语的方言也很多样，有的方言和共同语的语音、词汇差别很大，有些用方言命名的地名的音义，不同方言区的人可能很难理解。关于这一点，也可以举几个例子。元代之后才在北方话用开的"胡同"一词，据张清常教授考证，它是蒙古语 xutak 的译音借用，原意是"水井"，"戈壁"有时也用作村名，也是蒙语的音译。南方壮侗语留下的"底层"地名，表示"水田"的 na，一般写为"那"（或在下方加个"田"字），分布在雷州半岛、广西、贵州、云南，并延伸到缅甸、泰国和老挝。游汝杰曾据此论证了这是古越人成功的稻作文化的最佳记录。另外，在湘赣客粤这些方言区，称水稻为"禾"，那一带就有许多带"禾"字的地名，如湖南有嘉禾县，江西有禾仓镇，广东有禾仓角、禾仓岗，等等。闽南话称榨糖的作坊为"糖廍"（廍是方言字，音 po），闽南人开发台湾之后大种甘蔗，1890 年之前，全台就有糖廍 1275 个，现在全台还有以"糖廍"命名的地名 25 处。

3. 地名的类聚和类型区或类型特征的考察

每一个文明时代，地名总是形成共时系统的。在调查和考释的基础上，必须对得到的地名语料进行排列比较，理出它的系统，比较是科学研究的基本方法。经过类聚和分析，有的可以划分不同的类型区，有的可以提取不同的类型特征。经过比较可以归纳类型，分别了类型还可以提取特征，这就是认识复杂的社会现象的有效途径。

我国幅员辽阔，历史悠久，民族众多，方言复杂，要为数量庞大的地名进行分类，区分不同类型，提取各种类型特征，真不是一件易事。传统的地名研究因为没有建立系统的观念，往往集中于单个地名的考释和探源，搜寻有关地名的趣闻，因而在类型比较方面没有给我们留下多少经验。这里只能提出一些思路，为今后的研究提供一些参考。

既然地名是为地理实体所定的区别符号，是历史文化的记载和反映，又是以语言的词语为表现形式的，为地名分类并考察其特征，也应该从这三方面的视角入手。

（1）地理的视角。

自然地理方面，高山、丘陵、平原、沿海有不同的地形、地貌、植被和人工建造的地物，所分布的地名也有明显的差异。内蒙古草原一望无际，极少山水林石，像"敖包（堆起来的乱石）、碾子、窑子、油房、庙"等，都会成为重要的地物标志，连这类地物也很少见的地方，用方位词加在通名前面的地名特别多，1976 年《中华人民共和国内蒙古自治区地名录》中，前加"东、南、

西、北、前、后"的地名竟有 960 处，用数字冠名的重名也不少，二道沟 13
处，三道沟 11 处，二号 12 处，一间房、五星、八号各 10 处。而在江南水乡
的河网地区用多种多样的水文样貌和灌溉设施为村庄命名的就特别多，例如绍
兴水乡，据董铭杰所列，带"江、湖、塘、湾、浦、港、渎、溇、埠、埭、
堰"等通名的地名就有 50 多处。

　　人文地理方面，人口密集的城乡和人口稀少的林区，历史文化名城和新开
垦的农场的地名也差异悬殊。例如，北京古都有六千多条胡同，用历代名人
（文丞相、麟阁）或普通人（吴老儿、宋姑娘）、市场（牛街、米市）、寺庙
（白塔寺、白云观）命名的就不少。上海大都会是在短时期内崛起的，只好移
用外埠地名，例如黄浦江以西与江平行的以"四川、江西、河南、山东、山
西"等 12 个省名为路名，沿苏州河向南，则移用了"北京、南京、九江、汉
口、福州"等 5 个城市名。河南是中原古国林立之地，至今还在县市名中保留
着春秋以前的 12 个古国之名：禹、密、许、蔡、项、息、邓、巩、杞、温、
虞。另据解玉忠调查，1954 年由 13 个师、171 个团组建的新疆建设兵团，分
布在 57 个县市的荒野中屯垦，在 20 世纪 60 年代 161 个农牧场中，用政治术
语命名的 55 个，用序号命名的 38 个，占比近三分之二。珠江三角洲自元代以
来，利用珠江丰沛的水量带来的泥沙围垦造田，先后修筑围堤 400 多条，长达
50 万丈，至今顺德、新会、东莞、中山等县还保留了大量带"围"字的地名，
记录了这个千年的农业壮举。①

　　（2）历史的视角。

　　现实应用的地名系列往往是某些重要的历史事实或突出的历史事件的集中
体现，表现了地名系统的区域特征或突出的特点。举若干典型的例子如下：

　　河西走廊早在两千多年前汉代开辟丝绸之路的时候就有戍卒留守屯垦的重
要举措，《汉书·西域传》说："初置酒泉郡，后稍发徙民克实之，分置武威、
张掖、敦煌……于是自敦煌西至盐泽，往往起亭，而轮台、渠犁皆有田卒数百
人，置使者校尉领护，以给使外国者。"唐代的《元和郡县图志》则有东汉以
后相关事实的记录。至今那一带还保留着与此相关的地名。例如，金塔县有
"上八分、中五分、西四分、东头分"等村名；玉门市有"上下东号、西红
号"，民勤县则有"中七号、头分、东、下正方形、十八石"等村名，均与当
年划分屯垦地域有关。又如，湖北省长江两岸的蒲圻、嘉鱼、洪湖等县因为是
三国鼎立争夺天下的鏖战地，现有 101 条地名与当年的故事有关：周郎湖、周

①　司徒尚纪：《岭南史地论集》，广州：广东省地图出版社，1994 年。

郎山、黄盖湖、孙郎州、孙郎浦、子敬岭、孔明桥、关王庙、吴主庙、大乔坪、小乔坪等与人物有关，布阵山、司鼓台、晒甲山、走马滩则与战事战场有关。还有，台湾岛内闽粤两省移民到处都是，仅在面积最小的彰化县，据《台湾省行政区划概况地图集》（1992 年版），闽粤故籍地名就有至少 45 处，例如：南安、安溪、诏安、兴化、泉州、永春、同安、惠来、大埔、梅州、饶平、陆丰、海丰，等等。

（3）语言的视角。

地名中的民族语标志、方言词的考证和外国地名的识别，对于了解在该地居住过的民族和所使用的方言以及外国人的活动都有重要的意义。因此，为地名透视语言的归属也是地名类型特征考察的重要项目。

少数民族居住区的地名中可以提取出许多当地民族语的成分，据此可以构成民族语言类型区。举例如下：《中华人民共和国内蒙古自治区地名录》（1976）带"查干"（蒙语白色，转写为 Qagan）的地名 204 条（例如查干诺尔 23 处，查干敖包 18 处），带"巴彦"（蒙语富饶，转写为 Bayan）的地名 192 条（如巴彦布拉格 42 处，巴彦诺尔 22 处，巴彦乌拉 18 处）。在黑龙江省，也有不少地名带有满语的成分，单是县市名中就有 12 处，例如：哈尔滨（满语义为晒网场）、木兰（围场）、齐齐哈尔（边地）、拜泉（宝贝）、安达（朋友）、宝清（猴子）。又，早在 20 世纪 30 年代，徐松石的《粤江流域人民史》在研究壮族地区地名用字时就指出，那、都、思、古、六、罗都是壮语地名用字，以《广东省地图册》的罗定县为例，带这些字的地名就有：罗平、罗定、罗诚、罗坪，都门、都近，六冲、六竹，思理街、思围，等等。

汉语的地名大多已经有千年的历史，是在数百年前形成的，当时的村落通行的是官话以及吴、闽、客、赣、湘、粤等南方方言。官话形成的现代通语的普及只是近百年间的事。因此常用的通名和重要的附加于通名的方位词等，许多都是方言成分。例如，关于地形、地貌的方言通名就有：北方官话区的"原、墚、峁、圪垯、嵝嶮"；长江三角洲的"浜、泾、溇、堰、汊"；东南丘陵地的"垵、隔、坂、坪、坑、澳、峇、墩、嶂、墩、垄、坡、陂"；珠江三角洲的"涌、滘、氹"，等等。关于聚落的通名有的是一种方言独有的，如：闽语区的"厝"（表示家、房子，如张厝、李厝、三块厝），官话区的"胡同"，吴语区的"弄堂"；有的是几个方言共用的，如农村的集市，湘、赣、客、粤、闽都称"墟"，官话称为"集"（北方）或"场（西南）"。还有一些常用作附加成分的方位词也有许多方言差异，例如官话区的"边、头、上、下"，吴方言说"厢、浪"（里厢、边浪），闽方言说"墘、顶、骹、兜"（溪墘、山顶、山骹、树兜），粤方言说"便"（入便：里边），客家方言说"背"（岭背：岭下）。

同一个方言区里边的同一个通名还可能有几种不同的说法。例如一般都认为西南官话内部的词汇是比较一致的，然而，我调查过《贵州省平坝县地名录》，发现该县通名有"坝"64 处，"寨"142 处，这在云南、四川却很少见。

同一个省份分布着几种不同的方言，有时就可以从通名的分布，看出省内不同方言的分区。我曾经对 24 个方言通名词语就福建省内的不同方言区进行了类聚比较，结果发现，仅见于闽方言区的是"垵、埕、兜、坂、厝、寨"，多见于内陆闽方言（闽北和闽中）的是"垳、垆"，多见于客赣方言的有"坊、塅、岬、峚"。[①]

六、地名学的研究还应该注意发掘地域文化的底蕴

地名虽然只是一个个为地理实体、社会聚落和行政区划所约定的名称，但是，作为语言词汇系统的一个重要部分，在形成完整的系统之后，却体现了人类认知世界的智慧，为人类的交往和文明建设作出了不可磨灭的贡献，在千百万年人类社会的发展过程中，积聚着丰富的文化蕴含。尤其是一个历史悠久、人口众多的大国，庞大的地名系统必定具有深刻的文化底蕴，认真地发掘这份历史文化遗产，对于提高人民的文化自信，自觉地用好地名，推动国家的建设都有重要的意义。以下谈谈地名如何反映多层的文化特征。

1. 地名反映了人类初期的精神文化活动的共性

语言是全人类都有的本能。直立使原始人解放了双手，能从事复杂的劳动，制造工具，发现了火，学会了吃熟食，使大脑得到充分的发育，直立行走后又使喉部和口腔的共鸣器打通了，因而有了各种元音、辅音的发音能力，从而具备了语言和思维的能力。有了语言，能够认知世界，就有了地名。语言（包括其中的地名）形成的初期，由于人类尚未具备复杂的抽象能力和推理能力，最早的语词所表达的概念是综合的、具体的；但是，在长时期的使用之中，经过无数次的重复而约定俗成，这些最早的概念一旦定形之后就必然是稳定的。就汉语来说，"人、头、手、心、田、地、山、水、一、大、上、下"这类核心词的音义，从甲骨文到现在一直没有重大变化。两千年前的《说文解字》所记载的一批女字旁的字，既是地名，又是族姓和部落首领的雅号，

---

① 可参阅李如龙：《从地名用字的分布看福建方言的分区》，《地名与语言学论集》，福州：福建省地图出版社，1993 年，第 152 - 174 页。

例如，"姜"是神农氏之姓，既是该族的指称，也是他们居所的地名，以黄帝为首领的部落姓"姬"，住姬地。虞舜姓"姚"，居姚地。可见，早年的传说中地缘的地名与血缘的族称和部落首领的姓是三位一体的。该书关于水名的记述至今也没有大的变化："浙"在会稽山阴，"滇"为益州池名，"洮"出陇西临洮东北入河，"汾"出太原晋阳，"汩"出长沙汩罗渊，"湘"出零陵杨海山。也都是些可靠的证明。

在描述地理实体时，往往就近取譬，拿人体的名称去形容地形、地貌。例如头（顶）、口（嘴、咀、喙）、角、脚（骹）、背（义为后）、面、心。有些还从人体部位引申为方位词，例如"口外、头上、上面、面上、角上、脚下"，然后再用来组成地名。在全国范围内，河口、山口、湖口、水口、路口、海口、渡口、林口、龙口、蛇口、浦口、店口、杀虎口之类的地名恐怕很难统计周全。在其他语言里，这种情形也同理多见，例如英语里就有：mouth、head、top、nose、foot 等等。

2. 地名反映了民族文化的特征

这也是世界上各国地名共有的特征，但是具体内容则有各种各样的差异。考察民族文化特征大概可以从下面几个方面入手：

（1）地名反映民族文化的信仰与图腾。中国人自称"龙的传人"，全国各地不分民族和地域，都有许多带"龙"字的地名。龙头、龙口、龙山、龙门、龙溪、龙江、龙川、龙街、龙凤、黑龙、白龙、蟠龙、九龙、青龙、黄龙、金龙、云龙、飞龙、神龙等，真是随处可见。据统计，《中国地名词典》《中国古今地名大辞典》和《中华人民共和国分省地图集》所收的带"龙"字的地名分别有 292 个、360 个和 136 个，开列出来就是很长的名单。

岭南地区的原住民是古越族，历来就有"鸟田"（鸟能助人耕作）的传说，还有"鸡卜"的神话。广东的地名中有不少带"鹤"字的：广州有鹤洞、鹤村、鹤鸣、鹤边，番禺有鹤州、鹤溪、鹤庄，深圳有鹤园、鹤村，龙川有鹤市、鹤联、鹤洞，惠阳有鹤浦、鹤湖、鹤山，博罗有鹤田、鹤岭，怀集有白鹤寨、白鹤山。可能都是这种图腾留下的证据。

中国本土产生的宗教只有道教。道教崇尚由凡人修炼的具有各种武艺和才华的能人，并且能助人为乐、行善好施，所以受人崇拜。许多地名都有这类神仙的故事相传，因而用"仙"字造地名：浙江有仙居县、仙岩、仙溪、仙降镇，福建有仙游县、仙阳、仙都、中仙镇。世界最高峰珠穆朗玛峰的得名，相传来自久穆后妃神女——长寿五姐妹的传说。

（2）地名传递了民族文化中的核心道德观念和历史传承的政治观点。几千年的大一统的中华文化传统，汉、唐等兴盛王朝给人民留下了深刻印象，并且形成了浓烈的民族自豪感。在家国情怀中，人们总是怀念并向往着太平昌盛、兴旺发达的生活。在道德观念方面，忠、孝、仁、义、信也是受到普遍推崇的。这种价值取向往往体现在地名的命名中。许多地名都以"安宁、昌兴、太平"的字眼或者用"忠、孝、仁、义、信"来构词。在《中国地名词典》《中国古今地名大辞典》和《中华人民共和国分省地图集》三部词典中，头字带有"安、宁、昌、兴、太平"的地名多达 1156 处，用"忠、孝、仁、义、信"作首字的就有 354 处。在普通百姓中，能体现这些精神的英雄人物更是受到尊敬和推崇。许多宫庙、经典都和这些人民崇拜的英雄有关。关帝庙、岳王祠、妈祖宫、中山街、成功大道之类的地名不避重复，比比皆是，就是这个道理。在洛阳南郊的龙门山下，有一口温泉名为"禹王池"，显然是中原故地的人民怀念传说中的大禹这位治水英雄，用他的名字来命名并且附会了一个美丽勇武的传说故事，来演绎他"三过家门而不入"的精神和事迹。

3. 地名反映了地域文化特征和时代风尚

地名不但反映民族文化的特征，也反映了地域文化的特征。人们从小在故乡生活，在童年的语言习得过程中，对于家乡的地名的了解必定是熟练而深刻的，有关本地的历史、习俗以及各种掌故、趣闻也最先留在童年的记忆之中。这种最初的记忆浸透了浓郁的乡情，成年之后便是值得怀念，甚至是驱之不去的乡愁。不管是城市或农村，有水平的家长和小学老师若能善加引导，对于下一代的成长，一定会有正面的效益。

不同的城市有不同的文化内容和特征。研究地名必须多了解它们之间的不同特征。北京古都到处都洋溢着宏伟的气概。不论是故宫的帝王之气，王府井的繁华之气，万寿山、昆明湖的宽松、宁静、和谐之气，琉璃厂的书画和古董的典雅之气，万里长城的雄伟大气，还是那数千条千奇百怪的让人记不胜记的胡同名字，初次见到的都会追忆无穷、赞叹不已，何况长期徜徉其间的老北京！至于现代化的大上海，既有百年前的外滩和旧"租界"的老建筑，又有浦东新区的高楼大厦，黄浦江外、洋山港的远洋巨轮，城隍庙拥挤的老街上的小吃就显得没有太多的吸引力了。千年前中国的南大门广州，如今周边已是热火朝天的现代化的工业新街区，旧城的流花湖、荔湾、芳村则依然流淌着新鲜花果的香气，大大小小的茶楼终日满座，海鲜生猛、小吃精致，乡人谈笑风生。黄花岗、先烈路、执信路、陵园路静悄悄地留下百年前硝烟，和令人怀念、崇敬的记忆。

在无限辽阔而多姿多彩的农村，湘西的张家界、武陵源、凤凰古城如今已经是游人如鲫了，江南水乡随处有家庭旅馆，穷乡僻壤和广袤的沙海有车队穿梭，深远、浓密的原始森林和人口稀少的小岛则有年轻人架起的色彩斑斓的度假帐篷。以往无人知晓的小地名正在旅游热潮中迅速普及，先前鲜为人知的偏远地方的文化特征正趁着旅游业的脚步走向全国、走向世界。

至于改革开放以来发展起来的新城、新区、新街，遍布各地的立交桥、高架路、高铁站、高速公路服务区、连锁超市、特快专递的收转站、航站楼、电视塔、游乐场，乃至贵州深山里的"天眼"，文昌县郊的卫星发射站……所有的这些新建的站点，没有庞大的建筑群，也得有独立的楼、馆，至少还要有大小的路标和牌匾。这其中又有多少新地名？又蕴含着多少新的文化内容？跟着这样的新时代前进，要做好大量新地名的调查研究确实不容易呀！

七、地名学的应用研究

1. 地名学研究应该以应用为目标并接受应用的检验

地名是社会生活经常应用的工具，研究地名自然需要探讨它的结构、读音、用字、来历以及演变的规律，从而提升为理论认识，但是，地名学研究的结论是否符合客观实际，是否利于应用，这就必须在实际运用中加以检验。随着自然地理和社会生活的不断变化，旧地名淡出生活，新地名不断涌现，地名标志的方位、意义、读音都可能发生变化。研究地名的根本目的是用好地名，因此，地名学工作者必须时刻关注地名的应用，研究如何应用才能发挥地名在社会中的作用，还应该经常考察地名在应用中发生的新变化、产生的新问题，从中了解地名演变的规律以及人们在使用中如何掌握其演变规律，以利于应用。应该说，地名学在人文学科当中是更偏重于应用的学科，应该更重视地名的应用，在应用中检验地名学研究的成果是否符合客观实际，是否有利于社会，从而推动地名学的发展。

地名是语言词汇的一部分，是按照语言的规律组成的系统，又是记录地理实体的名称，体现一个个地理实体的方位、形貌以及在共时系统、历史演变过程中的作用和意义，因此，地名学的应用研究也就必须有语言学家、地理学家和历史学家的参与。地名在社会生活中的应用，应该有政府行政部门的领导、管理和有关事业单位的配合，因此，地名学的应用研究必须由行政领导机构牵头，研究部门和事业单位配合。由此可见，地名的应用研究是一个系统工程，必须有许多部门的紧密配合和通力合作才能获得成功。

从这个意义上说，应用就是地名存在、健康发展以及为社会生活服务的生命力所在。

20 世纪 80 年代中国地名学刚起步的时候，由中国地名委员会和测绘研究所牵头，成立了地名学研究会，组织了一些高校和有关研究所的专业工作者、出版部门的人员，从调查入手，密切配合，开展研究，举办各种工作会议和专业研讨会；创办刊物，发表研究成果和工作经验；出版了一系列的地名录、地名图、地名志、地名词典，为中国地名学的建设打下了良好的基础。那二十年间的经验是很值得重视的。

从 20 世纪 90 年代到现在，又有三十个年头过去了。这三十年正是改革开放进入深度发展的时期，我国经济社会和科学技术以空前的速度不断进步，城镇化、都市化改写了众多农村的疆域和地名。各种地图（城区、新建工业园区、外贸港区、新建的旅游区与景点，等等）、交通图册（高速公路、高速铁路及其经过的涵洞、桥梁，飞机的航线、航站楼）、新造的大型建筑物（作为城市地标的摩天大厦，纪念地的堂、馆、碑、园，购物中心，等等）几乎是每天都在增加批量的地名。说地名天地里是日新月异的景象，是一点也不夸张的。这种新地名风起云涌的年代对于地名学和地名工作来说，正是考验和锻炼的好机会，让我们认真思考：我们对原有地名的认识是否正确？如何鉴定和评判新产生的地名？在急剧发展的时代如何改进我们的地名管理工作？

2. 关于地名的规范化还有许多尚待解决的问题

我们在第一次地名普查中已经积累了不少资料，也认识到规范化是地名研究和应用管理的第一要义，并且发现了不少尚待进行规范化处理的问题。目前看来，当年提出的地名规范问题并没有完全解决。以下试举出几条：

（1）通名还没有进行全面的整理。通名为地定类，专名为地定位。定类有限，定位无穷。定类反映了我们对于地理实体和聚落的种类有没有明确的理解和区分，能否划定大小类别的界线，提取各个类别的区别特征，对于社会管理的行政区划有没有合理的设计。关于自然地理实体和城乡聚落的分类，古今有别，南北多异，历来未曾进行全面的清理，在书面语，自然地理实体的通名还比较规整，古今差异也少。例如山、岭、峰、岗、江、河、湖、海、岛、礁、港、湾；而城乡的聚落在方言口语之中简直是五花八门、杂乱无章。不但有同类异名、异类同名，同音异形、异音同形，而且怪字林立、怪音无穷，要用汉语拼音转写就会碰到许多困难。本书前面的有关章节已经提到一些，可以参考，这里不再举例。关于这方面的问题可能得采取灵活的原则，或承认历史，尊重现实，维持现状，例如云南省的三个湖泊：泸沽湖、洱海、滇池，用了三个不同的通名，反映了不同时代对地理实体的理解不同，命名各异，现在已经说惯了，恐怕都不好改动；但是，在杭嘉湖地区和珠江三角洲，同是表示"小河汉"，有"浜、泾、溇、汇、浦、渚、堰、冲、涌、氹、荡"等不同的通名，是不是应该做些精简合并？至于"堡"有三种读音，分别表示不同的含义，"墟"又写为"圩"，"圩"又作为"围"的异体字，这恐怕是应该作必要的规范处理的。重要的是要有一些规范处理的原则，又不能过于生硬执行，得有些权宜之计才好。还有，什么情况下通名可以省略，也得有个明确的规定，不能任意处置、各行其是。

（2）关于地名的字形、读音和释义的审定，要达到规范的要求，遇到的难题就会更多，还需要更细致的研究。汉语地名所使用的汉字是世界上独一无二的意音文字，表意功能只能分别义类，标音功能更差，但是已经使用了数千年，和汉语长期共处，既矛盾、斗争，又让步、磨合，如今已经达到了默契与和谐。晚清开展改良运动时，一批新旧文人曾经提出，把汉字改为拼音文字，经过近百年的研究和试验，最后的结论还是：拼音化不适宜于汉语。1958 年我们制定了汉语拼音方案，拿它作为拼注和教读标准音的工具，直到 1977 年，联合国才通过决议，以汉语拼音作为拼写汉语地名的国际标准。从此，方块汉字也可以随时转换成汉语拼音和世界接轨了，这就为建立中国地名的汉字系统发放了通行证。然而，用汉字来拼写汉语地名，一系列的麻烦事我们还得一样一样地做。

地名中古代传下来的怪字（如亳县、甪直），给精简汉字字数造成极大困难，要不要改成常用字？以前改过青海省的亹源县、山西省的盩厔县的怪字，几十年过去了，说明这一招是绝妙之招，完全可以复制的。这类地名专用字还有一批，单是《说文解字》传下来的"水名"就有：涪江、沅江、洮河、沔水、湟水、洮河、浐河、淯河、洨河、滇水等，为数还真是不少呢！这个沉重的历史包袱真是该放下来了。

地名中的方言字至少有几百个。有的使用频率很高，也已收入字典，认识的人不少了，可以考虑放行，例如北方的"塬、峁、墕、堟"，闽粤的"厝、寮、埔、堏"，那些只在个别或局部地区使用的，字形又难以识别，只好予以精简，找个合适的字去代替。例如闽、客家方言"陂"多读为 bī，湖北读为 pí，台湾写为"卑、埤"，闽西有的还写成"坡"（上杭有苏家坡），能不能音字分类，"陂""卑"读 bēi，"坡"还读 pō？

字形和字义交叉，造成混乱的就不只是用字不当，还会引起误解或混乱，需要做好规范化处理。例如，"堡"有三种读音：bǎo、bǔ、pù，各有不同语义，也许可以合并前两种读音为 bǎo，把 bǔ（"有围墙的村镇"）作为方音也折合为 bǔ，最后的 pù 换写成"铺"，取"十里为铺"之意。

还有少数同名异实的可以在地名词典中加以必要的解释。例如水坝的坝，原指的是"山间平地"，《集韵》必架切，注："平川谓之坝"，贵州平坝县的坝子特别多，该县朝田乡的 35 个自然村就有 8 处名为坝：坝头、猫坝、蒙坝、大湖坝、小湖坝等。后来水坝的"壩"简化为坝，就成了同名异实了。福建丘陵地区类似这样的大片平地往往都种植了大片的水稻，闽方言称之为"洋"，意义合于《诗经》所谓"牧野洋洋"，后来"洋"用于"海洋、洋流、南洋"，"洋"也就成了多义词。区别这类同形异义的任务可以交给地名词典。

更麻烦的是异体字。在交通闭塞的年代，许多小村落的地名只是在本地使用，并不通行于外地，不同地方的人各有各的写法，地名普查时就发现了许多这样同音同义而写为异体的字。例如北方官话区把小土丘称为"疙瘩"，为了表明它不是皮肤上的病变，而是地名，便造了不下十几种的写法：圪垯、圪垱、圪塔、葛塔、圪达、疙垯，等等。这种语法上称为"联绵词"的，本来就是一种双音造词法，而不是用两个汉字的字义合成的，因此并无本字，各地只好各自为政，自由发挥，随意书写。黄土高坡的"崾崄"也是这种情况，各种不同写法也有十几种。对于这类情况，通过调查统计，取大多数的写法向各地推荐或讨论后定于一尊，也许是个较好的办法。

（3）此外，还有些小问题。例如，重名的清理也没有完成。20 世纪 80 年代提议过，同个地区内不能有同名的镇，可是直到现在，同属泉州市管辖的南安县和安溪县都有个"官桥镇"，至今还没有改。是不是谁都不想改，争持不下，因而搁置？遇到这种情况就要由上一级的领导部门出面协调处理解决了。吉林省和吉林市的重名，也是当年就提出来的，不知何故，至今也没有改过来。

用汉语拼音转写方言地名和民族语地名，还会碰到一些问题，诸如语音如何折合，字母的大小写、音节的分写或连写，似乎也还没有妥善的处理方法。例如乌鲁木齐，按照当地维吾尔语的读音，使用这几个汉字并不准确，是按照实际读音改写音合的汉字，还是另注汉字的音，或是按音改字？总得有个合理的解决方案。像这样的问题，应该按照课题的需要，组织有关的语言学家来共同讨论，寻求解决方法。

3. 关于地名的标准化

地名的标准化就是为共时的完整地名系统的每一条地名确立准确的方位，并标明与其他不同层次和类别的地名的独一无二的关系。

地名的标准化，对于现代化的社会是非常重要的基本要求。因为现代化社会里经济快速发展、交通高度发达、信息大量流通，国内外的交往日益频繁，尤其电商、网购的发展，可以把穷乡僻壤的土产直接销往全国各地乃至国外，地名系统不断扩展，没有标准化的地名为各行各业（特别是商业网络）提供准确、便捷的服务，就会妨碍经济文化的协同发展和社会生活的和谐稳定，有时甚至会造成一些不良的事故，例如消防车开错了地方，贻误灾情；快递送错了人，造成纠纷。因此，认真负责的各级政府有关部门对于地名标准化都应该充分重视，认真研究、管理，并努力贯彻。

地名标准化必须建立在地名规范化的坚实基础之上。数以万计的地名，如果没有准确的标音、规范的字形和切实的含义，没有理清大量地名在纵横两向的系统中的相互关系，标准化就是一句空话。因此建立标准化的地名系统之前，必须再次组织地名的全面普查，对于数量庞大的地名资料开展仔细的研究，在比较、核实、检查、验收之后，编成各类地名录、地名图、地名志、地名词典，印制成册，并在政府部门和社会各个方面广为散发，做到家喻户晓，这样才能充分发挥标准地名的社会作用。

现在看来，地名标准化最应该引起关注的是行政区划名称的规范系列。历史上的行政区划曾经有过多次的变动，那些既成历史事实，作为历史档案保存就是了。改革开放以来，由于国家、社会的发展特别快速，行政区划多次变动，有些地方可能因为考虑不周，出现了一些不能理顺的情况，值得提出来认真作一番讨论。例如，现有的"市"，包括了中央直辖市、省级市、地级市、县级市四个不同级别，都用了同样的通名，这明显是不妥的。例如原来的"泉州地区"改称地级"泉州市"，千年前海上丝绸之路的起点"泉州"府城，降为地级市管辖下的一个区，成为许多人并不熟悉的"鲤城区"，而原有的地级"泉州市"上升为管辖着三个县级市（南安、晋江、石狮）、五个县（永春、德化、安溪、惠安、金门）和五个区（鲤城、丰泽、洛江、泉港、台商投资区）的地级市。"台商投资区"是否都是台商来投的资，值得怀疑，作为一个行政管理部门的名称是可以的，作为一级行政区划就并不名正言顺了。拿这个行政区划表去问问在泉州出生的到外地去的人，恐怕是很难得到认同和理解的。

还有一个值得注意的问题，改革开放之后，新地名大量涌现，有人追求新异，在为居民小区或旅游景点命名时，喜欢借用各种洋名字，什么圣地亚哥、雅典娜、蒙娜丽莎，音不厌其怪，字不厌其僻，自己还得意扬扬，别人却不知所措，完全不知所云，沦为外国人笑谈之资，也暴露自己的无知无能，甚至还有丧权辱国之嫌，还有什么新鲜可言？这类"洋名"应该列入第一批规范的对象。

4. 关于地名的科学化管理

地名是千家万户天天都要使用的交际凭借，是百行千业相互沟通时经常要用到的工具。我国国土辽阔，民族语言和方言多样，地名浩繁复杂，如今在世界上作为举足轻重的大国，国际交往日益频繁。在国内事务中，不论是抗灾抢险、邮政电信、军事行动、城乡规划，还是交通运输、水利建设、文化旅游，都需要精准、规范地使用地名，语言文字、新闻出版部门则要参与制定规范、更新有关地名资料文本、推行最新标准，并向社会推荐、普及。这就要有政府指定的主管部门和诸多有关部门协同的科学化管理。主管部门要统管全局，有关部门则应各司其职，大家通力合作才能做好这项工作。

要做到地名管理的科学化，首先要明确地名管理原则。

地名是国家领土的标记系统，是民族分布的地理记录，它凝固着民族精神和地域文化的特点，体现了历史发展的过程，是国家、民族的历史文化遗产，也是现实社会生活交往的重要依据。因此，地名的管理应该有利于维护国家主权和民族团结，体现先进、健康的价值观，促进国家治理的现代化，有利于弘扬中华民族文化。

现实地名是历史地名的延续，也是现实生活广泛应用的公器，为了利于社会运用，地名应该保持相对稳定。为新地命名应该符合当地地理、历史文化特征，尊重当地群众的意愿，便于社会生活的应用。地名的更名则应该有充分理据，经过当地群众的讨论，并接受相关法律的检验。

国家应在多级政府设立地名管理机构，组织相关部门指定人员协同开展地名管理工作。主管机关和协同部门应该通力合作，各级政府则应该明确各自的职责和任务，上下配合、互相帮助，努力创新，共同完成任务。

至于地名管理工作的任务，主要有两个方面。

一是组织有关专家建立必要的工作机构，开展地名调查和地名学研究，整理历史和现实的地名资料，建立地名档案数据库。发布经过规范处理的标准地名并建立可供查询的信息库，编写规范性地名图册、地名词典和地名志，为方便社会群众生活和社会治理服务，为国防建设、交通运输和其他有关的科学研究服务。

二是实行地名的监督管理：审查新地名的命名，严格掌控已有地名的更名。编制标准地址、设置并保护各类标准地名的标志。宣传和普及地名知识，在各行各业倡导使用标准地名，养成正确使用地名的风气。调查有教育意义的历史地名，研究、宣传并保护地名文化。监督检查地名应用中出现的问题，及时加以研究解决。

地名是供广大人民群众使用的，人民群众是使用地名的主人。管理部门应该发动群众关心地名的应用，听取他们的意见，让他们参与地名的规范化、标准化建设和科学化管理。这也应该是贯彻以人民为中心的理政方针。

参考文献

［1］刘伉：《世界地名纵横谈》，北京：世界知识出版社，1987 年。

［2］范寅：《越谚》（重印本），北京：来薰阁，1932 年。

［3］屈大均：《广东新语》，北京：中华书局，1985 年。

［4］《中国地名词典》，上海：上海辞书出版社，1990 年。

［5］地图出版社编制：《中华人民共和国地图集》，北京：地图出版社，1984 年。

［6］地图出版社编制：《中华人民共和国分省地图集》，北京：地图出版社，1974 年。

［7］曾世英：《曾世英论文选》，北京：中国地图出版社，1989 年。

［8］曾世英：《中国地名拼写法研究》，北京：测绘出版社，1981 年。

［9］陈章太、李如龙：《闽语研究》，北京：语文出版社，1991 年。

［10］陈正祥：《中国文化地理》，北京：生活·读书·新知三联书店，1983 年。

［11］褚亚平等：《地名学基础教程》，北京：中国地图出版社，1994 年。

［12］褚亚平主编：《地名学论稿》，北京：高等教育出版社，1986 年。

［13］丁文安、唐建章：《中国地名纵谈》，北京：首都师范大学出版社，2001 年。

［14］广东省地名学研究会编：《岭南地名拾趣》，广州：广东省地图出版社，1996 年。

［15］国家测绘局地名研究所编：《中国地名录：中华人民共和国地图集地名索引》，北京：中国地图出版社，1994 年。

［16］何彤慧、李禄胜：《宁夏地名特征与地名文化》，《宁夏社会科学》，2003 年第 4 期。

［17］侯仁之：《历史地理学的理论与实践》，上海：上海人民出版社，

1979 年。

[18] 吴郁芬等编：《中国地名通名集解》，北京：测绘出版社，1993 年。

[19] 华林甫：《中国地名学史考论》，北京：社会科学文献出版社，2002 年。

[20] 李如龙、张双庆主编：《客赣方言调查报告》，厦门：厦门大学出版社，1992 年。

[21] 李如龙：《地名与语言学论集》，福州：福建省地图出版社，1993 年。

[22] 李如龙等：《福建双方言研究》，香港：汉学出版社，1995 年。

[23] 刘南威：《中国南海诸岛地名论稿》，北京：科学出版社，1996 年。

[24] 罗常培：《语言与文化》，北京：语文出版社，1989 年。

[25] 牛汝辰：《中国地名文化》，北京：中国华侨出版社，1993 年。

[26] 牛汝辰：《中国地名掌故词典》，北京：中国社会出版社，2016 年。

[27] 牛汝辰：《中国文化地名学》，北京：中国科学技术出版社，2018 年。

[28] 邱洪章主编：《地名学研究》（第一集），沈阳：辽宁人民出版社，1984 年。

[29] 茹奇克维奇著，崔志升译：《普通地名学》，北京：高等教育出版社，1983 年。

[30] 邵献图等：《外国地名语源词典》，上海：上海辞书出版社，1983 年。

[31] 史念海主编：《中国历史地理论丛》（第二辑），西安：陕西人民出版社，1985 年。

[32] 史为乐主编，中国地名学研究会编：《中国地名考证文集》，广州：广东省地图出版社，1994 年。

[33] 司徒尚纪：《岭南史地论集》，广州：广东省地图出版社，1994 年。

[34] 孙本祥、刘平：《中国地名趣谈》，北京：中国城市出版社，1995 年。

[35] 王际桐主编：《实用地名学》，北京：中国社会出版社，1994 年。

[36] 王际桐主编：《地名学概论》，北京：中国社会出版社，1993 年。

[37] 翁立：《北京的胡同》，北京：北京燕山出版社，1992 年。

[38] 邢国志主编：《吉林市山水地名志略》，北京：气象出版社，1990 年。

［39］邢国志主编：《地名图录典志编纂论文集》，哈尔滨：哈尔滨地图出版社，1992 年。

［40］徐俊鸣：《岭南历史地理论集》，广州：中山大学学报编辑部，1990 年。

［41］徐松石：《徐松石民族学研究著作五种》，广州：广东人民出版社，1993 年。

［42］徐兆奎、韩光辉：《中国地名史话》（典藏版），北京：中国国际广播出版社，2016 年。

［43］徐兆奎：《历史地理与地名研究》，北京：海洋出版社，1993 年。

［44］杨光浴主编，中国地名学研究会编：《城市地名学文集》，哈尔滨：哈尔滨地图出版社，1991 年。

［45］游汝杰：《中国文化语言学引论》，北京：高等教育出版社，1993 年。

［46］袁家骅等：《汉语方言概要》（第二版），北京：文字改革出版社，1983 年。

［47］臧励和等：《中国古今地名大辞典》，上海：商务印书馆，1931 年。

［48］张清常：《北京街巷名称史话：社会语言学的再探索》，北京：北京语言文化大学出版社，1997 年。

［49］中国地名委员会办公室编：《地名学文集》，北京：测绘出版社，1985 年。

［50］中国地名学研究会编：《地名学研究文集》，沈阳：辽宁人民出版社，1989 年。

［51］周振鹤、游汝杰：《方言与中国文化》，上海：上海人民出版社，1986 年。

［52］庄寿雨：《我知道的地名：被遗忘的历史》，香港：时代文化出版社，2011 年。

［53］苏长仙：《略谈壮语地名》，《地名知识》，1979 年第 3 期。

［54］于维诚：《试论新疆的地名》，《地名知识》，1983 年第 6 期。

［55］韦庆稳：《试论百越民族的语言》，见百越民族史研究会编：《百越民族史论集》，北京：中国社会科学出版社，1982 年。

［56］梁钊韬：《百越对缔造中华民族的贡献：濮、莱的关系及其流传》，见百越民族史研究会编：《百越民族史论集》，北京：中国社会科学出版社，1982 年。

［57］汪宁生：《古代云贵高原上的越人》，见百越民族史研究会编：《百越民族史论集》，北京：中国社会科学出版社，1982 年。

［58］周振鹤：《中国历代行政区划的变迁》，北京：商务印书馆，1998 年。

［59］戴均良主编：《行政区划与地名管理》，北京：中国社会出版社，2009 年。

［60］"台湾省民政厅"：《台湾省行政区划概况地图集》，1992 年。

［61］布龙菲尔德著，袁家骅等译：《语言论》，北京：商务印书馆，1980 年。

［62］列维 – 布留尔著，丁由译：《原始思维》，北京：商务印书馆，1981 年。

［63］陈桥驿、俞康宰、傅国通：《浙江省县（市）名简考》，见史念海主编：《中国历史地理论丛》（第二辑），西安：陕西人民出版社，1985 年。

［64］吴壮达：《台湾省地名类型和县、市级地名的演变》，见史念海主编：《中国历史地理论丛》（第二辑），西安：陕西人民出版社，1985 年。

［65］林超：《珠穆朗玛的发现与名称》，褚亚平主编：《地名学论稿》，北京：高等教育出版社，1986 年。

［66］盛爱萍：《温州地名的语言文化研究》，杭州：浙江大学出版社，2004 年。

［67］覃凤余、林亦：《壮语地名的语言与文化》，南宁：广西人民出版社，2007 年。

［68］孙冬虎：《地名史源学概论》，北京：中国社会出版社，2008 年。

［69］尹钧科、孙冬虎：《北京地名研究》，北京：北京燕山出版社，2009 年。

［70］付长良：《地名规划概论》，北京：中国社会出版社，2011 年。

［71］杨立权、张清华：《中国少数民族语地名概说》，北京：中国社会出版社，2011 年。

［72］唐国平：《攀枝花地名中的语言学》，成都：西南交通大学出版社，2012 年。

［73］徐雪英：《宁波地名文化》，杭州：浙江大学出版社，2014 年。

［74］董珂、郭晓琳：《山东省地名研究文集》，济南：山东人民出版社，2016 年。

［75］哈丹朝鲁等：《少数民族语地名概论》，北京：中国社会出版社，

2017 年。

[76] 李树新：《内蒙古地名文化》，呼和浩特：内蒙古大学出版社，2013 年。

[77] 卞仁海：《深港地名文化比较研究》，北京：中国社会科学出版社，2019 年。

[78] 刘保全等编著：《地名文化遗产概论》，北京：中国社会出版社，2011 年。

[79] 李炳尧、刘保全：《地名管理学概论》，北京：中国社会出版社，2008 年。

[80] 华林甫：《中国地名学史研究》，济南：山东画报出版社，2021 年。

[81] 牛汝辰：《名实新学：地名学理论思辨》，北京：中国社会出版社，2015 年。

[82] 林伦伦：《地名学与潮汕地名》，香港：艺苑出版社，2001 年。

[83] 杨建国：《文化语言学视域下的北京地名研究》，北京：北京大学出版社，2018 年。

[84] 吴光范：《昆明地名博览辞典》，昆明：云南人民出版社，2005 年。

[85] 杨光浴：《地名学简论》，长春：东北师范大学出版社，1991 年。

后　记

　　我是从参加全国地名普查开始研究地名、思考汉语地名的。四十多年过去了，我没有继续关注地名的研究，原因是多方面的。地名学研究会活动不正常，许多名家先后退出历史舞台，几次在"普通话审音委员会"上见到地名部门的专家，他们好像只在关注个别地名的音义规范。我自己的兴趣也转移到汉语的词汇研究和特征研究。几次有年轻的博士生相询，我也因时间精神有限而不敢应接。

　　近一两年间，中央电视台和民政部合办《中国地名大会》，最近已经举办第三季了，由各省派出选手组成专业队参加地名专题知识竞赛，经过淘汰获胜者数人参加"地名天梯"总决赛。列举的题目包括考古遗址、古诗名句、公交车站、地方特产、重要刊物创刊地、著名景点、名茶产地等等。要求答出所在地名。例如：大汶口遗址（山东）、庆岭活鱼（吉林）、七角井遗址（新疆）、天坛大佛（香港）、冯家湾花螺（海南）、马尾船政学堂（福建）、千里江陵一日还（湖北）。真是一席丰富多彩的地名盛宴。他们的口号是：从地名看文化，从文化看中国。这种地名的知识竞赛，给了我很大的启发：地名是大地的坐标，记录了历史文化和不同的时代精神，让年青一代认识地名，比起《中国汉字听写大会》去硬背生僻字好多了，不但可以扩大知识面，还可以激起爱国主义情怀，因此很受年轻人的欢迎，这说明地名学的研究还是大有可为的。

　　为了学术传承，我把二十多年前出版的有关汉语地名的书重新整合，增加了一些新内容，希望对今后的地名学研究有些参考价值。

　　全书编好后，见到了2022年3月30日国务院总理李克强签发的新修订的《地名管理条例》，在同名的管理条例公布36年之后，我国经济社会快速发展，进入了一个新时代，在地名的使用和管理上出现了一些新问题之时，国务院发布这样一个崭新的、有针对性的文件，真是高瞻远瞩、适时应势的高效运作！阅读之后，感到无限欣慰。想到这两本书出版之后，曾世英先生不久便离开了我们，没有他的引导和督促，自己也没有为地名工作继续努力，见到新出现的一些问题也没有继续关心和研究，责任感和事业心都不符合要求，真是愧对先贤和同仁。我用这个文件的精神来检验本书，只怕对文件精神有所抵牾，还希望对今后的地名工作多少有些帮助。譬如，老地名中存在的一些问题还没有解决（例如通名的精简，异读、异形的处理，应该调整的同名尚未调整），大量涌现的新地名又出现不少新问题（例如套用音译外国地名成为时髦，机关名称充当地名，长串地名太多，等等），如不及时处理，加强管理，有些不正之风恐怕还会愈演愈烈。然而，时间和精力都不允许我对本书的内容再做一番精雕细琢，更谈不上理论总结和应用发挥了，还是把希望寄托在年青一代的学者，新时代的事业应该由他们去承担，本书的说法如有不妥，也希望他们予以订正。

我与暨南大学出版社结缘于二十多年前的愉快合作，先后出版过"中国东南部方言比较研究丛书"多种：《动词谓语句》（1997 年）、《代词》（1999年）、《介词》（2000 年），以及《客家方言研究》（1998 年）、《粤西客家方言调查报告》（1999 年）、《汉语方言研究文集》（2002 年）等学术著作。谢谢暨南大学出版社帮我出版本书，谢谢李战副总编辑对语言学出版的重要贡献，谢谢本书责任编辑姚晓莉女士的辛勤努力。

李如龙

2022 年 5 月于泰康鹭园